软件设计师考前冲刺 100 题

施　游　王晓笛　邹月平　编著

薛大龙　主审

中国水利水电出版社
www.waterpub.com.cn
·北京·

内 容 提 要

通过软件设计师考试已成为诸多从事软件开发的技术人员获得职称晋升和能力水平认定的一个重要途径,然而软件设计师考试涉及的知识点繁多且有一定深度,通过该考试的难度较大。

全书采用思维导图的方式,描述了整个软件设计师考试的知识体系,以典型题目带动知识点进行复习并阐述解题的方法和技巧,可帮助考生理顺复习思路,提高复习效率及考试信心。

本书的精髓在于"题",即归纳总结了软件设计师考试所涉及的重点题型,找出高频考题,并对这些考题进行详细分析、归类。考生可通过对少而精的题目进行强化练习,达到事半功倍的复习效果。

本书可作为参加软件设计师考试考生的自学用书,也可作为软考培训班的教材和从事软件开发相关的专业人员的参考用书。

图书在版编目(CIP)数据

软件设计师考前冲刺100题 / 施游,王晓笛,邹月平编著. -- 北京:中国水利水电出版社,2022.9
 ISBN 978-7-5226-0964-5

Ⅰ. ①软… Ⅱ. ①施… ②王… ③邹… Ⅲ. ①软件设计-工程技术人员-资格考试-自学参考资料 Ⅳ. ①TP311.5

中国版本图书馆CIP数据核字(2022)第157599号

策划编辑:周春元　　　责任编辑:王开云　　　封面设计:李 佳

书　　名	软件设计师考前冲刺100题 RUANJIAN SHEJISHI KAOQIAN CHONGCI 100 TI
作　　者	施　游　王晓笛　邹月平　编著 薛大龙　主审
出版发行	中国水利水电出版社 (北京市海淀区玉渊潭南路1号D座　100038) 网址:www.waterpub.com.cn E-mail:mchannel@263.net (万水) 　　　　sales@mwr.gov.cn 电话:(010) 68545888 (营销中心)、82562819 (万水)
经　　售	北京科水图书销售有限公司 电话:(010) 68545874、63202643 全国各地新华书店和相关出版物销售网点
排　　版	北京万水电子信息有限公司
印　　刷	三河市鑫金马印装有限公司
规　　格	184mm×240mm　16开本　20印张　467千字
版　　次	2022年9月第1版　2022年9月第1次印刷
印　　数	0001—3000册
定　　价	68.00元

凡购买我社图书,如有缺页、倒页、脱页的,本社营销中心负责调换
版权所有·侵权必究

编委会

黄伯虎　西安电子科技大学
何　路　西北大学
邹月平　北京国软工程咨询有限公司
陈知新　湖南师范大学
张智勇　湖南师范大学
李竹村　湖南师范大学
申　斐　湖南师范大学
孙瑜穗　湖南师范大学
王　聪　湖南师范大学
卞　灿　湖南师范大学
王晓笛　湖南师范大学
田卫红　娄底潇湘职业学院
肖忠良　娄底职业技术学院
朱小平　湖南农业大学
施　游　湖南师范大学
喻　慧　娄底市政务服务中心
陈萍萍　湖南省无线电管理委员会办公室娄底市无线电监测站
李同行　广东大象同行教育科技有限公司

前　言

《软件设计师考前冲刺 100 题》（简称软设 100 题）一书属于攻克要塞两大系列教学辅导书中的 100 题系列。该系列的核心理念是通过关键题目来攻克知识点，力求使考生用较少的时间高效通过考试。编写本书的目的只有一个，就是列出所有"好题"。

攻克要塞软考团队始终认为，大部分考生没有足够的时间去反复阅读教材，也没有足够的时间和精力耗费在旷日持久的复习上，因此"边学习边练习，边练习边学习"必然是节约复习时间、提高复习效率的关键。针对这个关键点，团队设计了一套独有的学习方式：

（1）与《软件设计师 5 天修炼》一书的知识结构完全一致，并根据该知识结构组织对应的题目。

（2）按照考试趋势和偏好，组织题目。

（3）选择 260 多道高频考题，并标记为"●"号。

（4）考核频率较低、题目不具备代表性、没有规律和技巧可言的题目一律排除在选题之外。

（5）重点详细讲解数据流程图案例题、E-R 图案例题、UML 案例题、Java 案例题、C 语言案例题，力求达到举一反三的效果。

（6）《软件设计师 5 天修炼》一书重在知识点的提炼与阐述，而本书重在知识的练习与巩固，两书结合一起学习可以达到边学边练的效果。

本书编写过程中参考了许多专业书籍和资料，编者在此对这些参考文献的作者表示感谢。感谢学员在教学过程中给予的反馈，感谢培训合作机构给予的支持，感谢中国水利水电出版社在此套丛书上的尽心尽力。感谢湖南省普通高等学校教学改革研究项目对本书的支助。

我们自知本书并非完美，我们的研发团队也必然会持续完善本书。在阅读过程中，如果您有任何想法和意见，欢迎关注"攻克要塞"公众号，与我们交流。

编　者
2022 年 9 月于星城长沙

目　录

前言
第1章　计算机科学基础 ………………………… 1
　1.1　数制及其转换 …………………………… 1
　1.2　计算机内数据的表示 …………………… 3
　1.3　算术运算和逻辑运算 …………………… 6
　1.4　排列组合与编码基础 …………………… 7
第2章　计算机硬件基础知识 …………………… 12
　2.1　计算机系统体系结构 …………………… 13
　　2.1.1　计算机体系结构概述 ……………… 13
　　2.1.2　指令系统 …………………………… 13
　　2.1.3　CPU结构 …………………………… 15
　　2.1.4　流水线 ……………………………… 18
　2.2　存储系统 ………………………………… 20
　　2.2.1　存储系统基础 ……………………… 20
　　2.2.2　存储器相关计算 …………………… 22
　　2.2.3　高速缓存 …………………………… 23
　2.3　RAID …………………………………… 24
　2.4　硬盘存储器与网络存储 ………………… 25
　2.5　可靠性与系统性能评测基础 …………… 25
　2.6　输入/输出技术 ………………………… 27
　　2.6.1　中断方式 …………………………… 27
　　2.6.2　DMA方式 ………………………… 29
　　2.6.3　其他方式 …………………………… 30
　2.7　总线结构 ………………………………… 31
第3章　数据结构与算法知识 …………………… 32
　3.1　概念 ……………………………………… 33
　3.2　线性表 …………………………………… 33
　3.3　队列和栈 ………………………………… 36
　　3.3.1　队列 ………………………………… 36
　　3.3.2　栈 …………………………………… 38
　3.4　树 ………………………………………… 40
　　3.4.1　树的定义和基本概念 ……………… 40
　　3.4.2　二叉树 ……………………………… 40
　　3.4.3　二叉排序树 ………………………… 45
　3.5　图 ………………………………………… 47
　　3.5.1　图的概念 …………………………… 47
　　3.5.2　图的存储 …………………………… 48
　　3.5.3　图的遍历 …………………………… 50
　3.6　哈希表 …………………………………… 52
　3.7　查找 ……………………………………… 53
　3.8　排序 ……………………………………… 55
　　3.8.1　各类排序算法 ……………………… 55
　　3.8.2　各种排序算法复杂性比较 ………… 61
　3.9　算法描述和分析 ………………………… 62
　　3.9.1　递归法 ……………………………… 63
　　3.9.2　分治法 ……………………………… 63
　　3.9.3　贪心法 ……………………………… 64
　　3.9.4　动态规划法 ………………………… 66
　　3.9.5　其他算法 …………………………… 70
第4章　操作系统知识 …………………………… 72
　4.1　操作系统概述 …………………………… 73
　4.2　处理机管理 ……………………………… 74
　4.3　存储管理 ………………………………… 79
　4.4　文件管理 ………………………………… 82
　4.5　作业管理 ………………………………… 83

4.6 设备管理 ……………………………… 84
　4.6.1 I/O 软件 …………………………… 84
　4.6.2 磁盘调度 …………………………… 86

第5章 程序设计语言和语言处理程序知识 …… 88
5.1 程序设计语言基础知识 ………………… 88
　5.1.1 常见的程序设计语言 ……………… 88
　5.1.2 程序的翻译 ………………………… 90
　5.1.3 程序设计语言的基本成分 ………… 91
　5.1.4 函数 ………………………………… 92
5.2 语言处理程序基础知识 ………………… 93
　5.2.1 解释程序基础 ……………………… 93
　5.2.2 汇编程序基础 ……………………… 95
　5.2.3 编译程序基础 ……………………… 95
　5.2.4 文法和语言的形式描述 …………… 98

第6章 数据库知识 ………………………… 103
6.1 数据库三级模式结构 …………………… 104
6.2 数据模型 ………………………………… 105
6.3 数据依赖与函数依赖 …………………… 107
6.4 关系代数 ………………………………… 109
6.5 关系数据库标准语言 …………………… 112
6.6 规范化 …………………………………… 115
6.7 数据库的控制功能 ……………………… 119
6.8 数据仓库基础 …………………………… 119
6.9 分布式数据库基础 ……………………… 120
6.10 数据库设计 …………………………… 120

第7章 计算机网络 ………………………… 122
7.1 计算机网络概述 ………………………… 123
7.2 网络体系结构 …………………………… 123
7.3 物理层 …………………………………… 124
7.4 数据链路层 ……………………………… 125
7.5 网络层 …………………………………… 125
7.6 传输层 …………………………………… 128
7.7 应用层 …………………………………… 128
7.8 Linux 与 Windows 操作系统 …………… 132
　7.8.1 Linux ……………………………… 132

　7.8.2 Windows …………………………… 133
7.9 交换与路由 ……………………………… 133

第8章 多媒体基础 ………………………… 135
8.1 多媒体基础概念 ………………………… 135
8.2 声音处理 ………………………………… 136
8.3 图形和图像处理 ………………………… 137

第9章 软件工程与系统开发基础 ………… 139
9.1 软件工程概述 …………………………… 140
9.2 软件生存周期与软件生存周期模型 …… 141
　9.2.1 软件开发模型 ……………………… 141
　9.2.2 软件开发方法 ……………………… 143
　9.2.3 软件过程改进 ……………………… 145
9.3 软件项目管理 …………………………… 145
9.4 软件项目度量 …………………………… 149
9.5 系统分析与需求分析 …………………… 151
9.6 系统设计 ………………………………… 152
　9.6.1 系统设计分类 ……………………… 152
　9.6.2 结构化分析 ………………………… 152
　9.6.3 结构化设计 ………………………… 154
　9.6.4 用户界面设计 ……………………… 157
9.7 软件测试 ………………………………… 157
9.8 系统维护 ………………………………… 158
9.9 软件体系结构 …………………………… 160

第10章 面向对象 …………………………… 162
10.1 面向对象基础 ………………………… 162
　10.1.1 面向对象基本定义 ……………… 163
　10.1.2 面向对象分析 …………………… 166
　10.1.3 面向对象设计 …………………… 166
　10.1.4 面向对象程序设计 ……………… 167
10.2 UML …………………………………… 167
10.3 设计模式 ……………………………… 177
　10.3.1 设计模式基础 …………………… 177
　10.3.2 创建型设计模式 ………………… 178
　10.3.3 结构型设计模式 ………………… 180
　10.3.4 行为型设计模式 ………………… 182

第 11 章 信息安全 ... 188
11.1 信息安全基础 ... 189
11.2 信息安全基本要素 ... 189
11.3 防火墙与入侵检测 ... 190
11.4 常见网络安全威胁 ... 191
11.5 恶意代码 ... 193
11.6 网络安全协议 ... 193
11.7 加密算法与信息摘要 ... 194

第 12 章 信息化基础 ... 197
12.1 信息与信息化 ... 197
12.2 电子政务 ... 198
12.3 企业信息化 ... 198
12.4 电子商务 ... 198
12.5 新一代信息技术 ... 199

第 13 章 知识产权相关法规 ... 200
13.1 著作权法 ... 200
13.2 专利法 ... 203
13.3 商标法 ... 204

第 14 章 标准化 ... 207

第 15 章 经典案例分析 ... 208
15.1 数据流程图案例分析 ... 208
15.1.1 大学考试系统 ... 209
15.1.2 医疗采购系统 ... 211
15.1.3 学生跟踪系统 ... 214
15.1.4 房屋中介系统 ... 217
15.1.5 共享单车系统 ... 220
15.2 E-R 图案例分析 ... 224
15.2.1 公司员工关系 ... 224
15.2.2 公司信息系统 ... 227
15.2.3 技能培训管理系统 ... 229
15.2.4 代购管理系统 ... 231
15.2.5 公寓管理系统 ... 234
15.3 UML 案例分析 ... 237
15.3.1 自动售货机 ... 237
15.3.2 社交网络平台 ... 239
15.3.3 房产信息管理系统 ... 241
15.3.4 基于 Web 的书籍销售系统 ... 244
15.3.5 牙科诊所系统 ... 246
15.4 C 程序题案例分析 ... 250
15.4.1 假币问题 ... 250
15.4.2 钢条切割问题 ... 252
15.4.3 希尔排序 ... 254
15.4.4 n 皇后问题 ... 257
15.4.5 背包问题 ... 260
15.5 Java 程序题案例分析 ... 262
15.5.1 图像预览程序 ... 262
15.5.2 汽车竞速类游戏 ... 264
15.5.3 儿童模拟游戏 ... 266
15.5.4 文件管理系统 ... 269
15.5.3 层叠菜单 ... 272

模拟测试 ... 276
软件设计师上午试卷 ... 276
软件设计师下午试卷 ... 285
软件设计师上午试卷解析与参考答案 ... 294
软件设计师下午试卷解析与参考答案 ... 305

参考文献 ... 311

第1章 计算机科学基础

计算机科学基础主要讲解软件设计师考试所涉及的基础数学知识。本章的内容包含数制及其转换、计算机内数据的表示、算术运算和逻辑运算、编码基础等。本章知识在软件设计师考试中,考查的分值为1~3分,虽然属于零星考点。但是学习其他知识的基础,更应该重视。

本章考点知识结构图如图1-0-1所示。

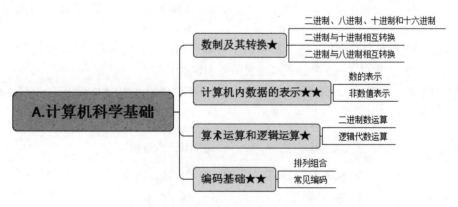

图1-0-1 考点知识结构图

注:★代表知识点的重要性,★越多代表知识越重要。

1.1 数制及其转换

数制部分的考点有二进制、八进制、十进制和十六进制的表达方式及各种进制间的转换。该节知识比较简单,是学习其他知识的前提,但一般不会直接出题考查。

- 与十进制数 254 等值的二进制数是___(1)___。
   (1) A. 11111110   B. 11101111   C. 11111011   D. 11101110

   ■ **试题分析** 具体方法和过程表示如图 1-1-1 所示。

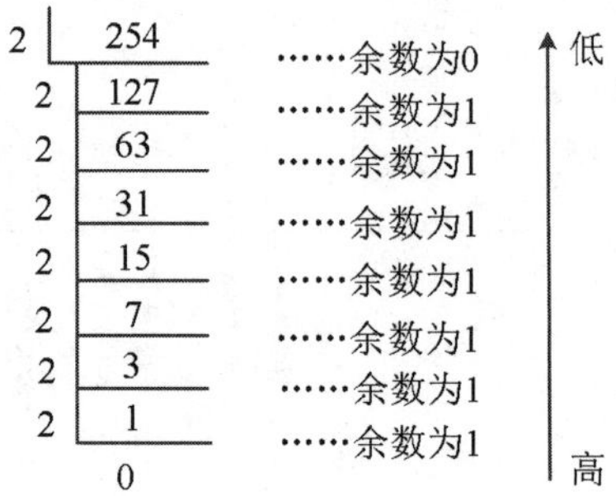

```
2 | 254    ……余数为0      ↑低
2 | 127    ……余数为1
2 |  63    ……余数为1
2 |  31    ……余数为1
2 |  15    ……余数为1
2 |   7    ……余数为1
2 |   3    ……余数为1
2 |   1    ……余数为1
    0                    ↓高
```

图 1-1-1 除二取余法

将余数从下往上可以得到 11111110。

   ■ **参考答案** (1) A

- 把十进制数 105.5 转化成二进制数为___(2)___，转化成八进制数为___(3)___，转化成十六进制数为___(4)___。
   (2) A. 1101001.01   B. 1101001.1   C. 1100100.1   D. 1100100.01
   (3) A. 131.1   B. 151.1   C. 151.4   D. 131.4
   (4) A. 69.8   B. 70.4   C. 69.4   D. 70.8

   ■ **试题分析** 整数部分利用"除二取余法"，可以得到二进制的结果为 1101001；0.5 等于 2^{-1}，用二进制表示为 0.1，所以 105.5 转化成二进制数为 1101001.1。

   二进制转八进制方法："三位并为一位"；二进制转十六进制方法："四位并为一位"，具体过程如图 1-1-2 所示。

```
  二进制转八进制        二进制转十六进制
  1 101 001.100        0110 1001.1000
  1  5   1 . 4          6    9 . 8
```

图 1-1-2 二进制与八、十六进制的转化

   ■ **参考答案** (2) B   (3) C   (4) A

- 对于十六进制数 5C，可用算式___(5)___计算与其对应的十进制数。
   (5) A. 5×16+12   B. 12×16+5   C. 5×16-12   D. 12×16-5

   ■ **试题分析** 十六进制数 5C 按权展开：5C H=(5×16+12)D。其中，H 表示十六进制数，D 表示十进制数。

   ■ **参考答案** (5) A

1.2 计算机内数据的表示

计算机中的数据信息分成数值数据和非数值数据(也称符号数据)两大类。数值数据包括定点数、浮点数、无符号数等。非数值数据包含文本数据、图形和图像、音频、视频和动画等。

该节知识主要考查各种码制的表示范围,偶尔考查各类非数值表示的特性。

1. 定点数

- 机器字长为 n 位的二进制数可以用补码来表示____(1)____个不同的有符号定点小数。

    (1) A. 2^n　　　　　B. 2^{n-1}　　　　　C. 2^n-1　　　　　D. $2^{n-1}+1$

    ■ **试题分析** n 位机器字长,各种码制表示的带符号数范围,见表1-1-1。此表比较重要。

    表1-1-1　n位机器字长,各种码制表示的带一位符号位的数值范围

码制	定点整数	定点小数
原码	$-(2^{n-1}-1) \sim +(2^{n-1}-1)$	$-(1-2^{-(n-1)}) \sim +(1-2^{-(n-1)})$
反码	$-(2^{n-1}-1) \sim +(2^{n-1}-1)$	$-(1-2^{-(n-1)}) \sim +(1-2^{-(n-1)})$
补码	$-2^{n-1} \sim +(2^{n-1}-1)$	$-1 \sim +(1-2^{-(n-1)})$
移码	$-2^{n-1} \sim +(2^{n-1}-1)$	$-1 \sim +(1-2^{-(n-1)})$

    补码表示定点小数,范围是 $-1 \sim (1-2^{-(n+1)})$,这个范围一共有 2^n 个数。

    ■ **参考答案** (1) A

- 采用 n 位补码(包含一位符号位)表示数据,可以直接表示数值____(2)____。

    (2) A. 2^n　　　　　B. -2^n　　　　　C. 2^{n-1}　　　　　D. -2^{n-1}

    ■ **试题分析** 采用 n 位补码(包含一位符号位)可表示的数据范围是 $-2^{n-1} \sim +(2^{n-1}-1)$,所以 -2^{n-1} 是可以表示的数值。

    ■ **参考答案** (2) D

- 如果"2X"的补码是"90H",那么 X 的真值是____(3)____。

    (3) A. 72　　　　　B. -56　　　　　C. 56　　　　　D. 111

    ■ **试题分析** 补码 90H 转换成二进制值为 1001 0000。最高一位补码符号位不变,各位取反后加1得到原码为 1111 0000,十进制为-112,所以 X=-56。

    ■ **参考答案** (3) B

2. 浮点数

- 浮点数能够表示的数的范围由其____(1)____的位数决定。

    (1) A. 尾数　　　　　B. 阶码　　　　　C. 数符　　　　　D. 阶符

    ■ **试题分析** 浮点数就是小数点不固定的数。浮点数可以表示为 $N=2^E \times F$ 形式,其中的 E 称为阶码,2 为基数,F 为尾数。例如二进制数 1011.101101 可以写成 $2^4 \times 0.101110101$,也可以写成 $2^5 \times 0.0101110101$,类似于十进制数的"科学计数法"。

浮点数的表示格式如下：

| 阶符 | 阶码 | 数符 | 尾数 |

- 阶符：指数符号。
- 阶码：就是指数，**决定数值表示范围**；形式为定点整数，**常用移码表示**。
- 数符：尾数符号。
- 尾数：纯小数，**决定数值的精度**；形式为定点纯小数，**常用补码、原码表示**。

■ 参考答案 （1）B

● 浮点数的表示分为阶和尾数两部分。两个浮点数相加时，需要先对阶，即___（2）___（n 为阶差的绝对值）。

（2）A．将大阶向小阶对齐，同时将尾数左移 n 位
　　B．将大阶向小阶对齐，同时将尾数右移 n 位
　　C．将小阶向大阶对齐，同时将尾数左移 n 位
　　D．将小阶向大阶对齐，同时将尾数右移 n 位

■ 试题分析 对阶知识，软设考试中考查过多次。

两个浮点数对阶是阶码小数的尾数右移，让两个相加的数阶码相同，即对齐小数点位置。对阶遵循"小阶向大阶看齐"的原则，得到的结果精确度更高。

■ 参考答案 （2）D

● 某种机器的浮点数表示格式如下（允许非规格化表示）。若阶码以补码表示，尾数以原码表示，则 1 0001 0 0000000001 表示的浮点数是___（3）___。

（3）A．$2^{-16} \times 2^{-10}$　　　　B．$2^{-15} \times 2^{-10}$　　　　C．$2^{-16} \times (1-2^{-10})$　　　　D．$2^{-15} \times (1-2^{-10})$

■ 试题分析 类似知识，软设考试中考查过多次。

浮点数表达的题在历次考试中考查过多次。根据题意可知，1 0001 0 0000000001 表示的浮点数如下：

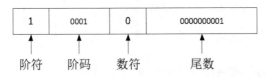

阶码以补码表示，阶码是 0001，阶符为 1，表示阶码为负数。根据补码转换原码规则再按位取反加 1，得到原码 1111，即十进制的 15。

非规格化表示的尾数为(原码)0000000001，数符是 0，则尾数为 2^{-10}。因此该浮点数是 $2^{-15} \times 2^{-10}$。

■ 参考答案 （3）B

- 设 16 位浮点数，其中阶符 1 位、阶码 6 位、数符 1 位、尾数 8 位。若阶码用移码表示，尾数用补码表示，则该浮点数所能表示的数值范围是____(4)____。

    (4) A. $-2^{64} \sim (1-2^{-8})2^{64}$

    　　B. $-2^{63} \sim (1-2^{-8})2^{63}$

    　　C. $-(1-2^{-8})2^{64} \sim (1-2^{-8})2^{64}$

    　　D. $-(1-2^{-8})2^{63} \sim (1-2^{-8})2^{63}$

    ■ 试题分析　类似知识，软设考试中考查过多次。

    n 位机器字长，用移码表示的定点整数范围为 $-2^{n-1} \sim +(2^{n-1}-1)$，所以阶符 1 位、阶码 6 位的移码，可以表示的最大数为 $2^6-1=63$，最小数为 $-2^6=-64$。

    n 位机器字长，用补码表示的定点小数范围为 $-1 \sim +(1-2^{-(n-1)})$，所以数符 1 位、尾数 8 位的补码，可以表示的最大数为 $1-2^{-8}$，最小数为 -1。

    所以，该浮点表示的最小数为 -2^{63}，最大数为 $(1-2^{-8})2^{63}$。

    ■ 参考答案　(4) B

- 以下关于两个浮点数相加运算的叙述中，正确的是____(5)____。

    (5) A. 首先进行对阶，阶码大的向阶码小的对齐

    　　B. 首先进行对阶，阶码小的向阶码大的对齐

    　　C. 不需要对阶，直接将尾数相加

    　　D. 不需要对阶，直接将阶码相加

    ■ 试题分析　类似知识，软设考试中考查过多次。

两个浮点数加（减）法的过程见表 1-2-1。

表 1-2-1　浮点数加（减）法过程

具体步骤	解释
对阶	阶码小数的尾数右移，让两个相加的数阶码相同，即对齐小数点位置。对阶遵循"小阶向大阶看齐"的原则，得到的结果精确度更高。 例：$0.5=1.000 \times 2^{-1}$ 与 $-0.4375=-1.110 \times 2^{-2}$ 相加，则调整小阶 $-1.110 \times 2^{-2} = -0.111 \times 2^{-1}$
尾数计算	尾数相加（减）。 例：$1.000 \times 2^{-1} + (-0.111) \times 2^{-1} = 0.001 \times 2^{-1}$
规格化处理	不满足规格化的尾数进行规格化处理。当尾数发生溢出可能（尾数绝对值大于 1）时，应该调整阶码。 例：尾数相加后的结果 0.001×2^{-1} 不满足 IEEE 754 标准（小数点前的数字是 1），此时需要进行"左规"，即尾数左移一次，阶码减 1，直到最高位为 1 为止。最终结果为 1.000×2^{-4}，且无溢出

■ 参考答案　(5) B

1.3 算术运算和逻辑运算

本部分主要知识点有二进制数运算与逻辑代数运算。

- 要判断字长为16位的整数a的低4位是否全为0,则___(1)___。

   (1) A. 将a与0x000F进行"逻辑与"运算,然后判断运算结果是否等于0

   B. 将a与0x000F进行"逻辑或"运算,然后判断运算结果是否等于F

   C. 将a与0x000F进行"逻辑异或"运算,然后判断运算结果是否等于0

   D. 将a与0x000F进行"逻辑与"运算,然后判断运算结果是否等于F

   ■ **试题分析** 十六进制数0x000F转换为二进制数为0000 0000 0000 1111,当任何16位二进制整数a进行逻辑与运算后,结果高12位均为0,低4位则保留a的原有值。

   当整数a的低4位全为0时,逻辑与运算结果为0;当整数a的低4位不全为0时,逻辑与运算结果非0。

   ■ **参考答案** (1) A

- 移位指令中的___(2)___指令的操作结果相当于对操作数进行乘2操作。

   (2) A. 算术左移　　　　　　　　B. 逻辑右移

   C. 算术右移　　　　　　　　D. 带进位循环左移

   ■ **试题分析** 算术左移:操作数的各位依次向左移1位,最低位补零。运算符为"<<"。

   算术右移:操作数的各位依次向右移1位,最高位(符号位)不变。运算符为">>"。

   在没有溢出的情况下,一个数算术左移n位,相当于该数乘以2^n;算术右移n位,相当于该数除以2^n。

   ■ **参考答案** (2) A

- 逻辑表达式求值时常采用短路计算方式。"&&""||""!"分别表示逻辑与、或、非运算,"&&""||"为左结合,"!"为右结合,优先级从高到低为"!""&&""||"。对逻辑表达式"x&&(y||!z)"进行短路计算方式求值时,___(3)___。

   (3) A. x为真,则整个表达式的值即为真,不需要计算y和z的值

   B. x为假,则整个表达式的值即为假,不需要计算y和z的值

   C. x为真,再根据z的值决定是否需要计算y的值

   D. x为假,再根据y的值决定是否需要计算z的值

   ■ **试题分析** 进行逻辑与(&&)运算时,只有两个操作数的值均为真,最后的结果才为真。所以,当x值为假时,则运算表达式x&&(y||!z)的值一定为假,不需要计算y和z的值。

   ■ **参考答案** (3) B

1.4 排列组合与编码基础

本节主要知识点有排列组合、编码基础，其中海明码、循环冗余码考查较多，哈夫曼编码考查得特别频繁。

1. 检错与纠错基本概念

以下关于采用一位奇校验方法的叙述中，正确的是___(1)___。

(1) A．若所有奇数位出错，则可以检测出该错误但无法纠正错误
   B．若所有偶数位出错，则可以检测出该错误并加以纠正
   C．若有奇数个数据位出错，则可以检测出该错误但无法纠正错误
   D．若有偶数个数据位出错，则可以检测出该错误并加以纠正

■ **试题分析** 奇校验：添加 1 位校验位，保证二进制数据中 1 的个数是奇数。

偶校验：添加 1 位校验位，保证二进制数据中 1 的个数是偶数。

奇/偶校验只能检测错误，但无法确定具体是哪一位出错，即无法纠正错误。

■ **参考答案** (1) C

2. 海明码

● 海明码是一种纠错码，其方法是为需要校验的数据位增加若干校验位，使得校验位的值决定于某些被校位的数据，当被校数据出错时，可根据校验位的值的变化找到出错位，从而纠正错误。对于 32 位的数据，至少需要加___(1)___个校验位才能构成海明码。

以 10 位数据为例，其海明码表示为 D9D8D7D6D5D4P4D3D2D1P3D0P2P1 中，其中 Di（0≤i≤9）表示数据位，Pj（1≤j≤4）表示校验位，数据位 D9 由 P4、P3 和 P2 进行校验（从右至左 D9 的位序为 14，即等于 8+4+2，因此用第 8 位的 P4、第 4 位的 P3 和第 2 位的 P2 校验），数据位 D5 由___(2)___进行校验。

(1) A．3   B．4
   C．5   D．6
(2) A．P4P1   B．P4P2
   C．P4P3P1   D．P3P2P1

■ **试题分析** 海明码是一种多重奇偶检错码，具有检错和纠错的功能。

设海明码校验位为 k，信息位为 m，则它们之间的关系应满足 $m+k+1 \leq 2^k$。因此当 $m=12$ 时，k 至少取 4 才能让该不等式成立。

D5 在海明码的第 10 位，而 $10=8+2=2^3+2^1$。说明 D5 由海明码的第 3 位和第 1 位的校验码进行校验，而第 3 位和第 1 位的校验码对应的是 P4 和 P2。所以 D5 是由 P4P2 进行校验的。

■ **参考答案** (1) D (2) B

● 已知数据信息为 16 位，最少应附加___(3)___位校验位，以实现海明码纠错。
　　(3) A. 3　　　　　　　　　　　　　　B. 4
　　　　C. 5　　　　　　　　　　　　　　D. 6

■ **试题分析**　设海明码校验位为 k，信息位为 m，则它们之间的关系应满足 $m+k+1 \leq 2^k$。因此当 $m=16$ 时，k 至少取 5 才能让该不等式成立。

■ **参考答案**　(3) C

● 以下关于海明码的叙述中，正确的是___(4)___。
　　(4) A. 海明码利用奇偶性进行检错和纠错
　　　　B. 海明码的码距为 1
　　　　C. 海明码可以检错但不能纠错
　　　　D. 海明码中数据位的长度与校验位的长度必须相同

■ **试题分析**　编码系统的码距是整个编码系统中任意两个码字的码距的最小值。海明码码距最小为 2n+1。

■ **参考答案**　(4) A

3. 循环冗余码

● 在___(1)___检验方法中，采用模 2 运算来构造校验位。
　　(1) A. 水平奇偶　　　　　　　　　　　B. 垂直奇偶
　　　　C. 海明码　　　　　　　　　　　　D. 循环冗余

■ **试题分析**　循环冗余校验码（Cyclic Redundancy Check，CRC），又称为多项式编码（Polynomial Code），广泛应用于数据链路层的错误检测。生成 CRC 会用到模 2 除法运算。

■ **参考答案**　(1) D

4. 哈夫曼编码

● 已知某文档包含 5 个字符，每个字符出现的频率如下表所示。采用哈夫曼编码对该文档压缩存储，则单词 "cade" 的编码为___(1)___，文档的压缩比为___(2)___。

字符	a	b	c	d	e
频率/%	40	10	20	16	14

　　(1) A. 1110110101　　　　　　　　　　B. 1100111101
　　　　C. 1110110100　　　　　　　　　　D. 1100111100
　　(2) A. 20%　　　　　　　　　　　　　B. 25%
　　　　C. 27%　　　　　　　　　　　　　D. 30%

■ **试题分析**　相似的题，软设考试中考查过多次。

本题主要考查哈夫曼树（最优二叉树）的构造方法。根据字母出现的频率构造哈夫曼树的过程如图 1-4-1 所示。

（1）初始，将节点从小到大排列

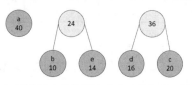

（2）抽取最小值的两个节点，进行第一次合并
继续抽取最小值的两个节点，进行第二次合并

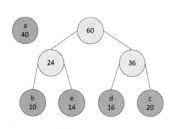

（3）第三次合并

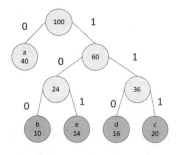

（4）第四次合并生成哈夫曼编码

图 1-4-1　构造哈夫曼树

由此可得 a 的编码是 0，b 的编码是 100，c 的编码是 111，d 的编码是 110，e 的编码是 101。那么单词 cade 的编码就是 1110110101。

在不压缩的情况下（定长编码），表示 5 个字符至少需要 3 位编码（$2^2<5<2^3$），即每个字符至少占 3 位。

哈夫曼树的编码长度（**带权路径长度**）=1×40%+3×10%+3×20%+3×16%+3×14%=2.2，所以压缩比=(3−2.2)/3=27%。

■ **参考答案**　（1）A　（2）C

● 以下关于哈夫曼（Huffman）树的叙述中，错误的是___(3)___。

　　（3）A．权值越大的叶子离根节点越近

　　　　 B．哈夫曼（Huffman）树中不存在只有一个子树的节点

　　　　 C．哈夫曼（Huffman）树中的节点总数一定为奇数

　　　　 D．权值相同的节点到树根的路径长度一定相同

■ **试题分析**　构造哈夫曼树时，为了达到编码长度最小，应该把权值最大的节点放到离根节点最近的位置。

由哈夫曼树构造过程可知，哈夫曼树只有叶子节点（度为 0）或者中间节点（度为 2），没有度为 1 的节点。也不存在只有一个子树的节点。

■ **参考答案**　（3）D

● 已知一个文件中出现的各字符及其对应的频率如下表所示。采用哈夫曼（Huffman）编码，则该文件中字符 a 和 c 的码长分别为___(4)___。若采用哈夫曼编码，则编码序列 110001001101 的字符应为___(5)___。

(4) A. 1 和 3　　　　B. 1 和 4　　　　C. 3 和 3　　　　D. 3 和 4
(5) A. face　　　　　B. bace　　　　　C. acde　　　　　D. fade

■ **试题分析**　类似的题，软设考试中考查过多次。

哈夫曼的构造过程如图 1-4-2 所示。

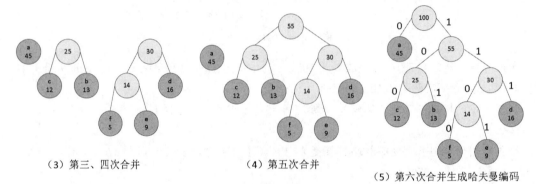

图 1-4-2　构造哈夫曼树

由图可得各字符的编码：a（0）、b（101）、c（100）、d（111）、e（1101）、f（1100）。从而可知编码序列"1100 0 100 1101"代表的字符是"face"。

■ **参考答案**　（4）A　（5）A

● 假设某消息中只包含 7 个字符{a,b,c,d,e,f,g}，这 7 个字符在消息中出现的次数为{5,24,8,17,34,4,13}，利用哈夫曼树（最优二叉树）为该消息中的字符构造符合前缀编码要求的不等长编码。各字符的编码长度分别为＿＿（6）＿＿。

（6）A. a:4,b:2,c:3,d:3,e:2,f:4,g:3
　　　B. a:6,b:2,c:5,d:3,e:1,f:6,g:4
　　　C. a:3,b:3,c:3,d:3,e:3,f:2,g:3
　　　D. a:2,b:6,c:3,d:5,e:6,f:1,g:4

■ **试题分析**　类似知识，软设考试中考查过多次。

哈夫曼树构造过程如图 1-4-3 所示。

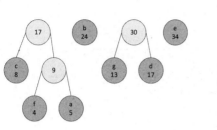

（1）初始，将节点从小到大排列

（2）抽取最小值的两个节点，进行第一次合并

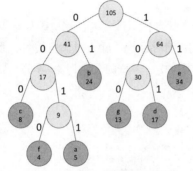

（3）进行第二、三次合并

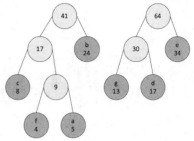

（4）进行第四、五次合并

（5）进行第六次合并

图 1-4-3　构造哈夫曼树

各字符的编码长度分别为 a:4，b:2，c:3，d:3，e:2，f:4，g:3。

■ **参考答案**　（6）A

第 2 章
计算机硬件基础知识

计算机硬件基础主要讲解软件设计师考试所涉及的计算机硬件知识。本章的内容包含体系结构、系统总线、指令系统、CPU 结构、存储系统、输入与输出技术、系统可靠性分析等基本概念知识。本章知识在每次的软件设计师考试中,考查的分值为 4~6 分,属于重要考点。

本章考点知识结构图如图 2-0-1 所示。

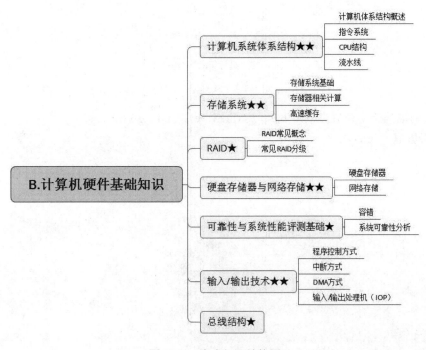

图 2-0-1 考点知识结构图

2.1 计算机系统体系结构

计算机体系结构是程序员所看到的计算机的属性,即计算机的逻辑结构和功能特征,包括各软硬件之间的关系,设计思想与体系结构。

本节考点特别多,涉及计算机体系结构的分类、指令系统中的 RISC 和 CISC 的特性比较、CPU 各组成结构的特点与功能、总线与流水线的相关计算等。

2.1.1 计算机体系结构概述

- CPU 中设置了多个寄存器,其中____(1)____用于保存待执行指令的地址。

  (1)A.通用寄存器　　　B.程序计数器　　　C.指令寄存器　　　D.地址寄存器

  ■ **试题分析**　寄存器是 CPU 内部临时存储单元,可用于存放数据和地址、控制信息、CPU 工作时的状态。

  常见寄存器有累加器、标志寄存器、指令寄存器、数据寄存器、程序计数器。

  1)累加器:运算过程中暂存操作数、中间结果,不能长时间保存数据。

  2)标志寄存器:又称状态字寄存器,体现当前指令执行结果的各种状态信息如进位、溢出、结果正负、结果是否为零等;存放控制信息,如允许中断、跟踪标志等。

  3)数据寄存器:暂存从内存读出的指令或数据;向内存写入数据时,也可暂时将数据放入数据寄存器中。

  4)指令寄存器:保存当前正在执行的指令。

  5)程序计数器:指向下一条待执行指令的地址,从而实现指令执行的顺序控制。

  ■ **参考答案**　(1)B

- CPU 中可用来暂存运算结果的是____(2)____。

  (2)A.算术逻辑单元　　B.累加器　　　C.数据总线　　　D.状态寄存器

  ■ **试题分析**　算术逻辑单元(Arithmetic and Logic Unit,ALU)主要完成对二进制信息的定点算术运算、逻辑运算和各种移位操作。

  累加器(Accumulator Register,AC)又称为累加器,是当运算器的逻辑单元执行算术运算或者逻辑运算时,为 ALU 提供的一个工作区;能进行加、减、读出、移位、循环移位和求补等操作,**能暂存运算结果**。

  状态寄存器(Program Status Word,PSW)体现当前指令执行结果的各种状态信息如进位、溢出、结果正负、结果是否为零等;存放控制信息,如允许中断、跟踪标志等。

  ■ **参考答案**　(2)B

2.1.2 指令系统

- 以下关于 RISC(精简指令系统计算机)技术的叙述中,错误的是____(1)____。

（1）A．指令长度固定、指令种类尽量少

B．指令功能强大、寻址方式复杂多样

C．增加寄存器数目以减少访存次数

D．用硬布线电路实现指令解码，快速完成指令译码

■ **试题分析** RISC 和 CISC 概念与特点属于软设考试考查的重点。

精简指令集计算机（Reduced Instruction Set Computer，RISC）是一种执行较少类型计算机指令的微处理器。精简指令系统指令的寻址方式少，通常只支持寄存器寻址方式、立即数寻址方式和相对寻址方式。

■ **参考答案** （1）B

- CISC 是___（2）___的简称。

（2）A．复杂指令集系统计算机　　　　B．超大规模集成电路

C．精简指令集系统计算机　　　　D．超长指令字

■ **试题分析** 类似知识，在软设考试中考查过多次。

为了增强计算机功能、简化汇编语言设计、提高高级语言的执行效率，计算机设计的厂商选择向指令系统中添加更多、更复杂的指令，这种机器称为复杂指令集计算机（Complex Instruction Set Computer，CISC）；但后来发现复杂、庞大的指令系统中只有少量的指令常用，所以人们又提出了精简指令集计算机（RISC）的概念。

■ **参考答案** （2）A

- 以下关于 RISC 和 CISC 计算机的叙述中，正确的是___（3）___。

（3）A．RISC 不采用流水线技术，CISC 采用流水线技术

B．RISC 使用复杂的指令，CISC 使用简单的指令

C．RISC 采用很少的通用寄存器，CISC 采用很多的通用寄存器

D．RISC 采用组合逻辑控制器，CISC 普遍采用微程序控制器

■ **试题分析** 类似知识，在软设考试中考查过多次。

RISC 采用流水线技术，而 CISC 不采用；RISC 使用简单的指令，而 CISC 使用复杂的指令；RISC 采用很多通用寄存器，而 CISC 采用很少的通用寄存器。

■ **参考答案** （3）D

- 计算机指令系统采用多种寻址方式。立即寻址是指操作数包含在指令中，寄存器寻址是指操作数在寄存器中，直接寻址是指操作数的地址在指令中。这三种寻址方式获取操作数的速度___（4）___。

（4）A．立即寻址最快，寄存器寻址次之，直接寻址最慢

B．寄存器寻址最快，立即寻址次之，直接寻址最慢

C．直接寻址最快，寄存器寻址次之，立即寻址最慢

D．寄存器寻址最快，直接寻址次之，立即寻址最慢

■ **试题分析** 寻址方式（编址方式）即指令按照哪种方式寻找或访问到所需的操作数。寻址

方式对指令的地址字段进行解释，获得操作数的方法或者获得程序的转移地址。

立即寻址是指令中直接给出操作数。这种方式获取操作码（操作数）最快捷。

寄存器寻址是操作数存放在某一寄存器中，指令给出存放操作数的寄存器名。相较于直接寻址，在寄存器寻址方式中，指令在执行阶段不用访问主存，执行速度较快。

■ 参考答案　（4）A

- 在机器指令的地址字段中，直接指出操作数本身的寻址方式称为___(5)___。

  （5）A．隐含寻址　　　　　　　　　B．寄存器寻址
  　　 C．立即寻址　　　　　　　　　D．直接寻址

■ 试题分析　指令中直接给出操作数的方式称为立即寻址。

■ 参考答案　（5）C

- VLIW 是___(6)___的简称。

  （6）A．复杂指令系统计算机　　　　B．超大规模集成电路
  　　 C．单指令流多数据流　　　　　D．超长指令字

■ 试题分析

超长指令字（Very Long Instruction Word，VLIW）：一种超长指令组合，VLIW 连接了多条指令，简化了硬件设计，提高了并行计算性能。

■ 参考答案　（6）D

2.1.3　CPU 结构

- 计算机在一个指令周期的过程中，为从内存读取指令操作码，首先要将___(1)___的内容送到地址总线上。

  （1）A．指令寄存器（IR）　　　　　B．通用寄存器（GR）
  　　 C．程序计数器（PC）　　　　　D．状态寄存器（PSW）

■ 试题分析　类似知识，在软设考试中考查过多次。

程序计数器（Programming Counter，PC）是所有 CPU 共用的一个特殊寄存器，用于指向下一条指令的地址。当执行一条指令时，处理器首先需要从 PC 中取出指令在内存中的地址，通过地址总线寻址获取。

通用寄存器（General Register，GR）是用来存放操作数、中间结果和各种地址信息的一系列存储单元。

指令寄存器（Instruction Register，IR）是临时放置从内存里面取得的程序指令的寄存器，用于保存当前从主存储器读出的正在执行的一条指令。

状态寄存器（Program State Word，PSW）又称条件码寄存器，是运算器的一部分，用于存放当前指令执行结果的各种状态信息如进位、溢出、结果正负、结果是否为零等；存放控制信息，如允许中断、跟踪标志等。

■ 参考答案　（1）C

- CPU 在执行指令的过程中，会自动修改___(2)___的内容，以使其保存的总是将要执行的下一条指令的地址。

    (2) A．指令寄存器　　　　　　　　B．程序计数器
　　　C．地址寄存器　　　　　　　　D．指令译码器

　■ **试题分析**　类似知识，在软设考试中考查过多次。

程序计数器用于存放下一条指令所在单元的地址。

指令寄存器用于临时放置从内存里面取得的程序指令，用于保存当前从主存储器读出的正在执行的一条指令。

地址寄存器用于保存当前 CPU 所访问的内存单元的地址。

指令译码器对获取指令进行译码，产生该指令操作所需的一系列微操作信号，用以控制计算机各部件完成该指令。

　■ **参考答案**　(2) B

- 计算机执行指令的过程中，需要由___(3)___产生每条指令的操作信号并将信号送往相应的部件进行处理，以完成指定的操作。

    (3) A．CPU 的控制器　　　　　　　B．CPU 的运算器
　　　C．DMA 的控制器　　　　　　　D．Cache 控制器

　■ **试题分析**　类似知识，在软设考试中考查过多次。

CPU 控制器是计算机的指挥与管理中心，协调计算机各部件有序地工作。控制器控制 CPU 工作、确保程序正确执行、处理异常事件。功能上包括指令控制、时序控制、总线控制和中断控制等。

CPU 控制器由程序计数器（PC）、指令寄存器（IR）、地址寄存器（AR）、数据寄存器（DR）、指令译码器等硬件组成。

　■ **参考答案**　(3) A

- 计算机中提供指令地址的程序计数器（PC）在___(4)___中。

    (4) A．控制器　　　　B．运算器　　　　C．存储器　　　　D．I/O 设备

　■ **试题分析**　类似知识，在软设考试中考查过多次。

运算器、控制器、寄存器组和内部总线等构成了 CPU。其中，运算器负责各种类型的运算任务，控制器是计算机的指挥与管理中心，协调计算机各部件有序地工作。

PC 是所有 CPU 共用的一个特殊寄存器，用于指向下一条指令的地址。

　■ **参考答案**　(4) A

- CPU 执行算术运算或者逻辑运算时，常将源操作数和结果暂存在___(5)___中。

    (5) A．程序计数器（PC）　　　　　B．累加器（AC）
　　　C．指令寄存器（IR）　　　　　D．地址寄存器（AR）

　■ **试题分析**　类似知识，在软设考试中考查过多次。

程序计数器（Programming Counter，PC）是所有 CPU 共用的一个特殊寄存器，用于指向下一条指令的地址。

累加器（Accumulate Register，AC）具备传送和暂存数据的功能，也可参与算术逻辑运算，并保存运算结果。

指令寄存器（Instruction Register，IR）是临时放置从内存里面取得的程序指令的寄存器，用于保存当前从主存储器读出的正在执行的一条指令。

地址寄存器（Address Register，AR）用于存放 CPU 当前访问的内存单元地址。

■ **参考答案** （5）B

● 在程序运行过程中，CPU 需要将指令从内存中取出并加以分析和执行。CPU 依据___（6）___来区分在内存中以二进制编码形式存放的指令和数据。

（6）A．指令周期的不同阶段　　　　B．指令和数据的寻址方式
　　　C．指令操作码的译码结果　　　　D．指令和数据所在的存储单元

■ **试题分析** 类似知识，在软设考试中考查过多次。

指令周期由多个机器周期组成，是执行一条指令（取指令、分析指令、执行）所需的时间。CPU 执行指令的过程中，会依据时钟信号按部就班操作。取指令阶段读取到的是指令，在分析指令和执行指令阶段，需要操作数时再去读操作数。

■ **参考答案** （6）A

● 某计算机系统的 CPU 主频为 2.8GHz。某应用程序包括 3 类指令，各类指令的 CPI（执行每条指令所需要的时钟周期数）及指令比例如下表所示。执行该应用程序时的平均 CPI 为___（7）___；运算速度用 MIPS 表示，约为___（8）___。

	指令 A	指令 B	指令 C
比例	35%	45%	20%
CPI	4	3	6

（7）A．25　　　　　　B．3　　　　　　C．3.5　　　　　　D．4
（8）A．700　　　　　B．800　　　　　C．930　　　　　 D．1100

■ **试题分析** 指令的时钟周期数（Clock Cycle Per Instruction，CPI）是指 CPU 每执行一条指令所需的时钟周期数。执行该应用程序时的平均 CPI=4×35%+3×45%+6×20%=3.95≈4，说明每条指令平均需要 4 个时钟信号。

CPU 主频为 2.8GHz，说明 CPU 每秒产生 2.8GHz=2.8×10^9 个时钟信号。所以，每秒百万级指令执行数量（Million Instructions Per Second，MIPS）=$(2.8 \times 10^9)/(4 \times 10^6)$=700。

■ **参考答案** （7）D　（8）A

● 在 CPU 内外常需设置多级高速缓存（Cache），主要目的是___（9）___。

（9）A．扩大主存的存储容量
　　　B．提高 CPU 访问主存数据或指令的效率
　　　C．扩大存储系统的容量
　　　D．提高 CPU 访问外存储器的速度

■ **试题分析** Cache 知识，软设考试中常考。

高速缓冲存储器（Cache）技术就是利用程序访问的局部性原理，把程序中正在使用的部分（活跃块）存放在一个小容量的高速 Cache 中，使 CPU 的访存操作大多针对 Cache 进行，从而解决高速 CPU 和低速主存之间速度不匹配的问题，提高 CPU 访问主存数据或指令的效率，使程序的执行速度大大提高。

■ **参考答案** （9）B

2.1.4 流水线

● 流水线的吞吐率是指单位时间流水线处理的任务数，如果各段流水的操作时间不同，则流水线的吞吐率是 ___(1)___ 的倒数。

(1) A．最短流水段操作时间
　　B．各段流水的操作时间总和
　　C．最长流水段操作时间
　　D．流水段数乘以最长流水段操作时间

■ **试题分析** 流水线的概念和计算均属于软设考试中常考的知识点。

吞吐率指的是计算机的流水线在单位时间内可以处理的任务或执行指令的个数。如果各段流水的操作时间不同，则流水线的吞吐率是最长流水段操作时间的倒数。

■ **参考答案** （1）C

● 下列关于流水线方式执行指令的叙述中，不正确的是 ___(2)___ 。

(2) A．流水线方式可提高单条指令的执行速度
　　B．流水线方式下可同时执行多条指令
　　C．流水线方式提高了各部件的利用率
　　D．流水线方式提高了系统的吞吐率

■ **试题分析** 类似知识，在软设考试中考查过多次。

流水线（Pipeline）技术将指令分解为多个小步骤，并让若干条不同指令的各个操作步骤重叠，从而实现这若干条指令的并行处理，达到程序加速运行的目的。这种方式下单条指令尽管进行了拆分，但指令各部分仍然是串行执行，所以单条指令执行速度不变。

■ **参考答案** （2）A

● 以下关于指令流水线性能度量的叙述中，错误的是 ___(3)___ 。

(3) A．最大吞吐率取决于流水线中最慢一段所需的时间
　　B．如果流水线出现断流，加速比会明显下降
　　C．要使加速比和效率最大化应该对流水线各级采用相同的运行时间
　　D．流水线采用异步控制会明显提高其性能

■ **试题分析** 流水线的控制方式分为同步流动方式和异步流动方式，具体对比参见表 2-1-1。

表 2-1-1 流水线的控制方式对比

流水线控制方式	指令流入与流出顺序对比	特点
同步流动方式	指令流出流水线与流入流水线的顺序一致	控制结构比较简单。如果前、后指令相关，则可能会出现必须等待前面指令执行完毕，才能执行后面指令的情况，这样会降低整个流水线的吞吐率和效率
异步流动方式	指令流出流水线与流入流水线的顺序不一致	前后相关指令，不一定按顺序执行。但指令顺序变化后可能会出现不可预知的结果，所以需要增加控制结构的复杂性。这种情况下，性能未必会有明显的提升

吞吐率指的是计算机的流水线在单位时间内可以处理的任务或执行指令的个数。最大吞吐率则是流水线在稳定状态时的吞吐率，它取决于流水线中最长流水段操作时间。

加速比=采用串行模式的工作时间/采用流水线模式的工作时间。如果流水线断流，流水线模式的工作时间增加，则加速比也会下降。

流水线效率就是流水线设备的利用率，要使加速比和效率最大化应该对流水线各级采用相同的运行时间。

■ **参考答案** （3）D

● 某四级指令流水线分别完成取指、取数、运算、保存结果四步操作。若完成上述操作的时间依次为 8ns、9ns、4ns、8ns，则该流水线的操作周期应至少为___（4）___ns。

（4）A. 4　　　　　　B. 8　　　　　　C. 9　　　　　　D. 33

■ **试题分析**　类似的题，在软设考试中考查过多次。

流水线的周期为指令执行时间最长的一段。

■ **参考答案**　（4）C

● 执行指令时，将每一条指令部分分解为：取指、分析和执行三步，已知取指令时间 $t_{取指}=5\Delta t$，分析时间 $t_{分析}=2\Delta t$，执行时间 $t_{执行}=3\Delta t$，如果按照[执行]$_k$、[执行]$_{k+1}$、[执行]$_{k+2}$ 重叠的流水线方式执行指令，从头到尾执行完 500 条指令需___（5）___Δt。

（5）A. 2500　　　　B. 2505　　　　C. 2510　　　　D. 2515

■ **试题分析**　类似的题，在软设考试中考查过多次。

流水线完成 M 个任务的实际时间为 $\sum_{i=1}^{n}\Delta t_i+(M-1)\Delta t_j$，其中，$\Delta t_j$ 为时间最长的那一段的执行时间。

帮助记忆，流水线完成 M 个指令时间=第一条指令执行时间+(指令数-1)×各指令段执行时间中最大的执行时间。

因此完成 500 条指令时间=$(5\Delta t+2\Delta t+3\Delta t)+(500-1)×5\Delta t=2505\Delta t$。

■ **参考答案**　（5）B

● 将一条指令的执行过程分解为取指、分析和执行三步，按照流水线方式执行，若取指时间 $t_{取指}=4\Delta t$、分析时间 $t_{分析}=2\Delta t$、执行时间 $t_{执行}=3\Delta t$，则执行完 100 条指令，需要的时间为___（6）___Δt。

（6）A．200　　　　　　B．300　　　　　　C．400　　　　　　D．405

■ **试题分析**　类似的题，在软设考试中考查过多次。

执行完 100 条指令时间=第一条指令执行时间+(指令数-1)×各指令段执行时间中最大的执行时间=$4\Delta t + 3\Delta t + 2\Delta t +(100-1)\times 4\Delta t = 405\Delta t$。

■ **参考答案**　（6）D

2.2 存储系统

本节常考的考点有存储器按照数据存取方式分类、主存储器构成与内存地址编址、高速缓存等。其中，主存储器构成与内存地址编址、高速缓存常考公式计算。

2.2.1 存储系统基础

● 虚拟存储体系由_____(1)_____两级存储器构成。

（1）A．主存-辅存　　　　　　　　　B．寄存器-Cache
　　　C．寄存器-主存　　　　　　　　D．Cache-主存

■ **试题分析**　所有的存储器设备按一定的逻辑关系，通过软硬件连接和管理，就形成了存储体系。主要的存储体系有两种：

1）Cache-主存：由 Cache 和主存构成，可以提高存储器速度。

2）虚拟存储：由主存储器和在线磁盘存储器等辅存构成，主要目的是扩大存储器容量。

■ **参考答案**　（1）A

● 在存储体系中，位于主存与 CPU 之间的高速缓存（Cache）用于存放主存中部分信息的副本，主存地址与 Cache 地址之间的转换工作_____(2)_____。

（2）A．由系统软件实现　　　　　　B．由硬件自动完成
　　　C．由应用软件实现　　　　　　D．由用户发出指令完成

■ **试题分析**　类似知识，在软设考试中考查过多次。

Cache-主存层次中，既要让 CPU 的访存速度接近访问 Cache 的速度，又要使得用户程序的运行空间为主存容量大小。这种结构中，Cache 对用户程序是透明的，即用户程序不需要知道 Cache 的存在。

CPU 每次访存时，得到的是一个主存地址。Cache-主存结构中，CPU 首先访问 Cache，并不是主存。因此需要将 CPU 的访主存地址转换成 Cache 地址，这要求处理转换速度非常快，因此需要完全由硬件完成。

■ **参考答案**　（2）B

● 在程序执行过程中，高速缓存（Cache）与主存间的地址映射由_____(3)_____。

（3）A．操作系统进行管理　　　　　B．存储管理软件进行管理
　　　C．程序员自行安排　　　　　　D．硬件自动完成

■ 试题分析 相同的题，在软设考试中考查过多次。

Cache 的内容是主存一部分内容的复本，当 CPU 访问主存时，访问的是主存的地址。因此需要将 CPU 的访主存地址转换成 Cache 地址，这要求处理转换速度非常快，因此需要完全由硬件完成。

主存与辅存之间的交互是硬件与软件结合起来实现的。

■ 参考答案 （3）D

● 计算机中 CPU 对其访问速度最快的是＿＿（4）＿＿。

（4）A．内存　　　　　　B．Cache　　　　C．通用寄存器　　D．硬盘

■ 试题分析 存储层次是计算机体系结构下的存储系统层次结构，如图 2-2-1 所示。存储系统层次结构中，每一层相对于下一层都更高速、更低延迟，价格也更贵。

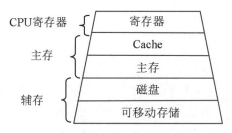

图 2-2-1　存储系统的层次结构

题目中的存储设备按访问速度排序为：通用寄存器>Cache>内存>硬盘。

■ 参考答案 （4）C

● 计算机系统的主存主要是由＿＿（5）＿＿构成的。

（5）A．DRAM　　　　　　　　　　B．SRAM
　　　C．Cache　　　　　　　　　　 D．EEPROM

■ 试题分析 类似知识，在软设考试中考查过多次。

RAM 又可分为 DRAM 和 SRAM 两种。其中 DRAM 的信息会随时间的延长而逐渐消失，因此需要定时对其刷新来维持信息不丢失；SRAM 在不断电的情况下，信息能够一直保持而不丢失，因此无需刷新。系统主存主要由 DRAM 组成，Cache 则由 SRAM 组成。

■ 参考答案 （5）A

● ＿＿（6）＿＿是一种需要通过周期性刷新来保持数据的存储器件。

（6）A．SRAM　　　　　　　　　　B．DRAM
　　　C．FLASH　　　　　　　　　 D．EEPROM

■ 试题分析 DRAM 通过电容上的电荷来存储信息，电荷只能维持 1～2ms，必须通过周期性刷新来保持数据。SRAM 和 DRAM 都属于易失性存储器。

闪存（Flash Memory）可以在不加电的情况下长期保存数据，同时还可以在线进行快速擦除与重写。电擦除可编程只读存储器（EEPROM）中的数据既可以读出，也可以通过电擦除的方式进行改写。

■ **参考答案** （7）B

● 以下关于闪存（Flash Memory）的叙述中，错误的是___（7）___。

（7）A．掉电后信息不会丢失，属于非易失性存储器

B．以块为单位进行删除操作

C．采用随机访问方式，常用来代替主存

D．在嵌入式系统中可以用 Flash 来代替 ROM 存储器

■ **试题分析** 闪存可以在不加电的情况下长期保存数据，同时还可以在线进行快速擦除与重写。闪存常用来替代 ROM 而非 RAM，因此 C 项错误。

以往嵌入式系统中常采用 ROM（EPROM），但近年来 Flash 已全面代替了 ROM（EPROM）。

■ **参考答案** （7）C

2.2.2 存储器相关计算

● 内存按字节编址，地址从 A0000H 到 CFFFFH 的内存，共有___（1）___字节，若用存储容量为 64K×8 bit 的存储器芯片构成该内存空间，至少需要___（2）___片。

（1）A．80K B．96K C．160K D．192K

（2）A．2 B．3 C．5 D．8

■ **试题分析** 这类内存编址和存储芯片构成内存的题常考。

A0000H 到 CFFFFH 的内存容量为：

CFFFFH−A0000H+1=30000H=$3×16^4$=$3×2^{16}$=$3×2^6×2^{10}$=192K；因为系统是字节编址，所以总容量为 192K × 8bit。

如果使用规格为 64K×8bit 的存储器芯片，构成该内存空间则需要：(192K×8)/(64K×8)=3 片。

■ **参考答案** （1）D （2）B

● 内存按字节编址。若用存储容量为 32K×8bit 的存储器芯片构成地址从 A0000H 到 DFFFFH 的内存，则至少需要___（3）___片芯片。

（3）A．4 B．8 C．16 D．32

■ **试题分析** A0000H 到 DFFFFH 的内存容量为：

DFFFFH−A0000H+1=40000H=$4×16^4$=$4×2^{16}$=$4×2^6×2^{10}$=256K；因为系统是字节编址，所以总容量为 256K × 8bit。

如果使用规格为 32K×8bit 的存储器芯片，构成该内存空间则需要：(256K×8)/(32K×8)=8 片。

■ **参考答案** （3）B

● 内存按字节编址，从 A1000H 到 B13FFH 的区域的存储容量为___（4）___KB。

（4）A．32 B．34 C．65 D．67

■ **试题分析** A1000H 到 B13FFH 的区域的存储容量为：

B13FFH−A1000H+1=10400H=$260×16^2$=$260×2^8$=65KB。

■ **参考答案** （4）C

- 内存按字节编址从 B3000H 到 DABFFH 的区域，其存储容量为___(5)___。

  (5) A. 123KB　　　　B. 159KB　　　　C. 163KB　　　　D. 194KB

  ■ 试题分析　B3000H 到 DABFFH 的区域存储容量为：
  DABFFH−B3000H+1=27C00H=636×16^2=636×2^8=159KB。

  ■ 参考答案　(5) B

2.2.3 高速缓存

- 以下关于 Cache（高速缓冲存储器）的叙述中，不正确的是___(1)___。

  (1) A. Cache 的设置扩大了主存的容量
  　　B. Cache 的内容是主存部分内容的拷贝
  　　C. Cache 的命中率并不随其容量增大线性地提高
  　　D. Cache 位于主存与 CPU 之间

  ■ 试题分析　类似知识，在软设考试中考查过多次。
  高速缓冲存储器（Cache）技术就是利用程序访问的**局部性原理**，把程序中正在使用的部分（活跃块）存放在一个小容量的高速 Cache 中，使 CPU 的访存操作大多针对 Cache 进行。Cache 的内容是主存部分内容的拷贝，所以并没有扩大主存容量。

  ■ 参考答案　(1) A

- 主存与 Cache 的地址映像方式中，___(2)___方式可以实现主存任意一块装入 Cache 中任意位置，只有装满才需要替换。

  (2) A. 全相联　　　　　　　　　　B. 直接映像
  　　C. 组相联　　　　　　　　　　D. 串并联

  ■ 试题分析　软设考试中，主存与 Cache 的地址映像方式常考。
  CPU 访存时,得到的是主存地址,但它是从 Cache 中读/写数据。因此,需要将主存地址和 Cache 地址对应起来,这种对应方式称为 **Cache 地址映像**。Cache 地址映像种类与名称如图 2-2-2 所示。
  直接映像方式中，主存的块只能存放在 Cache 的相同块中。
  全相联映像方式中，主存任何一块数据可以调入 Cache 的任意一块中。
  组相联的映像：各区中的某一块只能存入缓存的同组号的空间内，但组内各块地址之间则可以任意存放。

  ■ 参考答案　(2) A

- Cache 的地址映像方式中，发生块冲突次数最小的是___(3)___。

  (3) A. 全相联映像　　　　　　　　B. 组相联映像
  　　C. 直接映像　　　　　　　　　D. 无法确定

  ■ 试题分析　全相联映像块冲突最小，其次为组相联映像，直接映像块冲突最大。

  ■ 参考答案　(3) A

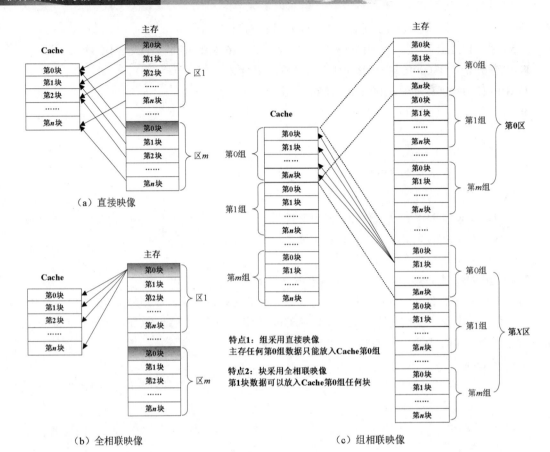

图 2-2-2　3 种 Cache 地址映像

2.3　RAID

本节考点为 RAID 各级别的特点、所需硬盘数量、硬盘利用率等。

- 廉价磁盘冗余阵列 RAID 利用冗余技术实现高可靠性，其中 RAID1 的磁盘利用率为　（1）　。

  （1）A．25%　　　　　　B．50%　　　　　　C．75%　　　　　　D．100%

  ■ 试题分析　RAID1：磁盘镜像，可并行读数据，在不同的两块磁盘写相同数据，写入数据比 RAID0 慢点。安全性最好，但空间利用率为 50%，利用率最低。实现 RAID1 至少需要两块硬盘。

  ■ 参考答案　（1）B

- RAID 技术中，磁盘容量利用率最高的是　（2）　。

  （2）A．RAID0　　　　　B．RAID1　　　　　C．RAID3　　　　　D．RAID5

  ■ 试题分析　RAID0 没有校验功能，所以利用率最高。

  ■ 参考答案　（2）A

2.4 硬盘存储器与网络存储

本节知识点考查硬盘存储与 DAS、NAS、SAN、OSD 的基本定义。

- 若磁盘的转速提高一倍，则___(1)___。

　　(1) A．平均存取时间减半　　　　　　B．平均寻道时间加倍
　　　　C．旋转等待时间减半　　　　　　D．数据传输速率加倍

■ 试题分析

平均旋转等待时间=1/2 × 磁盘旋转一周的时间，所以转速提高一倍，则旋转等待时间减半。平均寻道时间是硬盘磁头从一个磁道移动到另一个磁道所需要的平均时间，所以与转速无关。平均存取时间=寻道时间+等待时间，磁盘的转速提高一倍，平均存取时间不能减半。

■ 参考答案　　(1) C

2.5 可靠性与系统性能评测基础

本部分主要知识点有容错、系统可靠性分析等。目前考查较多的知识点为串联系统、并联系统的可靠性计算。

- 某系统由图 2-5-1 所示的部件构成，每个部件的千小时可靠度都为 R，该系统的千小时可靠度为___(1)___。

　　(1) A．$(3R+2R)/2$　　　　　　　　　B．$R/3+R/2$
　　　　C．$[1-(1-R)^3][1-(1-R)^2]$　　　D．$1-(1-R)^3-(1-R)^2$

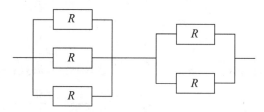

图 2-5-1　习题用图

■ 试题分析　软设考试中，求串并联系统可靠度的题常考。

并联系统可靠度 $R=1-(1-R_1)\times(1-R_2)\times\cdots\times(1-R_n)$，所以题目中两个并联系统的可靠度分别为 $1-(1-R)^3$ 和 $1-(1-R)^2$。

串行系统可靠度 $R=R_1\times R_2\times\cdots\times R_n$，所以题目中两个并联系统串联后的可靠度为 $[1-(1-R)^3]\times[1-(1-R)^2]$。

■ 参考答案　　(1) C

● 某系统由 3 个部件组成，每个部件的千小时可靠度都为 R，该系统的千小时可靠度为 $(1-(1-R)^2)R$，则该系统的构成方式是___（2）___。

(2) A．3 个部件串联

　　B．3 个部件并联

　　C．前两个部件并联后与第三个部件串联

　　D．2 个部件串联

■ **试题分析**　类似知识，在软设考试中考查过多次。

系统可靠度公式分为：

串行系统：$R=R_1 \times R_2 \times \cdots \times R_n$；

并联系统：$R=1-(1-R_1) \times (1-R_2) \times \cdots \times (1-R_n)$，根据题意：

3 个部件串联可靠度$=R^3$；

3 个部件并联可靠度$=1-(1-R)^3$；

前两个部件并联后与第三个部件串联可靠度$=(1-(1-R)^2)R$；

2 个部件串联可靠度$=R^2$。

■ **参考答案**　（2）C

● 某系统的可靠性结构框图如图 2-5-2 所示，假设部件 1、2、3 的可靠度分别为 0.90、0.80、0.80（部件 2、3 为冗余系统），若要求该系统的可靠度不小于 0.85，则进行系统设计时，部件 4 的可靠度至少应为___（3）___。

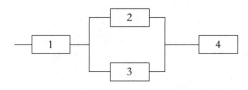

图 2-5-2　习题用图

(3) A．$\dfrac{0.85}{0.90 \times [1-(1-0.80)^2]}$　　　　B．$\dfrac{0.85}{0.90 \times (1-0.80)^2}$

　　C．$\dfrac{0.85}{0.90 \times (0.80+0.80)}$　　　　D．$\dfrac{0.85}{0.90 \times 2 \times (1-0.80)}$

■ **试题分析**　类似知识，在软设考试中考查过多次。

设部件 4 的可靠度为 x，则根据串并联系统可靠度公式及题意可得：$0.90 \times (1-(1-0.80)^2) \times x \geq 0.85$，所以，$x \geq \dfrac{0.85}{0.90 \times [1-(1-0.80)^2]}$。

■ **参考答案**　（3）A

● 软件可维护性是指一个系统在特定的时间间隔内可以正常进行维护活动的概率。用 MTTF 和 MTTR 分别表示无故障时间和平均修复时间，则软件可维护性计算公式为___（4）___。

(4) A. MTTF/(1+MTTF)　　　　　　　B. 1/(1+MTTF)
　　C. MTTR/(1+MTTR)　　　　　　　D. 1/(1+MTTR)

■ 试题分析　软设考试中，软件可维护性、可用性、可靠性的公式常考。

1）平均无故障时间（Mean Time to Failure，MTTF）。MTTF指系统无故障运行的平均时间，取所有从系统开始正常运行到发生故障之间的时间段的平均值。

2）平均修复时间（Mean Time to Repair，MTTR）。MTTR指系统从发生故障到维修结束之间的时间段的平均值。

3）平均失效间隔（Mean Time Between Failure，MTBF）。MTBF指系统两次故障发生时间之间的时间段的平均值。

MTBF= MTTF + MTTR，通常 MTTR 远小于 MTTF。

可靠性= MTTF/(1+MTTF)，反映无失效运作的概率。

可用性=MTBF/(1+MTBF)，反映正确运作的概率。

可维护性=1/(1+MTTR)，反映完成维护的概率。

■ 参考答案　（4）D

● 软件可靠性是指系统在给定的时间间隔内、在给定条件下无失效运行的概率。若 MTTF 和 MTTR 分别表示平均无故障时间和平均修复时间，则公式＿＿（5）＿＿可用于计算软件可靠性。

(5) A. MTTF/(MTTR+MTTF)　　　　B. 1/(1+MTTF)
　　C. MTTR/(1+MTTR)　　　　　　　D. 1/(1+MTTR)

■ 试题分析　软设考试中，软件可维护性、可用性、可靠性的公式常考。

可靠性= MTTF/(1+MTTF)，反映无失效运作的概率。

■ 参考答案　（5）A

● 计算机系统的＿＿（6）＿＿可以用 MTBF/(1+MTBF)来度量，其中 MTBF 为平均失效间隔时间。

(6) A. 可靠性　　　B. 可用性　　　C. 可维护性　　　D. 健壮性

■ 试题分析　软设考试中，软件可维护性、可用性、可靠性的公式常考。

可用性=MTBF/(1+MTBF)，反映正确运作的概率。

■ 参考答案　（6）B

2.6　输入/输出技术

本节的知识主要有程序控制、中断、DMA、IOP 等工作方式。

2.6.1　中断方式

● 计算机运行过程中，遇到突发事件，要求 CPU 暂时停止正在运行的程序，转去为突发事件服务，服务完毕，再自动返回原程序继续执行，这个过程称为＿＿（1）＿＿，其处理过程中保存现场的目的是＿＿（2）＿＿。

（1）A．阻塞 B．中断
C．动态绑定 D．静态绑定
（2）A．防止丢失数据 B．防止对其他部件造成影响
C．返回去继续执行原程序 D．为中断处理程序提供数据

■ **试题分析** 类似知识，在软设考试中考查过多次。

为解决程序控制方式CPU效率较低的问题，I/O控制引入了"**中断**"机制。这种方式下，CPU无需定期查询输入/输出系统状态，转而处理其他事务。当I/O系统完成后，发出中断通知CPU，**CPU保存正在执行的程序现场**（可用**程序计数器**，记住执行情况），然后转入I/O中断服务程序完成数据交换；在处理完毕后，CPU将自动返回原来的程序继续执行（**恢复现场**）。

■ **参考答案** （1）B （2）C

● 计算机运行过程中，进行中断处理时需保存现场，其目的是____（3）____。
（3）A．防止丢失中断处理程序的数据 B．防止对其他程序的数据造成破坏
C．能正确返回到被中断的程序继续执行 D．能为中断处理程序提供所需的数据

■ **试题分析** 计算机运行过程中，进行中断处理时需保存现场，保持状态条件寄存器（PSW）和程序计数器（PC）的值，目的是能正确返回到被中断的程序继续执行。

■ **参考答案** （3）C

● 中断向量提供____（4）____。
（4）A．函数调用结束后的返回地址 B．I/O设备的接口地址
C．主程序的入口地址 D．中断服务程序入口地址

■ **试题分析** 类似的题，在软设考试中考查过多次。

中断向量就是中断服务程序的入口地址，通俗来说，就是到哪儿执行中断服务程序；同时中断控制器把中断请求信号提交给CPU。

■ **参考答案** （4）D

● 计算机中CPU的中断响应时间指的是____（5）____的时间。
（5）A．从发出中断请求到中断处理结束
B．从中断处理开始到中断处理结束
C．CPU分析判断中断请求
D．从发出中断请求到开始进入中断处理程序

■ **试题分析** 中断处理过程如下：

1）外设向CPU发出中断请求，CPU根据实际情况响应中断请求，并拒绝另外设备的中断请求。

2）保存中断现场（即PSW、PC值）到堆栈中。

3）CPU查询中断向量表，找中断请求源，根据中断服务程序的入口地址（中断向量值），存储到PC中。

4）进入中断服务程序。

中断响应时间为收到中断请求，停止正在执行的指令，保存执行程序现场的时间。

■ 参考答案　（5）D

2.6.2　DMA 方式

● CPU 是在___(1)___结束时响应 DMA 请求的。

　　(1) A．一条指令执行　　　　　　B．一段程序
　　　　C．一个时钟周期　　　　　　D．一个总线周期

■ 试题分析　类似的题，在软设考试中考查过多次。

DMA 在需要时代替 CPU 作为总线主设备，**不受 CPU 干预，自主控制 I/O 设备与系统主存之间的直接数据传输**。DMA 占用的是系统总线，而 CPU 不会在整个指令执行期间（即指令周期内）都使用总线，CPU 是在**一个总线周期**结束时响应 DMA 请求的。

■ 参考答案　（1）D

● 采用 DMA 方式传送数据时，每传送一个数据都需要占用一个___(2)___。

　　(2) A．指令周期　　　B．总线周期　　　C．存储周期　　　D．机器周期

■ 试题分析　DMA **自主控制 I/O 设备与系统主存之间的直接数据传输**，不需要经过 CPU 的介入，大大地提高了数据的传输速度。一个 DMA 传送只需要执行一个 DMA 周期，即一个总线读写周期。

■ 参考答案　（2）B

● DMA 控制方式是在___(3)___之间直接建立数据通路进行数据的交换处理。

　　(3) A．CPU 与主存　　B．CPU 与外设　　C．主存与外设　　D．外设与外设

■ 试题分析　DMA 在需要时代替 CPU 作为总线主设备，**不受 CPU 干预，自主控制 I/O 设备与系统主存之间的直接数据传输**。

■ 参考答案　（3）C

● 计算机系统中常用的输入/输出控制方式有无条件传送、中断、程序查询和 DMA 方式等。当采用___(4)___方式时，不需要 CPU 执行程序指令来传送数据。

　　(4) A．中断　　　　　　B．程序查询　　　C．无条件传送　　D．DMA

■ 试题分析　DMA 方式的数据传送基于 DMA 控制器而无需 CPU 介入。其他三种方式，均需要 CPU 执行程序指令来传送数据。

■ 参考答案　（4）D

● 计算机运行过程中，CPU 需要与外设进行数据交换。采用___(5)___控制技术时，CPU 与外设可并行工作。

　　(5) A．程序查询方式和中断方式
　　　　B．中断方式和 DMA 方式
　　　　C．程序查询方式和 DMA 方式
　　　　D．程序查询方式、中断方式和 DMA 方式

■ **试题分析** 类似的题，在软设考试中考查过多次。

程序查询方式：通过 CPU 执行程序查询外设的状态，判断外设是否准备好接收或者向 CPU 输入数据。CPU 启动 I/O 时，必须停止现有程序运行。这种方式下，CPU 与 I/O 串行工作。

程序中断方式下 CPU 无需定期查询输入/输出系统状态，可转而处理其他事务。CPU 与 I/O 可并行工作。

DMA 在需要时代替 CPU 作为总线主设备，**不受 CPU 干预，自主控制 I/O 设备与系统主存之间的直接数据传输**。在 DMA 方式中 CPU 与 I/O 可并行工作。

■ **参考答案** （5）B

● 以下关于中断方式与 DMA 方式的叙述中，正确的是 ___(6)___ 。

（6）A．中断方式与 DMA 方式都可实现外设与 CPU 之间的并行工作
　　 B．程序中断方式和 DMA 方式在数据传输过程中都不需要 CPU 的干预
　　 C．采用 DMA 方式传输数据的速度比程序中断方式的速度慢
　　 D．程序中断方式和 DMA 方式都不需要 CPU 保护现场

■ **试题分析** 中断方式下，CPU 与 I/O 可并行工作。中断处理过程包含保存现场、中断处理、恢复现场。

DMA 方式是数据在主存与 I/O 设备间直接成块传送，传送过程不需要 CPU 的干预，由 DMA 控制器控制系统总线完成数据传送。DMA 方式下，CPU 与 I/O 可并行工作，传输数据速率要比程序中断方式的速度快。

■ **参考答案** （6）A

● 异常是指令执行过程中在处理器内部发生的特殊事件，中断是来自处理器外部的请求事件。以下关于中断和异常的叙述中，正确的是 ___(7)___ 。

（7）A．"DMA 传送结束""除运算除数为 0"都为中断
　　 B．"DMA 传送结束"为中断、"除运算除数为 0"为异常
　　 C．"DMA 传送结束"为异常、"除运算除数为 0"为中断
　　 D．"DMA 传送结束""除运算除数为 0"都为异常

■ **试题分析** "DMA 传送结束"事件触发对 CPU 的请求，属于中断；"除运算除数为 0"是在 CPU 内部发生的事件，属于异常。

■ **参考答案** （7）B

2.6.3 其他方式

● 在微机系统中，BIOS（基本输入输出系统）保存在 ___(1)___ 中。

（1）A．主板上的 ROM　　　　　　　　B．CPU 的寄存器
　　 C．主板上的 RAM　　　　　　　　D．虚拟存储器

■ **试题分析** 基本输入输出系统（Basic Input Output System，BIOS）是固化在主板的 BIOS ROM 芯片的程序，相当于硬件底层的一个操作系统。它包含最基本的中断服务程序、系统设置程

序、加电自检程序和系统启动程序。BIOS 是计算机开机加电后第一个开始执行的程序，可以完成硬件检测及基本的设置功能。

■ **参考答案**　（1）A

2.7　总线结构

本节的知识主要有常用总线的分类、总线相关定义与计算、内部总线、外部总线、系统总线的定义等。

- 以下关于 PCI 总线和 SCSI 总线的叙述中，正确的是＿＿（1）＿＿。

  （1）A．PCI 总线是串行外总线，SCSI 总线是并行内总线

  　　B．PCI 总线是串行内总线，SCSI 总线是串行外总线

  　　C．PCI 总线是并行内总线，SCSI 总线是串行内总线

  　　D．PCI 总线是并行内总线，SCSI 总线是并行外总线

  ■ **试题分析**　PCI 总线是系统总线，又称内总线。SCSI 总线是软硬磁盘、光盘、扫描仪常用总线，属于外总线，同样采用并行传输方式。

  ■ **参考答案**　（1）D

- 以下关于总线的叙述中，不正确的是＿＿（2）＿＿。

  （2）A．并行总线适合近距离高速数据传输

  　　B．串行总线适合长距离数据传输

  　　C．单总线结构在一个总线上适应不同种类的设备，设计简单且性能很高

  　　D．专用总线在设计上可以与连接设备实现最佳匹配

  ■ **试题分析**　串行总线由单向一根数据线，双向两根数据线，一位一位地传输数据。这种可以挂载多种不同设备，设计简单通用性强，适合长距离数据传输，但是各设备共用一根总线，所以无法达到高性能。

  ■ **参考答案**　（2）C

- 总线宽度为 32bit，时钟频率为 200MHz，若总线上每 5 个时钟周期传送一个 32bit 的字，则该总线的带宽为＿＿（3）＿＿MB/s。

  （3）A．40　　　　　　B．80　　　　　　C．160　　　　　　D．200

  ■ **试题分析**

  总线频率=时钟频率/5=200MHz/5=40MHz；

  总线带宽=总线宽度×总线频率=32bit×40MHz/8bit=160MB/s。

  ■ **参考答案**　（3）C

第3章 数据结构与算法知识

数据结构知识的内容包含线性表、队列和栈、树、图、哈希表、查找、排序、算法描述和分析等知识。本章知识在软件设计师考试中，考查的分值为6~8分，下午案例常常考查到，属于重要考点。

本章考点知识结构图如图3-0-1所示。

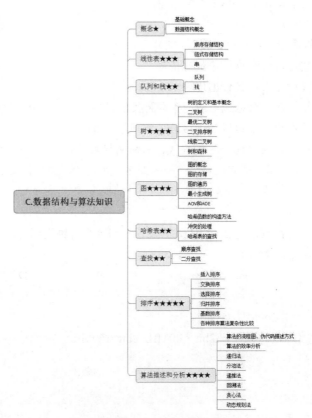

图3-0-1　考点知识结构图

3.1 概念

本部分包含数据、数据元素、结构、数据结构、逻辑结构、物理结构等知识。这部分知识属于基础知识但极少直接考查到，偶尔考查数据结构、数据等概念。

- 数据结构主要研究数据的___(1)___。

  (1) A．逻辑结构　　　　　　　　　B．存储结构
  　　C．逻辑结构和存储结构　　　　D．逻辑结构和存储结构及其运算的实现

  ■ 试题分析　数据用于描述客观事物属性的数、字符，以及所有的计算机输入/输出，并能被程序识别和处理的符号集合。
  　　数据结构主要研究的是数据的逻辑结构、存储结构以及其上的运算实现。逻辑结构是指数据结构中节点之间的关系，存储结构则是指其在计算机中的存储形式。

  ■ 参考答案　(1) D

3.2 线性表

本部分包含顺序存储结构、链式存储结构、串等知识。

- 设有 n 阶三对角矩阵 A，即非零元素都位于主对角线以及与主对角线平行且紧邻的两条对角线上，现对该矩阵进行按行压缩存储，若其压储空间用数组 B 表示，A 的元素下标从 0 开始，B 的元素下标从 1 开始。已知 $A[0,0]$ 存储在 $B[1]$，$A[n-1,n-1]$ 存储在 $B[3n-2]$，那么非零元素 $A[i,j](0 \leq i<n, 0 \leq j<n, |i-j| \leq 1)$ 存储在 $B[\underline{\quad(1)\quad}]$。

  (1) A．$2i+j-1$　　　　B．$2i+j$　　　　C．$2i+j+1$　　　　D．$3i-j+1$

  ■ 试题分析　三对角矩阵的题在软设考试中常考。
  三对角矩阵如下

$$A_{n \times n} = \begin{bmatrix} a_{1,1} & a_{1,2} & & & & \\ a_{2,1} & a_{2,2} & a_{2,3} & & & 0 \\ & a_{3,2} & a_{3,3} & a_{3,4} & & \\ & & \dots & \dots & \dots & \\ & & & \dots & \dots & \dots \\ & 0 & & & a_{n,n-1} & a_{n,n} \end{bmatrix}$$

元素 a_{ij}（i 和 j 从 1 开始）按行压缩存储至一维数组的下标为 $2i+j-2$；如果 i 和 j 从 0 开始，则对应一维数组的下标为 $2(i+1)+(j+1)-2=2i+j+1$。

解答此题的简单方法就是将 $i=0$，$j=0$ 代入四个选项，看结果是否为 1；将 $i=n-1$，$j=n-1$ 代入四个选项，看结果是否为 $3n-2$。

■ **参考答案** （1）C

● 某 n 阶的三对角矩阵 A 如下图所示，按行将元素存储在一堆数组 M 中，设 $a_{1,1}$ 存储在 $M[1]$，那么 $a_{i,j}$（$1 \leq i, j \leq n$ 且 $a_{i,j}$ 位于三条对角线中）存储在 $M[\underline{\quad(2)\quad}]$。

$$A_{n \times n} = \begin{pmatrix} a_{1,1} & a_{1,2} & & & & & \\ a_{2,1} & a_{2,2} & a_{2,3} & & & 0 & \\ & a_{3,2} & a_{3,3} & a_{3,4} & & & \\ & & \cdots & \cdots & \cdots & & \\ & & & a_{i,j-1} & a_{i,j} & a_{i,j+1} & \\ & & 0 & & \cdots & \cdots & \cdots \\ & & & & & a_{n,n-1} & a_{n,n} \end{pmatrix}$$

（2）A．$i+2j$　　　　　B．$2i+j$　　　　　C．$i+2j-2$　　　　　D．$2i+j-2$

■ **试题分析**　类似的题，在软设考试中考查过多次。

元素 a_{ij}（i 和 j 从 1 开始）按行压缩存储至一维数组的下标为 $2i+j-2$，因此选 D 项。

解答此题并不用推算公式，简单方法是将 $i=1$, $j=1$ 代入四个选项，看结果是否为 1。

■ **参考答案**　（2）D

● 对于一个 n 阶的对称矩阵 A，将其下三角区域（含主对角线）的元素按行存储在一维数组中，设元素 $A[i][j]$ 存放在 $S[k]$ 中，且 $S[1]=A[0][0]$，则 k 与 i, j（$i \leq j$）的对应关系是 $\underline{\quad(3)\quad}$。

（3）A．$k=i(i+1)/2+j-1$　　　　　B．$k=j(j+1)/2+i+1$

　　　C．$k=i(i+1)/2+j+1$　　　　　D．$k=j(j+1)/2+i-1$

■ **试题分析**

矩阵元素 a_{ij}（$i \geq j$，且 i 和 j 从 0 开始）对应一维数组下标：$1+2+\cdots+(i-1)+i+j=(i+1)\times i/2+j+1$。

而矩阵元素 a_{ij}（$i \leq j$）其存储位置对应的元素下标：$j(j+1)/2+i+1$。

解答此题的简单方法是将 $i=0$, $j=0$ 代入四个选项，只有 B 选项为正数。

■ **参考答案**　（3）B

● $\underline{\quad(4)\quad}$ 是对稀疏矩阵进行压缩存储的方式。

（4）A．二维数组和双向链表　　　　　B．三元组顺序链表和十字链表

　　　C．邻接矩阵和十字链表　　　　　D．索引顺序表和双向链表

■ **试题分析**　稀疏矩阵即矩阵中 0 元素个数远远多于非 0 元素，并且非 0 元素分布没有规律。稀疏矩阵可以采用三元组数组和十字链表两种存储方式，两种方式均只存储非 0 元素。

■ **参考答案**　（4）B

● 通过元素在存储空间中的相对位置来表示数据元素之间的逻辑关系，是 $\underline{\quad(5)\quad}$ 的特点。

（5）A．顺序存储　　　　B．链表存储　　　　C．索引存储　　　　D．哈希存储

■ **试题分析**　线性表的存储结构可以分为顺序存储和链式存储。

顺序存储用一组连续的存储单元依次存储线性表中的数据元素，逻辑相邻的两个元素在物理位置上也相邻。采用顺序存储结构，就称为**顺序表**（常用数组实现）。

链式存储是通过用指针连接的节点来存储数据元素,采用链式存储结构则称为**线性链表**(即链表)。

■ **参考答案** (5) A

● 设有一个包含 n 个元素的有序线性表。在等概率情况下删除其中的一个元素,若采用顺序存储结构,则平均需要移动___(6)___个元素;若采用单链表存储,则平均需要移动___(7)___个元素。

(6) A. 1 B. $(n-1)/2$ C. $\log n$ D. n

(7) A. 0 B. 1 C. $(n-1)/2$ D. $n/2$

■ **试题分析** 在顺序表的任何数据元素位置删除数据元素的概率相等,被删除的概率都是 $1/N$,针对不特定的数据元素,删除第 M 个元素后,需要移动后面 $(N-M)$ 元素往前一位。删除一个元素,比较次数的平均数为:$[(N-1)+(N-2)+\cdots+1]/N=(N-1)/2$,也就是顺序表的平均删除长度。

采用单链表存储结构,插入和删除元素只需修改链表指针值,无需移动任何元素。

■ **参考答案** (6) B (7) A

● 设 S 是一个长度为 n 的非空字符串,其中的字符各不相同,则其互异的非平凡子串(非空且不同于 S 本身)个数为___(8)___。

(8) A. $2n-1$ B. n^2 C. $n(n+1)/2$ D. $(n+2)(n-1)/2$

■ **试题分析** 一个长度为 n 的非空字符串,长度为 1 的子串有 n 个,长度为 2 的子串有 $n-1$ 个,…,长度为 $n-1$ 的子串有 2 个,所以互异的非平凡子串有 $(n+2)(n-1)/2$ 个。

■ **参考答案** (8) D

● 以下关于字符串的叙述中,正确的是___(9)___。

(9) A. 包含任意个空格字符的字符串称为空串

　　B. 字符串不是线性数据结构

　　C. 字符串的长度是指串中所含字符的个数

　　D. 字符串的长度是指串中所含非空格字符的个数

■ **试题分析** 字符串(string)为符号或数值的一个连续序列,是一个线性结构。包含任意个空格字符的字符串称为空白串或者空格串,不是空串。字符串的长度是指串中所含字符的个数(包含空格)。

■ **参考答案** (9) C

● 二维数组 a[1..N,1..N]可以按行存储或按列存储。对于数组元素 a[i, j] (1≤i, j≤N),当___(10)___时,在按行和按列两种存储方式下,其偏移量相同。

(10) A. $i \neq j$ B. $i=j$ C. $i>j$ D. $i \leq j$

■ **试题分析** 以 3×3 矩阵为例:

i/j	$j=1$	$j=2$	$j=3$
$i=1$	1	2	3
$i=2$	4	5	6
$i=3$	7	8	9

按行存储的顺序为：**123456789**。

按列存储的顺序为：**147258369**。

对角线的元素 1、5、9，在按行和按列存储的序列中位置相同。可以推导出当 $i=j$ 时，在按行和按列两种存储方式下，其偏移量相同。

■ **参考答案** （10）B

3.3 队列和栈

本部分包含队列和栈的知识。

3.3.1 队列

● 队列的特点是先进先出，若用循环单链表表示队列，则___（1）___。

　（1）A．入队列和出队列操作都不需要遍历链表

　　　B．入队列和出队列操作都需要遍历链表

　　　C．入队列操作需要遍历链表，而出队列操作不需要

　　　D．入队列操作不需要遍历链表，而出队列操作需要

■ **试题分析** 单链表的最后一个节点指向 Null，而循环单链表中最后一个节点指向了头节点，从而形成一个环，所以循环链表事实上并没有真正的头节点或尾节点，所以入队列和出队列操作即在某一位置插入或删除节点，必须遍历链表。

具体单链表和循环单链表如图 3-3-1 所示。

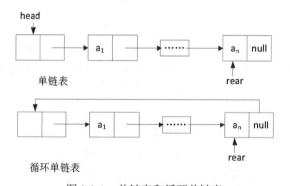

图 3-3-1　单链表和循环单链表

■ **参考答案** （1）B

● 双端队列是指在队列的两个端口都可以加入和删除元素，如下图所示，现在要求元素进队列和出队列必须在同一端口。即从 a 端进队的元素必须从 a 端出，从 b 端进队的元素必须从 b 端出。则对于四个元素的序列 a、b、c、d，若要求前两个元素 a、b 从 a 端口按次序全部进入队列，后两个元素 c、d 从 b 端口按次序全部进入队列，则不可能得到的出队序列是___（2）___。

A　　　　　双端队列　　　　B

（2）A. d、a、b、c　　　　　　　B. d、c、b、a
　　　C. b、a、d、c　　　　　　　D. b、d、c、a

■ 试题分析　双端队列要求从 a 端进队的元素必须从 a 端出，从 b 端进队的元素必须从 b 端出。

元素 a、b 从 a 端口按次序全部进入队列，说明出队序列 b 一定在 a 前。

元素 c、d 从 b 端口按次序全部进入队列，说明出队序列 d 一定在 c 前。

由于出队序列 d、a、b、c 的顺序不符合"出队序列 b 一定在 a 前"的要求，所以本题选 A。

■ 参考答案　（2）A

● 采用循环队列的优点是＿＿（3）＿＿。

（3）A. 入队和出队可以在队列的同端点进行操作
　　　B. 入队和出队操作都不需要移动队列中的其他元素
　　　C. 避免出现队列满的情况
　　　D. 避免出现队列空的情况

■ 试题分析　循环队列的知识点，在软设考试中常考。

循环队列是把顺序队列首尾相连，把存储队列元素的表从逻辑上看成一个环，成为循环队列。

元素入队时修改尾指针，元素出队时修改头指针，不是同端操作，也不需要移动队列中的其他元素。

列队满或空不是由数据结构自身决定的。

■ 参考答案　（3）B

● 设某循环队列 Q 的定义中有 front 和 rear 两个域变量，其中，front 指示队头元素的位置，rear 指示队尾元素之后的位置，如下图所示。若该队列的容量为 M，则其长度为＿＿（4）＿＿。

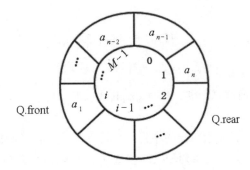

（4）A. (Q.rear−Q.front +1)　　　　B. (Q.rear−Q.front+M)
　　　C. (Q.rear−Q.front+1)%M　　D. (Q.rear−Q.front+M)%M

■ 试题分析　类似的题，在软设考试中考查过多次。

Q.front 和 Q.rear 分别指向队列的头和尾，队列长度为 Q.rear−Q.front。但 Q.rear−Q.front 结果可

能为负,所以,需要加上 M 后,再除 M 取余,因此长度计算的式子为$(Q.rear-Q.front+M)\%M$。

■ **参考答案** （4）D

3.3.2 栈

● 栈的特点是后进先出,若用单链表作为栈的存储结构,并用头指针作为栈顶指针,则___(1)___。

(1) A. 入栈和出栈操作都不需要遍历链表
B. 入栈和出栈操作都需要遍历链表
C. 入栈操作需要遍历链表而出栈操作不需要
D. 入栈操作不需要遍历链表而出栈操作需要

■ **试题分析** 栈的特点是后进先出,入栈和出栈的操作都是针对栈顶元素,而链表头指针可以一直指向栈顶,因此无论是出栈还是入栈,都不需要遍历链表。

■ **参考答案** （1）A

● 若栈采用顺序存储方式,现有两栈共享的空间 $V[1…n]$,$top[i]$代表第 i(i=1,2)个栈的栈顶(两个栈都空时 $top[1]$=1、$top[2]$=n),栈 1 的底在 $V[1]$,栈 2 的底在 $V[n]$,则栈满(即 n 个元素暂存在这两个栈)的条件是___(2)___。

(2) A. $top[1]$=$top[2]$ B. $top[1]$+$top[2]$==1
C. $top[1]$+$top[2]$==n D. $top[1]$-$top[2]$==1

■ **试题分析** 栈 1 与栈 2 增长方向与堆满情况如图 3-3-1 所示。

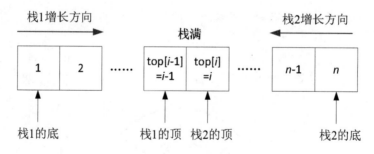

图 3-3-1　两栈共享空间图例

当栈满时,栈 1 与栈 2 的栈顶相邻,此时 $top[1]$-$top[2]$==1。

■ **参考答案** （2）D

● 对于一个长度为 n(n>1)且元素互异的序列,令其所有元素依次通过一个初始为空的栈后,再通过一个初始为空的队列。假设队列和栈的容量都足够大,且只要栈非空就可以进行出栈操作,只要队列非空就可以进行出队操作,那么以下叙述中,正确的是___(3)___。

(3) A. 出队序列和出栈序列一定互为逆序　B. 出队序列和出栈序列一定相同
C. 入栈序列与入队序列一定相同　D. 入栈序列与入队序列一定互为逆序

■ **试题分析** 队列的特点是**先进先出**,栈的特点是**后进先出**。依据题意,栈和队列连接时:

1）由于入队后马上出队，所以元素入队与出队的顺序相同。
2）出队的元素马上做进栈和出栈操作，所以出队的顺序与出栈的顺序相同。

■ **参考答案** （3）B

● 设有栈 S 和队列 Q，且其初始状态为空，数据元素序列 a,b,c,d,e,f 依次通过栈 S，且每个元素从 S 出栈后立即进入队列 Q，若出队列的序列是 b,d,f,e,c,a，则 S 中的元素最多时，栈底到栈顶的元素依次为＿＿（4）＿＿。

（4）A．a,b,c　　　　B．a,c,d　　　　C．a,c,e,f　　　　D．a,d,f,e

■ **试题分析**　这类出入队列、出入堆栈的题，在软设考试中考查得比较频繁。

题目指出"元素从 S 出栈后立即进入队列 Q"，说明了出栈的序列和出队的序列是一样的，即为 b,d,f,e,c,a。

根据栈**先进后出，后进先出**的特点，根据出栈顺序 "b,d,f,e,c,a"，可知 a、b 入栈后，b 出栈；c、d 入栈、d 出栈；e、f 入栈、f、e 出栈；然后 c、a 出栈。

可以得到，S 中的元素最多时，是 e、f 入栈的时候，栈底到栈顶的元素依次为 a,d,f,e。

■ **参考答案** （4）D

● 已知栈 S 初始为空，用 I 表示入栈、O 表示出栈，若入栈序列为 $a_1a_2a_3a_4a_5$，则通过栈 S 得到出栈序列 $a_2a_4a_5a_3a_1$ 的合法操作序列为＿＿（5）＿＿。

（5）A．IIOIIOIOOO　　B．IOIOIOIOIO　　C．IOOIIOIOIO　　D．IIOOIOIOOO

■ **试题分析**　类似的题，在软设考试中考查过多次。

根据入栈序列 $a_1a_2a_3a_4a_5$，出栈序列 $a_2a_4a_5a_3a_1$，可知具体的入栈顺序为：

a_1、a_2 入栈，a_2 出栈；a_3、a_4 入栈，a_4 出栈；a_5 入栈，a_5 出栈；a_3 出栈，a_1 出栈。用 I、O 表示具体的出入栈序列为 IIOIIOIOOO。

■ **参考答案** （5）A

● 设栈 S 和队列 Q 的初始状态为空，元素 a,b,c,d,e,f,g 依次进入栈 S。要求每个元素出栈后立即进入队列 Q，若 7 个元素出队列的顺序为 bdfecag，则栈 S 的容量最小应该是＿＿（6）＿＿。

（6）A．5　　　　B．4　　　　C．3　　　　D．2

■ **试题分析**　类似的题，在软设考试中考查过多次。

题目指出"每个元素出栈后立即进入队列 Q"，说明了出栈的序列和出队的序列是一样的。

根据入栈序列 abcdefg，出队序列 bdfecag，可知具体的入栈顺序为：

1）a、b 入栈，b 出栈，堆栈仅存 a；
2）c、d 入栈，d 出栈，堆栈仅存 a、c；
3）e、f 入栈，f、e 出栈，堆栈仅存 a、c。当 e、f 全部入栈时，堆栈中包含 4 个元素。
4）c、a 出栈，堆栈为空；
5）g 入栈，g 出栈。

根据以上分析，栈的容量最小应为 4。

■ **参考答案** （6）B

- 若元素以 a,b,c,d,e 的顺序进入一个初始为空的栈中,每个元素进栈、出栈各 1 次,要求出栈的第一个元素为 d,则合法的出栈序列共有____(7)____种。

  (7) A. 4　　　　　　B. 5　　　　　　C. 6　　　　　　D. 24

  ■ **试题分析**　栈的特点是**后进先出**,所以以 abcde 的顺序进入栈中,要求出栈的第一个元素为 d,则只能是 abcd 顺序入栈,然后 d 出栈。

  此时,堆栈中剩 c、b、a 三个元素和一个等待入栈的元素 e。具体出栈顺序为:

  1) e 先入栈,堆栈剩下元素出栈,得到完整的出栈顺序是 decba。
  2) c 出栈 e 入栈,堆栈剩下元素出栈,得到完整的出栈顺序是 dceba。
  3) c、b 出栈 e 入栈,堆栈剩下元素出栈,得到完整的出栈顺序是 dcbea。
  4) c、b、a 出栈 e 入栈,堆栈剩下元素出栈,得到完整的出栈顺序是 dcbae。

  所以合法出栈顺序共有 4 种。

  ■ **参考答案**　(7) A

3.4 树

本部分包含的知识点有二叉树、最优二叉树、二叉排序树、线索二叉树、树和森林等。

3.4.1 树的定义和基本概念

- 某树共有 n 个节点,其中所有分支节点的度为 k(即每个非叶子节点的子树数目),则该树中叶子节点的个数为____(1)____。

  (1) A. $(n(k+1)-1)/k$　　　　　　B. $(n(k+1)+1)/k$
  　　C. $(n(k-1)+1)/k$　　　　　　D. $(n(k-1)-1)/k$

  ■ **试题分析**　假定该树有 x 个叶子节点(度为 0),y 个非叶子节点(度为 k),依据题意有以下关系:

  $$\begin{cases} x+y=n \\ k \times y+1=n \end{cases}$$（树的所有节点度的和加 1 等于节点数）

  解方程,得到 $x=(n(k-1)+1)/k$

  解决此题的简单方法是,将 $n=2$,$k=1$(仅有一个非叶子节点和叶子节点)代入四个选项,发现只有 C 选项结果为 1。

  ■ **参考答案**　(1) C

3.4.2 二叉树

- 若一棵二叉树的高度(即层数)为 h,则该二叉树____(1)____。

  (1) A. 有 2^h 个节点　　　　　　B. 有 2^h-1 个节点
  　　C. 最少有 2^{h-1} 个节点　　　D. 最多有 2^h-1 个节点

■ **试题分析** 深度为 h 的二叉树为满二叉树时，节点最多有 2^h-1 个节点，其中 $h≥1$。

■ **参考答案** （1）D

● 具有 3 个节点的二叉树有___(2)___种形态。

（2）A. 2   B. 3   C. 5   D. 7

■ **试题分析** 类似的题，在软设考试中考查过多次。

n 个节点的二叉树具有的形态数，符合卡特兰（Catalan）数公式：

$$f(n) = \frac{(2n)!}{n!(n+1)!}$$

当 $n=3$ 时，$f(3)=5$。

■ **参考答案** （2）C

● 当二叉树的节点数目确定时，___(3)___的高度一定是最小的。

（3）A. 二叉排序树   B. 完全二叉树   C. 线索二叉树   D. 最优二叉树

■ **试题分析** 完全二叉树是满二叉树的子集，在完全二叉树中最深一层的子节点往上的一层靠右边的节点没有孩子（子树）。从概念理解是完全二叉树尽可能排满每一层，如果有空节点则只在最后两层上，所以高度是最小的。

■ **参考答案** （3）B

● 二叉树的高度是指其层数，空二叉树的高度为 0，仅有根节点的二叉树高度为 1。若某二叉树中共有 1024 个节点，则该二叉树的高度是整数区间___(4)___中的任一值。

（4）A. (10, 1024)   B. [10, 1024]   C. (11, 1024)   D. [11, 1024]

■ **试题分析** 1）求树的最小高度。当二叉树为完全二叉树时，树的高度是最小的。n 个节点的完全二叉树，其高度为 $\lfloor \log_2 n \rfloor +1$。

n 为 1024 时，$\lfloor \log_2 n \rfloor +1 = \lfloor \log_2 1024 \rfloor +1 = 11$。

2）求树的最大高度。当树为单枝树时，树的高度是最大的。即树的非叶子节点只有一个孩子。n 个节点的单枝树，高度为 n。所以本题二叉树的最大高度为 1024。

攻克要塞软考团队友情提醒：$\lfloor m \rfloor$ 表示不大于 m 的最大整数；$\lceil m \rceil$ 表示不小于 m 的最小整数。

■ **参考答案** （4）D

● 对下面的二叉树进行顺序存储（用数组 MEM 表示），已知节点 A、B、C 在 MEM 中对应元素的下标分别为 1、2、3，那么节点 D、E、F 对应的数组元素下标为___(5)___。

（5）A. 4、5、6   B. 4、7、10   C. 6、7、8   D. 6、7、14

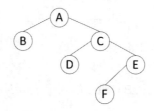

■ 试题分析 本题二叉树的顺序存储如图3-4-1所示。

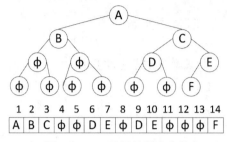

图 3-4-1 二叉树的顺序存储

所以 D、E、F 对应的数组元素下标为 6、7、14。

■ 参考答案 （5）D

- 若二叉树的先序遍历序列为 ABDECF，中序遍历序列为 DBEAFC，则其后序遍历序列为____（6）____。

（6）A. DEBAFC B. DEFBCA C. DEBCFA D. DEBFCA

■ 试题分析 二叉树遍历类似的题，在软设考试中常考。

根据先序和中序来构造二叉树的流程如下：

1）先序遍历序列的第一个节点是 A，由于先序遍历顺序是"根、左、右"，则推导出 A 是根节点。

2）中序遍历序列中 A 前面的节点是 DBE，后面的节点是 FC。则推导出 DBE 是 A 的左子树，FC 是 A 的右子树。

3）细化 DBE 树。先序遍历序列中 B 排在最前，说明 B 是左子树的根；中序遍历序列中 D 在 B 前，所以 D 是 B 的左子树；E 在 B 后，所以 E 是 B 的右子树。

4）同理，细化 CF 树。

最后，构造出二叉树，如图 3-4-2 所示。

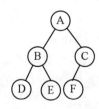

图 3-4-2 二叉树

后序遍历该二叉树，得到结果 DEBFCA。

■ 参考答案 （6）D

- 已知某二叉树的先序遍历序列为 A B C D E F、中序遍历序列为 B A D C F E，则可以确定该二叉树____（7）____。

(7) A. 是单支树（即非叶子节点都只有一个孩子）
　　B. 高度为 4（即节点分布在 4 层上）
　　C. 根节点的左子树为空
　　D. 根节点的右子树为空

■ 试题分析　使用上一题的方法，构造出二叉树，如图 3-4-3 所示。

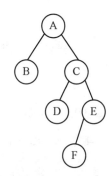

图 3-4-3　二叉树

可得到，该二叉树高度为 4。

■ 参考答案　（7）B

● 对于非空的二叉树，设 D 代表根节点，L 代表根节点的左子树，R 代表根节点的右子树。若对如图 3-4-4 所示的二叉树进行遍历后的节点序列为 7 6 5 4 3 2 1，则遍历方式是____（8）____。

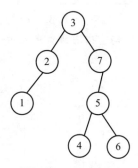

图 3-4-4　习题用图

（8）A. LRD　　　　　B. DRL　　　　　C. RLD　　　　　D. RDL

■ 试题分析　本题考查右根左的遍历方式。

序列的第一个元素是节点 7，可以排除先访问左子树的遍历方式。最后一个元素是节点 1，可以判断最后是访问左子树。

观察节点 7 的左子树，遍历顺序为 654，进一步确认访问的方式是先访问右子树，然后访问根，再访问左子树的方式。因此遍历方式是 RDL。

■ 参考答案　（8）D

● 某二叉树的先序遍历序列为 c a b f e d g，中序遍历序列为 a b c d e f g，则该二叉树是___(9)___。

(9) A. 完全二叉树　　　B. 最优二叉树　　　C. 平衡二叉树　　　D. 满二叉树

■ 试题分析　依据先序遍历序列，中序遍历序列的结果，构造出二叉树，如图 3-4-5 所示。

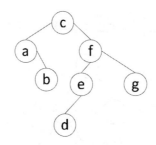

图 3-4-5　二叉树

平衡二叉查找树（简称平衡二叉树），具有如下几个性质：

1）可以是空树。

2）假如不是空树，任何一个节点的左子树与右子树都是平衡二叉树，并且深度之差的绝对值不超过 1。

平衡就好比天平，即两边的份量大约相同。

■ 参考答案　(9) C

● 设某二叉树采用二叉链表表示（即节点的两个指针分别指示左、右孩子）。当该二叉树包含 k 个节点时，其二叉链表节点中必有___(10)___个空的孩子指针。

(10) A. $k-1$　　　　　B. k　　　　　C. $k+1$　　　　　D. $2k$

■ 试题分析　二叉树的链式存储结构是指用链表来表示一棵二叉树，具体表示方式如图 3-4-6 所示。

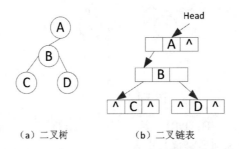

（a）二叉树　　　　（b）二叉链表

图 3-4-6　二叉树采用二叉链表表示

由图 3-4-6 可知，二叉链表的每个节点有 2 个指向孩子节点的指针。二叉链表共有 $2k$ 个指针。非空二叉树除了根节点，每个节点都有唯一的父节点，所以有 $k-1$ 个非空指针，有 $2k-(k-1)=k+1$ 个空指针。

■ 参考答案　(10) C

3.4.3 二叉排序树

● 以下关于二叉排序树（或称二叉查找树、二叉搜索树）的叙述中，正确的是___(1)___。
　（1）A．对二叉排序树进行先序、中序和后序遍历，都得到节点关键字的有序序列
　　　B．含有 n 个节点的二叉排序树高度为 $\lfloor \log_2 n \rfloor + 1$
　　　C．从根到任意一个叶子节点的路径上，节点的关键字呈现有序排列的特点
　　　D．从左到右排列同层次的节点，其关键字呈现有序排列的特点

■ **试题分析**　二叉排序树是具有以下特性的二叉树：
（1）要么为空树，要么具有以下（2）、（3）点的性质。
（2）若**左子树**不空，则左子树的所有的节点值均小于（或者均大于）根节点。
（3）若**右子树**不空，则右子树的所有的节点值均大于等于（或者均小于等于）根节点。
（4）左、右子树也分别为二叉排序树。
对二叉排序树进行中序遍历，就一定能得到一个递增（或者递减）序列。

■ **参考答案**　（1）D

● 设有二叉排序树如图 3-4-7 所示，建立该二叉树的关键码序列不可能是___(2)___。

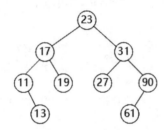

图 3-4-7　习题用图

（2）A．23 31 17 19 11 27 13 90 61
　　　B．23 17 19 31 27 90 61 11 13
　　　C．23 17 27 19 31 13 11 90 61
　　　D．23 31 90 61 27 17 19 11 13

■ **试题分析**　**类似的题，在软设考试中考查过多次。**

构造二叉排序树的过程，就是对无序序列进行排序的过程，每次插入的节点一定是一个新添加的叶子节点。

新节点插入二叉排序树时，需要先查找插入位置。
1）等于树根，则不再插入。
2）若大于树根，则递归地在右子树上查找插入位置。
3）若小于树根，则递归地在左子树上查找插入位置。
选项 A 构造二叉排序树的过程如图 3-4-8 所示。

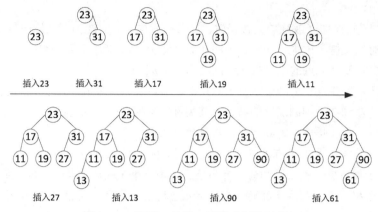

图 3-4-8　选项 A 构造二叉排序树的过程

选项 C 构造二叉排序树的过程如图 3-4-9 所示，当插入元素 27 时，就能知道该序列构造不出题目的图。

图 3-4-9　选项 C 构造二叉排序树的部分过程

■ **参考答案**　（2）C

● 可以构造出下图所示二叉排序树（或称二叉搜索树、二叉查找树）的关键码序列是＿＿（3）＿＿。

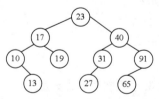

（3）A．10 13 17 19 23 27 31 40 65 91　　　　B．23 40 91 17 19 10 31 65 27 13
　　　C．23 19 40 27 17 13 10 91 65 31　　　　D．27 31 40 65 91 13 10 17 23 19

■ **试题分析**　A、D 选项关键码序列第一个元素不是 23，所以构造的二叉排序树根节点一定不是 23。

C 选项，关键码序列第二个元素是 19，因此 19 为其左孩子节点，与图不符。

所以本题只能选 B 项。

■ **参考答案**　（3）B

3.5 图

本部分的知识点有图的概念、图的存储、图的遍历、最小生成树、AOV 和 AOE 等。

3.5.1 图的概念

- 某简单无向连通图 G 的顶点数为 n，则图 G 最少和最多分别有＿＿(1)＿＿条边。

  (1) A. n，$n^2/2$　　　　B. $n-1$，$n\times(n-1)/2$　　　　C. n，$n\times(n-1)/2$　　　　D. $n-1$，$n^2/2$

  ■ 试题分析　无向图 G 的每个顶点都能通过某条路径到达其他顶点，那么我们称 G 为连通图。有 n 个顶点的无向图最多有 $n\times(n-1)/2$ 条边；n 个顶点的连通图，所有点在一条直线上，边数最少为 $n-1$。

  ■ 参考答案　(1) B

- 以下关于无向连通图 G 的叙述中，不正确的是＿＿(2)＿＿。

  (2) A. G 中任意两个顶点之间均有边存在

  　　B. G 中任意两个顶点之间存在路径

  　　C. 从 G 中任意顶点出发可遍历图中所有顶点

  　　D. G 的邻接矩阵是对称矩阵

  ■ 试题分析　n 个顶点的连通图，所有点在一条直线上，每个顶点都能通过该路径到达其他顶点，也是连通图。显然这种方式下，任意两个顶点之间不一定有边存在。

  ■ 参考答案　(2) A

- 拓扑序列是有向无环图中所有顶点的一个线性序列，若有向图中存在弧<v, w>或存在从顶点 v 到 w 的路径，则在该有向图的任一拓扑序列中，v 一定在 w 之前。图 3-5-1 的有向图的拓扑序列是＿＿(3)＿＿。

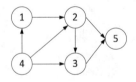

图 3-5-1　习题用图

(3) A. 41235　　　　B. 43125　　　　C. 42135　　　　D. 41325

■ 试题分析　表示工程活动的有向图中，顶点为活动，有向边<V_i,V_j>说明活动 V_i 先于活动 V_j 进行。这种图称为顶点表示活动的网络，简称 AOV 网络。AOV 网络必须没有回路。

拓扑排序是对有向无环图（DAG）上的节点进行排序，具体步骤如下：

1）选取 AOV 网络中一个没有前驱的顶点，并输出；

2）删除该顶点，并删除所有以该顶点为起点的有向边；

重复上述步骤，直到所有的顶点都输出。

本题的有向无环图可能的拓扑排序如图 3-5-2 所示。

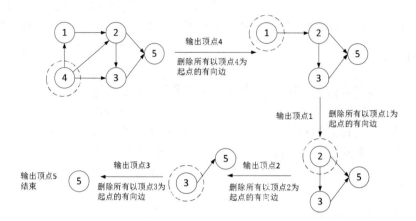

图 3-5-2 拓扑排序

本题拓扑排序的输出结果为 41235。

■ **参考答案** （3）A

● 对有向图 G 进行拓扑排序得到的拓扑序列中，顶点 V_i 在顶点 V_j 之前，则说明 G 中___（4）___。

（4）A. 一定存在有向弧<V_i, V_j>　　　　B. 一定不存在有向弧<V_j, V_i>

　　　C. 可能存在从 V_i 到 V_j 的路径　　D. 必定存在从 V_j 到 V_i 的路径

■ **试题分析** 拓扑排序得到的拓扑序列中，顶点 V_i 在顶点 V_j 之前，说明可能存在从 V_i 到 V_j 的路径。如果有向无环图只有若干孤立节点情况，则 A、D 选项不成立。

图 3-5-3 所示的有向无环图中，得到的拓扑序列为 123 或者 132，顶点 1 在顶点 3 之前，显然存在有向弧<V_3, V_1>，则 B 选项不成立。

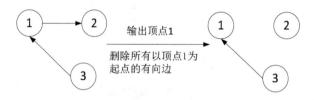

图 3-5-3 拓扑排序

■ **参考答案** （4）C

3.5.2 图的存储

● 对于如图 3-5-4 所示的有向图，其邻接矩阵是一个___（1）___的矩阵，采用邻接链表存储时顶点 1 的表节点个数为 2，顶点 5 的表节点个数为 0，顶点 2 和 3 的表节点个数分别为___（2）___。

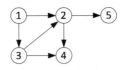

图 3-5-4 习题用图

（1）A. 5×5　　　　　B. 5×7　　　　　C. 7×5　　　　　D. 7×7
（2）A. 2,1　　　　　B. 2,2　　　　　C. 3,4　　　　　D. 4,3

■ **试题分析**　该有向图有 5 个顶点，所以邻接矩阵应该为 5×5 矩阵。
该图用邻接链表表示，如图 3-5-5 所示。

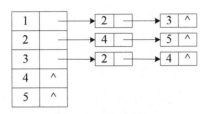

图 3-5-5 邻接链表表示

可以得到，顶点 2 和 3 的表节点个数为 2。

■ **参考答案**　（1）A　（2）B

● 设一个包含 n 个顶点、e 条弧的简单有向图采用邻接矩阵存储结构（即矩阵元素 A[i][j]等于 1 或 0，分别表示顶点 i 与顶点 j 之间有弧或无弧），则该矩阵的非零元素数目为＿＿（3）＿＿。

（3）A. e　　　　　B. $2e$　　　　　C. $n-e$　　　　　D. $n+e$

■ **试题分析**　邻接矩阵表示法：n 个顶点的图可以用 $n \times n$ 的邻接矩阵来表示。如果节点 i 到 j 存在边，则矩阵元素 A[i,j]的值置 1；否则置 0。

图 3-5-6 给出了一个有向图和一个无向图，及它们的邻接矩阵表示。

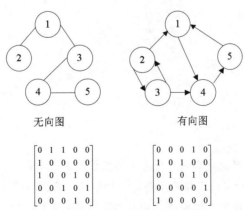

无向图　　　　　　　　　有向图

无向图的邻接矩阵表示　　有向图的邻接矩阵表示

图 3-5-6 图的邻接矩阵表示

邻接矩阵中的每个非零元素都表示一条弧，e 条弧的简单有向图表示 e 个非零元素。

■ **参考答案**　(3) A

3.5.3 图的遍历

● 对有 n 个节点、e 条边且采用数组表示法（即邻接矩阵存储）的无向图进行深度优先遍历，时间复杂度为___(1)___。

(1) A. $O(n^2)$　　　　B. $O(e^2)$　　　　C. $O(n+e)$　　　　D. $O(n \times e)$

■ **试题分析**　邻接矩阵表示法：n 个顶点的图可以用 $n \times n$ 的邻接矩阵来表示。无向图对应的邻接矩阵表示示例如图 3-5-7 所示。

$$\begin{bmatrix} 0 & 1 & 1 & 0 & 0 \\ 1 & 0 & 0 & 0 & 0 \\ 1 & 0 & 0 & 1 & 0 \\ 0 & 0 & 1 & 0 & 1 \\ 0 & 0 & 0 & 1 & 0 \end{bmatrix}$$

图 3-5-7　无向图的邻接矩阵表示示例

可以发现，当采用深度优先进行遍历的时候，查找所有邻接点所需要的时间是 $O(n^2)$。

■ **参考答案**　(1) A

● 图 G 的邻接矩阵如图 3-5-8 所示（顶点依次表示为 v_0、v_1、v_2、v_3、v_4、v_5），G 是___(2)___。对 G 进行广度优先遍历（从 v_0 开始），可能的遍历序列为___(3)___。

$$\begin{bmatrix} \infty & 18 & 17 & \infty & \infty & \infty \\ \infty & \infty & \infty & 20 & 16 & \infty \\ \infty & \infty & \infty & 19 & 23 & \infty \\ \infty & \infty & \infty & \infty & \infty & 15 \\ \infty & \infty & \infty & \infty & \infty & 12 \\ \infty & \infty & \infty & \infty & \infty & \infty \end{bmatrix}$$

图 3-5-8　习题用图

(2) A. 无向图　　　　B. 有向图　　　　C. 完全图　　　　D. 强连通图
(3) A. v_0、v_1、v_2、v_3、v_4、v_5　　　　B. v_0、v_2、v_4、v_5、v_1、v_3
　　C. v_0、v_1、v_3、v_5、v_2、v_4　　　　D. v_0、v_2、v_4、v_3、v_5、v_1

■ **试题分析**　图的广度优先和深度优先遍历在软设考试中常考。

由于无向图和完全图对应的邻接矩阵都是对称矩阵，而图 G 不符合。

依据 G 的邻接矩阵转换为具体的图，如图 3-5-9 所示。

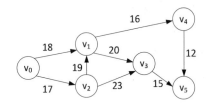

图 3-5-9　G 的邻接矩阵对应的图

分析图可以发现，没有节点 v_5 到 v_3 的路径，所以不是强连通图。

广度优先遍历图 G（从 v_0 开始），可以访问 v_1、v_2 或者 v_2、v_1。

1）如果访问 v_1、v_2，则访问 v_3、v_4 或者 v_4、v_3，最后访问 v_5。得到遍历序列为 v_0、v_1、v_2、v_3、v_4、v_5 或者 v_0、v_1、v_2、v_4、v_3、v_5。

2）如果访问 v_2、v_1，则访问 v_3、然后访问 v_4，最后访问 v_5。得到遍历序列为 v_0、v_2、v_1、v_3、v_4、v_5。

■ **参考答案**　（2）B　（3）A

● 某有向图如图 3-5-10 所示，从顶点 v_1 出发对其进行深度优先遍历，可能得到的遍历序列是＿＿（4）＿＿；从顶点 v_1 出发对其进行广度优先遍历，可能得到的遍历序列是＿＿（5）＿＿。

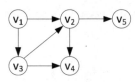

图 3-5-10　习题用图

① $v_1\ v_2\ v_3\ v_4\ v_5$　　② $v_1\ v_3\ v_4\ v_5\ v_2$　　③ $v_1\ v_3\ v_2\ v_4\ v_5$　　④ $v_1\ v_2\ v_4\ v_5\ v_3$

（4）A．①②③　　　　B．①③④　　　　C．①②④　　　　D．②③④

（5）A．①②　　　　　B．①③　　　　　C．②③　　　　　D．③④

■ **试题分析**　类似的题，在软设考试中考查过多次。

深度优先搜索（Depth First Search，DFS）遍历类似树的先根序遍历。本题有向图进行深度优先搜索得到的可能序列有 $v_1\ v_3\ v_4\ v_5\ v_2$、$v_1\ v_3\ v_2\ v_4\ v_5$、$v_1\ v_2\ v_4\ v_5\ v_3$ 等。

广度优先搜索（Breadth First Search，BFS）遍历类似于树的按层次遍历。本题有向图进行广度优先搜索得到的可能序列有 $v_1\ v_2\ v_3\ v_4\ v_5$、$v_1\ v_3\ v_2\ v_4\ v_5$ 等。

■ **参考答案**　（4）D　（5）B

● 以下关于图的遍历的叙述中，正确的是＿＿（6）＿＿。

（6）A．图的遍历是从给定的源点出发对每一个顶点仅访问一次的过程

　　　B．图的深度优先遍历方法不适用于无向图

　　　C．使用队列对图进行广度优先遍历

　　　D．图中有回路时则无法进行遍历

■ **试题分析**　广度优先遍历类似于树的按层次遍历，特点是尽可能地横向搜索。广度优先遍历，可以借助队列来完成。队列用于保存已访问过的图的顶点集合。

1）当一个顶点元素被访问后，则入队。

2）当队顶元素出队时，该元素的所有未访问的邻接节点入队。

■ **参考答案**　（6）C

3.6　哈希表

本部分的知识点包含哈希函数的构造方法、冲突的处理、哈希表的查找等。

● 用哈希表存储元素时，需要进行冲突（碰撞）处理，冲突是指＿＿（1）＿＿。

（1）A. 关键字被依次映射到地址编号连续的存储位置

　　　B. 关键字不同的元素被映射到相同的存储位置

　　　C. 关键字相同的元素被映射到不同的存储位置

　　　D. 关键字被映射到哈希表之外的位置

■ **试题分析**　在进行数据元素的查找时，我们希望能够按图索骥，根据特征值来直接找到对应的数据元素。这样的结构，称为**哈希（Hash）表**，亦称为**散列表**。当关键字比较多时，很可能出现散列函数值相同的情况，这就发生了冲突。冲突是指关键字不同的元素被映射到相同的存储位置。

■ **参考答案**　（1）B

● 设散列函数为 H(key)=key%11，对于关键码序列（23，40，91，17，19，10，31，65，26），用线性探测法解决冲突所构造的哈希表为＿＿（2）＿＿。

（2）A.

哈希地址	0	1	2	3	4	5	6	7	8	9	10
关键码	10	23		91	26		17	40	19	31	65

B.

哈希地址	0	1	2	3	4	5	6	7	8	9	10
关键码	65	23		91	26		17	40	19	31	10

C.

哈希地址	0	1	2	3	4	5	6	7	8	9	10
关键码		23	10	91	26		17	40	19	31	65

D.

哈希地址	0	1	2	3	4	5	6	7	8	9	10
关键码		23	65	91	26		17	40	19	31	10

■ **试题分析** 线性探测法的知识，在软设考试中常考。

线性探测法：H(K)算出的地址已经被数据元素占用了，那么依次用 H(K)=(H(K)+delta) mod m 来给当前元素定址，delta 依次序取值 1、2、…、m-1 进行计算，若算出的地址为空，则停止向下探索；否则，直到满足的地址均被占用时为止。

根据关键码序列（23，40，91，17，19，10，31，65，26），依次求出每个关键码的散列值，具体如下：

Hash(23)=23% 11=1；Hash(40)=40% 11=7；Hash(91)=91% 11=3；

Hash(17)=17% 11=6；Hash(19)=19% 11=8；Hash(10)=10% 11=10；Hash(31)=31% 11=9；

Hash(65)=65% 11=10，此时散列值为 10 发生冲突，采用线性探测法进行探测，Hash(65)=(65+1)%11=0，此时散列表地址为 0，0 单元为空不冲突。

Hash(26)= 26% 11=4。

■ **参考答案** （2）B

● 设用线性探测法解决冲突来构造哈希表，且哈希函数为 H(key)=key%m，若在该哈希表中查找某关键字 e 是成功的且与多个关键字进行了比较，则___(3)___。

（3）A．这些关键字形成一个有序序列

　　B．这些关键字都不是 e 的同义词

　　C．这些关键字都是 e 的同义词

　　D．这些关键字的第一个可以不是 e 的同义词

■ **试题分析** 类似的题，在软设考试中考查过多次。

两个不同的关键字，哈希函数运算后的哈希值相同（即冲突），则这两个关键字为同义词。某关键字 e 是成功的且与多个关键字进行了比较，说明这些关键字都是 e 的同义词。

■ **参考答案** （3）C

3.7 查找

本部分的知识点包含顺序查找、二分查找、哈希表查找等。

● 对于有序表（8，15，19，23，26，31，40，65，91），用二分法进行查找时，可能的关键字比较顺序为___(1)___。

（1）A．26，23，19　　　B．26，8，19　　　C．26，40，65　　　D．26，31，40

■ **试题分析** 给出有序表进行二分查找的题，软设考试中常考。

假定有序数据元素序列从小到大进行排列，则二分查找的特点：

从表中间开始查找目标数据元素，如果找到，则查找成功。

如果中间元素比目标元素大，则用二分查找法查找序列的后半部分。

如果中间元素比目标元素小，则用二分查找法查找序列的前半部分。

本题二分查找过程如图 3-7-1 所示。

```
                          中点
    第一次折半    8，15，19，23，㉖，31，40，65，91
                  第二次中点          第二次中点
    第二次折半    8，⑮，19，23，26，31，㊵，65，91
              第三次中点                  第三次中点
    第三次折半   ⑧，15，19，23，26，31，40，㊻，91
```

图 3-7-1   二分查找过程

第一次比较，中点下标为(0+8)/2=4，对应的关键字是 26。

第二次比较，中点下标为(0+3)/2=1（结果向下取整），或者是(5+8)/2=6，对应的关键字是 15 或 40。

第三次比较，中点下标为 0 或者 7，对应关键字是 8 或 65。综上所述，答案选 C 选项。

■ **参考答案**　（1）C

● 在 12 个互异元素构成的有序数组 a[1..12] 中进行二分查找（即折半查找，向下取整），若待查找的元素正好等于 a[9]，则在此过程中，依次与数组中的____(2)____比较后，查找成功结束。

(2) A. a[6]、a[7]、a[8]、a[9]　　　　　　　B. a[6]、a[9]

　　C. a[6]、a[7]、a[9]　　　　　　　　　　D. a[6]、a[8]、a[9]

■ **试题分析**　本题二分查找过程如图 3-7-2 所示。

```
                 (1+12)/2=6（结果向下取整）
                          中点
    第一次折半   1，2，3，4，5，⑥，7，8，9，10，11，12
                    (6+12)/2=9 第二次中点
    第二次折半                   7，8，⑨，10，11，12
```

图 3-7-2   二分查找过程

所以，比较数组元素分别为 a[6]、a[9]。

■ **参考答案**　（2）B

● 在线性表 L 中进行二分查找，要求 L____(3)____。

(3) A. 顺序存储，元素随机排列

　　B. 双向链表存储，元素随机排列

　　C. 顺序存储，元素有序排列

　　D. 双向链表存储，元素有序排列

■ **试题分析**　二分查找的前提是要求线性表必须采用顺序存储结构（不是链式存储结构），并且数据元素必须是有序排列的。

■ **参考答案**　（3）C

3.8 排序

本部分的知识点包含插入排序(直接插入排序、折半插入排序、2路插入排序、希尔排序等。插入排序这部分主要讲直接插入排序、希尔排序),交换排序(包含冒泡排序、快速排序),快速排序(包含直接选择排序、堆排序),归并排序,基数排序等知识。

3.8.1 各类排序算法

● 对于一个初始无序的关键字序列,在下面的排序方法中,___(1)___第一趟排序结束后,一定能将序列中的某个元素在最终有序序列中的位置确定下来。
  ① 直接插入排序   ② 冒泡排序   ③ 简单选择排序
  ④ 堆排序   ⑤ 快速排序   ⑥ 归并排序
 (1) A. ①②③⑥   B. ①②③⑤⑥   C. ②③④⑤   D. ③④⑤⑥

■ **试题分析** 类似的知识,在软设考试中考查过多次。
各排序算法特点参见表 3-8-1。

表 3-8-1 各排序算法特点

算法名称	排序算法特点	能否稳定某元素位置
直接插入排序	直接插入排序的工作方式如同打牌一样。开始时,拿牌的手为空;每拿一张牌,就可以从右到左将它与手中的每张牌进行比较,然后插入适合的位置。最后,拿在手上的牌总是按照既定顺序排好了的	不能
冒泡排序	冒泡排序就是通过比较和交换相邻的两个数据元素,将值较小的元素逐渐上浮到顶部(或者值大的元素下沉到底部)。这个过程中较小值的元素就像水底下的气泡一样逐渐向上冒,而较大值的元素就像石头逐渐沉到底	能
简单选择排序	选择排序最形象的语句就是"矬子里面拔将军"。例如,给某班级排身高,则先将最高个子(最矮个子)挑出来,作为已排序序列队头。然后在剩下的队列中继续挑最高(最矮)个子,然后放到已排序序列末尾。如此往复,直到全部人员均进入已排序序列为止	能
堆排序	堆是具有以下性质的完全二叉树:每个节点的值都大于或等于其左右孩子节点的值,称为大顶堆;或者每个节点的值都小于或等于其左右孩子节点的值,称为小顶堆。 将待排序序列构造成一个大顶堆,此时,整个序列的最大值就是堆顶的根节点。将其与末尾元素进行交换,此时末尾就为最大值。然后将剩余 n-1 个元素重新构造成一个堆,这样会得到 n 个元素的次小值。如此反复执行,便能得到一个有序序列了	能

续表

算法名称	排序算法特点	能否稳定某元素位置
快速排序	快速排序的每一趟排序是在待排序的数据元素序列中任取一个数据元素,以该元素为基准,将元素序列分成两组,第1组都小于该数,第2组都大于该数	能
归并排序	归并排序把无序数组分成两部分,如果两部分都无序则把每一部分再继续分割,直接有序或不能再分,然后再把有序的两部分并为有序的一部分,直至全部有序	不能

■ **参考答案** （1）C

● 在某应用中,需要先排序一组大规模的记录,其关键字为整数。若这组记录的关键字基本上有序,则适宜采用___(2)___排序算法。若这组记录的关键字的取值均在0到9之间（含）,则适宜采用___(3)___排序算法。

（2）A．插入　　　　B．归并　　　　C．快速　　　　D．计数
（3）A．插入　　　　B．归并　　　　C．快速　　　　D．计数

■ **试题分析**　对于基本有序数组采用插入排序是效率最高的。这个结论在软设考试中常考。

计数排序就是对一个待排序的数组进行排序,将结果一个一个放在申请的空间内。若关键字取值范围较小,则计数排序是最佳选择,因为在该情况下,该算法的时间复杂度为线性时间。

■ **参考答案**　（2）A　（3）D

● 对数组 A = (2,8,7,1,3,5,6,4) 构造的大顶堆为___(4)___（用数组表示）。

（4）A．(1,2,3,4,5,6,7,8)　　　　　　B．(1,2,5,4,3,7,6,8)
　　C．(8,4,7,2,3,5,6,1)　　　　　　D．(8,7,6,5,4,3,2,1)

■ **试题分析**　堆排序的知识点在软设考试中常考。

大根堆（大顶堆）：根节点（堆顶）的值为堆里所有节点的最大值。堆的构造过程如下：

第1步：按层次遍历,构造一棵完全二叉树。

数组 A = (2,8,7,1,3,5,6,4)构造的完全二叉树如图 3-8-1 所示。

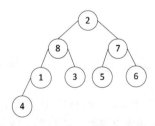

图 3-8-1　依据已知序列构造的完全二叉树

第2步：从最后一个非叶子节点开始,从下至上进行调整。

具体堆构造的过程如图 3-8-2 所示。

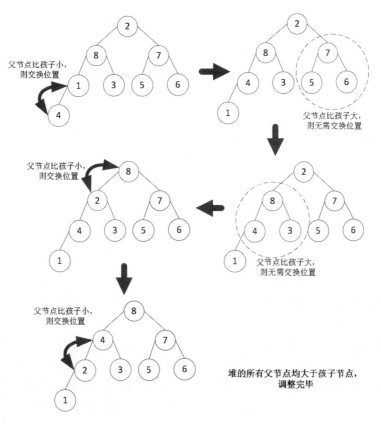

图 3-8-2 堆的调整过程

最后层次遍历调整后的堆,得到结果 8,4,7,2,3,5,6,1。

■ **参考答案** (4) C

● n 个关键码构成的序列 $\{k_1,k_2,\cdots,k_n,\}$,当且仅当满足下列关系时称其为堆。

$$\begin{cases} k_i \leq k_{2i} \\ k_i \leq k_{2i+1} \end{cases} \text{或} \begin{cases} k_i \geq k_{2i} \\ k_i \geq k_{2i+1} \end{cases}$$

以下关键码序列中,_____(5)_____不是堆。

(5) A. 15,25,21,53,73,65,33 B. 15,25,21,33,73,65,53
 C. 73,65,25,21,15,53,33 D. 73,65,25,33,53,15,21

■ **试题分析**

1)**小根堆(小顶堆)**:根节点(堆顶)的值为堆里所有节点的最小值;完全二叉树中所有非终端节点的值均不大于其左、右孩子节点的值。

2)**大根堆(大顶堆)**:根节点(堆顶)的值为堆里所有节点的最大值;完全二叉树中所有非终端节点的值均不小于其左、右孩子节点的值。

将四个选项按层次遍历分别构造完全二叉树,如图 3-8-3 所示。

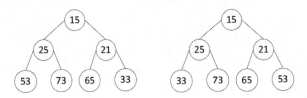

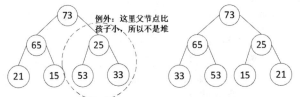

图 3-8-3　关键码序列对应的完全二叉树形式

选项 C 不满足大顶堆或小顶堆的条件。

也可以依据题目的公式计算出答案，不过这种方式比较复杂，容易出错。

■ **参考答案**　（5）C

对于 n 个元素的关键字序列 $\{k_1,k_2,\cdots,k_n\}$，当且仅当满足关系 $k_i \leqslant k_{2i}$ 且 $k_i \leqslant k_{2i}+1$ $\{i=1,2,\cdots,[n/2]\}$ 时称其为小根堆（小顶堆）。以下序列中，___(6)___ 不是小根堆。

（6）A．16,25,40,55,30,50,45　　　　　　B．16,40,25,50,45,30,55

　　　C．16,25,39,41,45,43,50　　　　　　D．16,40,25,53,39,55,45

■ **试题分析**　将四个选项按层次遍历分别构造完全二叉树，如图 3-8-4 所示。

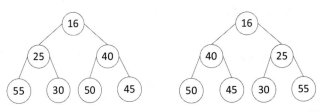

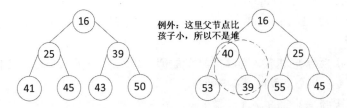

图 3-8-4　关键码序列对应的完全二叉树形式

■ **参考答案** （6）D

● 两个递增序列 A 和 B 的长度分别为 m 和 n（$m<n$ 且 m 与 n 接近），将二者归并为一个长度为 $m+n$ 的递增序列。当元素关系为＿＿（7）＿＿，归并过程中元素的比较次数最少。

（7）A. $A_1<A_2<\cdots<A_{m-1}<A_m<B_1<B_2<\cdots<B_{n-1}<B_n$

　　B. $B_1<B_2<\cdots<B_{n-1}<B_n<A_1<A_2<\cdots<A_{m-1}<A_m$

　　C. $A_1<B_1<A_2<B_2<\cdots<A_{m-1}<B_{m-1}<A_m<B_m<B_{m+1}<\cdots<B_{n-1}<B_n$

　　D. $B_1<B_2<\cdots<B_{m-1}<B_m<A_1<A_2<\cdots<A_{m-1}<A_m<B_{m+1}<\cdots<B_{n-1}<B_n$

■ **试题分析** 两个递增序列 A 和 B 归并过程如下：

1）从序列 A 和 B 各自取一个元素进行比较，输出较小者，同时在较小者序列中再取下一个元素。

2）重复步骤 1），直到一个序列结束。

3）输出未结束序列的所有剩余元素。

归并过程中元素的比较次数最少，显然要减少步骤 1）的比较次数。因此需要序列 A（长度 m，小于 n）所有元素小于序列 B 的元素，这样仅需要 m 次比较。

■ **参考答案** （7）A

● 用某排序方法对一元素序列进行非递减排序时，若该方法可保证在排序前后排序码相同者的相对位置不变，则称该排序方法是稳定的。简单选择排序法是不稳定的，＿＿（8）＿＿可以说明这个性质。

（8）A. 21　48　21*　63　17　　　　B. 17　21　21*　48　63

　　C. 63　21　48　21*　17　　　　D. 21*　17　48　63　21

■ **试题分析** 简单选择排序每一轮的排序过程是从待排序数据元素中找出最小的一个元素出列，放在已排序序列的起始位置。

选项 A 的序列为 21 48 21* 63 17。第一轮排序时，找出的最小元素是 17，则 17 要和 21 互换位置，为 17 48 21* 63 21。此时，21 与 21* 的前后位置发生变化，说明简单排序是不稳定的。

■ **参考答案** （8）A

● 对数组 A=(2,8,7,1,3,5,6,4)用快速排序算法的划分方法进行一趟划分后得到的数组 A 为＿＿（9）＿＿（非递减排序，以最后一个元素为基准元素）。进行一趟划分的时间复杂度为＿＿（10）＿＿。

（9）A. (1,2,8,7,3,5,6,4)　　　　　B. (1,2,3,4,8,7,5,6)

　　C. (2,3,1,4,7,5,6,8)　　　　　D. (2,1,3,4,8,7,5,6)

（10）A. $O(1)$　　　　　　　　　　B. $O(\lg n)$

　　　C. $O(n)$　　　　　　　　　　D. $O(n\lg n)$

■ **试题分析** 快速排序的每一轮的排序方法是：在待排序的数据元素序列中任取一个数据元素，以该元素为基准，将元素序列分成两组，第 1 组都小于该数，第 2 组都大于该数。具体一次分组的过程如图 3-8-5 所示。

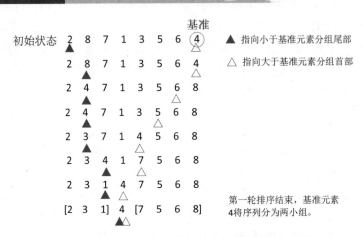

图 3-8-5 快速排序的一次分组图示

显然，第一趟划分的时间复杂度与元素个数呈线性关系，因此其时间复杂度为 $O(n)$。

■ 参考答案　（9）C　（10）C

● 现需要申请一些场地举办一批活动，每个活动有开始时间和结束时间。在同一个场地，如果一个活动结束之前，另一个活动开始，即两个活动冲突。若活动 A 从 1 时间开始，5 时间结束，活动 B 从 5 时间开始，8 时间结束，则活动 A 和 B 不冲突。现要计算 n 个活动需要的最少场地数。

求解该问题的基本思路如下（假设需要场地数为 m，活动数为 n，场地集合为 $P1,P2,\cdots,Pm$），初始条件 Pi 均无活动安排：

1）采用快速排序算法对 n 个活动的开始时间从小到大排序，得到活动 $a1,a2,\cdots,an$。对每个活动 ai，i 从 1 到 n，重复步骤 2）、3）和 4）。

2）从 P1 开始，判断 ai 与 P1 的最后一个活动是否冲突，若冲突，考虑下一个场地 P2，…。

3）一旦发现 ai 与某个 Pj 的最后一个活动不冲突，则将 ai 安排到 Pj，考虑下一个活动。

4）若 ai 与所有已安排活动的 Pj 的最后一个活动均冲突，则将 ai 安排到一个新的场地，考虑下一个活动。

5）将 n 减去没有安排活动的场地数即可得到所用的最少场地数。

算法首先采用了快速排序算法进行排序，其算法设计策略是___（11）___；后面步骤采用的算法设计策略是___（12）___。整个算法的时间复杂度是___（13）___。下表给出 $n=11$ 的活动集合，根据上述算法，得到最少的场地数为___（14）___。

i	1	2	3	4	5	6	7	8	9	10	11
开始时间 s_i	0	1	2	3	2	5	5	6	8	8	12
结束时间 f_i	6	4	13	5	8	7	9	10	11	12	14

（11）A．分治　　　　　B．动态规划　　　　C．贪心　　　　D．回溯

（12）A. 分治　　　　　B. 动态规划　　　　C. 贪心　　　　　D. 回溯
（13）A. $O(\lg n)$　　　B. $O(n)$　　　　　C. $O(n\lg n)$　　D. $O(n^2)$
（14）A. 4　　　　　　B. 5　　　　　　　C. 6　　　　　　D. 7

■ **试题分析**　快速排序采用的思想是分治思想。

根据题意，活动排序之后安排场地的策略是，将最先开始的活动安排到现在可用的场地，没有则进行新场地申请。每个决策点采用当前最好的选择，实现局部最优，就是贪心策略。

快速排序算法的时间复杂度是 $O(n\lg n)$，但后面的步骤需要遍历活动序列和场地序列的复杂度是 $O(n^2)$，所以整个算法的复杂度为 $O(n^2)$。

场地与活动的安排参见表 3-8-2。

表 3-8-2　安排表

场地 P1	场地 P2	场地 P3	场地 P4	场地 P5
a1（0～6）	a2（1～4）	a3（2～13）	a4（3～5）	a5（3～8）
a8（6～10）	a6（5～7）		a7（5～9）	a10（8～12）
a11（12～14）	a9（8～11）			

由此可得，需要 5 个场地。

■ **参考答案**　（11）A　（12）C　（13）D　（14）B

3.8.2　各种排序算法复杂性比较

● 对 N 个数排序，最坏情况下时间复杂度最低的算法是　（1）　排序算法。

（1）A. 插入　　　　　B. 冒泡　　　　　C. 归并　　　　　D. 快速

■ **试题分析**　各类算法的时间复杂度和稳定性，在软设考试中常考到。
表 3-8-3 是常考的内容。

表 3-8-3　各种排序算法的性能比较

类别	算法	时间复杂度		空间复杂度	稳定性
		平均	最坏		
插入排序	直接插入	$O(n^2)$	$O(n^2)$	$O(1)$	稳定
	希尔排序	$O(n^{1.3})$	$O(n^2)$	$O(1)$	不稳定
交换排序	冒泡排序	$O(n^2)$	$O(n^2)$	$O(1)$	稳定
	快速排序	$O(n\log n)$	$O(n^2)$	$O(\log n)$	不稳定
选择排序	直接选择	$O(n^2)$	$O(n^2)$	$O(1)$	不稳定
	堆排序	$O(n\log n)$	$O(n\log n)$	$O(1)$	不稳定
归并排序		$O(n\log n)$	$O(n\log n)$	$O(n)$	不稳定

■ **参考答案** （1）C

● 归并排序算法在排序过程中，将待排序数组分为两个大小相同的子数组，分别对两个子数组采用归并排序算法进行排序，排好序的两个子数组采用时间复杂度为 $O(n)$ 的过程合并为一个大数组。根据上述描述，归并排序算法采用了___（2）___算法设计策略。归并排序算法的最好和最坏情况下的时间复杂度为___（3）___。

（2）A．分治　　　　　B．动态规划　　　　C．贪心　　　　　D．回溯

（3）A．$O(n)$ 和 $O(nlogn)$　　　　　　　B．$O(n)$ 和 $O(n^2)$
　　C．$O(nlogn)$ 和 $O(nlogn)$　　　　　D．$O(nlogn)$ 和 $O(n^2)$

■ **试题分析**　类似的知识，在软设考试中考查过多次。

归并排序基于归并操作，是一种采用分治法（Divide and Conquer）的排序算法。归并排序最好与最坏情况下的时间复杂度均为 $O(nlogn)$。

■ **参考答案**　（2）A　（3）C

● 现需要对一个基本有序的数组进行排序。此时最适宜采用的算法为___（4）___排序算法，时间复杂度为___（5）___。

（4）A．插入　　　　　B．快速　　　　　C．归并　　　　　D．堆

（5）A．$O(n)$　　　　　B．$O(nlgn)$　　　　C．$O(n^2)$　　　　D．$O(n^2lgn)$

■ **试题分析**　对于基本有序数组采用插入排序效率是最高的，这种情况下的时间复杂度为 $O(n)$，快速排序适用于无序数组。

■ **参考答案**　（4）A　（5）A

● 在 n 个数的数组中确定其第 $i(1≤i≤n)$ 小的数时，可以采用快速排序算法中的划分思想，对 n 个元素划分，先确定第 k 小的数，根据 i 和 k 的大小关系，进一步处理，最终得到第 i 小的数。划分过程中，最佳的基准元素选择的方法是选择待划分数组的___（6）___元素。此时，算法在最坏情况下的时间复杂度为（不考虑所有元素均相等的情况）___（7）___。

（6）A．第一个　　　　B．最后一个　　　　C．中位数　　　　D．随机一个

（7）A．$O(n)$　　　　　B．$O(lgn)$　　　　　C．$O(nlgn)$　　　　D．$O(n^2)$

■ **试题分析**　快速排序的每一趟结果，在待排序的数据元素序列中任取一个基准元素，以该元素为基准，将元素序列分成两组，第 1 组都小于该数，第 2 组都大于该数。这样基准元素将数组分得越均匀越好，中位数（可以看成中间数）是最佳选择。

快速排序最坏情况下时间复杂度为 $O(n^2)$。

■ **参考答案**　（6）C　（7）D

3.9　算法描述和分析

本部分的知识点包含递归法、分治法、递推法、回溯法、贪心法、动态规划法等。

3.9.1 递归法

● 已知算法 A 的运行时间函数为 $T(n)=8T(n/2)+n^2$，其中 n 表示问题的规模，则该算法的时间复杂度为___(1)___。另已知算法 B 的运行时间函数为 $T(n)=XT(n/4)+n^2$，其中 n 表示问题的规模。对充分大的 n，若要算法 B 比算法 A 快，则 X 的最大值为___(2)___。

(1) A. $\Theta(n)$　　　　B. $\Theta(n\lg n)$　　　　C. $\Theta(n^2)$　　　　D. $\Theta(n^3)$

(2) A. 15　　　　　　B. 17　　　　　　　　C. 63　　　　　　　　D. 65

■ **试题分析**　本题需要用主方法求解递归方程：

设 $a \geq 1$ 和 $b>1$ 为常数，$f(n)$ 为函数，$T(n)$ 为定义的非负整数的递归式。

$$T(n) = aT\left(\frac{n}{b}\right) + f(n)，\quad \frac{n}{b} \text{ 值向上或向下取整}$$

则有以下结果：

1）若 $f(n) = O(n^{\log_b a - \varepsilon})$，$\varepsilon > 0$，那么 $T(n) = \Theta(n^{\log_b a})$。简单理解就是当 $n^{\log_b a - \varepsilon}$ 比 $f(n)$ 大时，$T(n) = \Theta(n^{\log_b a})$。

2）若 $f(n) = \Theta(n^{\log_b a})$，那么 $T(n) = \Theta(n^{\log_b a} \log n)$。简单理解就是 $T(n) = \Theta(n^{\log_b a})$ 等于 $f(n)$ 时，$T(n) = \Theta(n^{\log_b a} \log n)$。

3）若 $f(n) = \Omega(n^{\log_b a + \varepsilon})$，$\varepsilon > 0$，且对于某个常数 $c<1$ 和所有充分大的 n 有 $a f(n/b) \leq c f(n)$，那么 $T(n) = \Theta(f(n))$。简单理解就是当 $n^{\log_b a - \varepsilon}$ 比 $f(n)$ 小时，$T(n) = \Theta(f(n))$。

攻克要塞软考团队提醒：对符号 Ω、O、Θ 来说类似的结论也是成立的。Ω 是渐进下界、O 是渐进上界、Θ 是渐进紧致界。

本题中，$a=8$，$b=2$；$f(n) = n^2 = O(n^{\log_b a - \varepsilon}) = O(n^{\log_2 8 - \varepsilon})$，可得 $\varepsilon = 1 > 0$。

可以知道满足条件 1），时间复杂度为 $\Theta(n^3)$。

由于，算法 A 的运行时间函数为 $T(n)=8T(n/2)+n^2$ → （$a=8$，$b=2$，$\log_b a = 3$）；

算法 B 的运行时间函数为 $T(n)=XT(n/4)+n^2$ → （$a=X$，$b=4$，$\log_b a = \log_4 X$），若要算法 B 和算法 A 一样快，则 X 为 64；若要算法 B 比算法 A 快，则 X 的最大值为 63。

■ **参考答案**　(1) D　　(2) C

3.9.2 分治法

● 最大子段和的问题描述为：在 n 个整数（包含负数）组成的数组 A 中，求出其中和最大的非空连续子数组，如数组 A=(-2,11,-4,13,-5,-2)，其中子数组 B=(11,-4,13)具有最大子段和 20（11-4+13=20）。求解该问题时，可以将数组分为两个 $n/2$ 个整数的子数组，则最大子段或者在前半段，或者在后半段，或者跨越中间元素，通过该方法继续划分问题，直至最后求出最大子段和。该算法的时间复杂度为___(1)___。

(1) A. $O(n \log n)$　　　B. $O(n^2)$　　　C. $O(n^2 \log n)$　　　D. $O(n^3)$

■ **试题分析**　求最大子段和问题的数学描述如下：

给定 n 个数（有正有负）组成的序列 $A[1,2,\cdots,n]$。当所有数为负数时，最大子段和为 0。其他情况下，最大值为 $\max\{0, \max_{1\leq i\leq j\leq n}\sum_{k=i}^{j}A_k\}$。例如 $A=(-2,11,-4,13,-5,-2)$ 时，最大子段和为 a2+a3+a4=20。

求最大子段和问题算法过程如下：

1）分解。将序列 $A[1,2,\cdots,n]$ 等分为两段，则最大子段和分为以下三种情况：

①$A[1,2,\cdots,n]$ 的最大子段和等于 $A[1,2,\cdots,n/2]$ 的最大子段和。

②$A[1,2,\cdots,n]$ 的最大子段和等于 $A[n/2+1,n/2+2,\cdots,n]$ 的最大子段和。

③$A[1,2,\cdots,n]$ 的最大子段和为 $\sum_{k=i}^{j}A[k]$，且 $1\leq i\leq n/2$，$n/2+1\leq j\leq n$。

具体分解的三种情况，如图 3-9-1 所示。

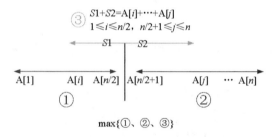

图 3-9-1　分解后三种可能的最大子段和

2）求解。

a. ①和②可使用递归法求解。

b. ③ $\sum_{k=i}^{j}A[k]$ 分为 S1 和 S2 两段，而用穷举法可分别求出 S1 和 S2 的最大值，即 $S1 = \max_{1\leq i\leq n/2}\sum_{k=i}^{n/2}A[k]$，$S1 = \max_{\frac{n}{2}+1\leq j\leq n}\sum_{k=\frac{n}{2}+1}^{j}A[k]$。S1+S2 即为③的最大值。

3）合并。取①、②、③的最大者为最优解。

显然，这是分治法的三段过程，且时间复杂度为 $O(n\log n)$。

■ 参考答案　（1）A

3.9.3　贪心法

● 在一条笔直公路的一边有许多房子，现要安装消火栓，每个消火栓的覆盖范围远大于房子的面积，如图 3-9-2 所示。现求解能覆盖所有房子的最少消火栓数和安装方案（问题求解过程中，可将房子和消火栓均视为直线上的点）。

该问题求解算法的基本思路为：从左端的第一栋房子开始，在其右侧 m 米处安装一个消火栓，去掉被该消火栓覆盖的所有房子。在剩余的房子中重复上述操作，直到所有房子被覆盖。算法采用的设计策略为＿＿（1）＿＿；对应的时间复杂度为＿＿（2）＿＿。

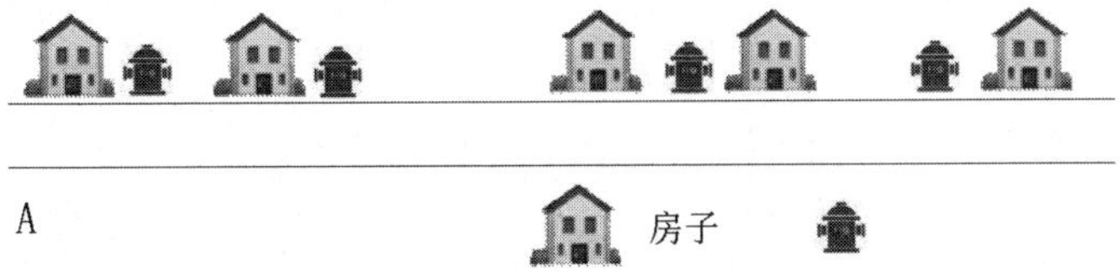

图 3-9-2 习题用图

假设公路起点 A 的坐标为 0，消火栓的覆盖范围（半径）为 20m，10 栋房子的坐标为（10，20，30，35，60，80，160，210，260，300），单位为 m。根据上述算法，共需要安装___(3)___个消火栓。以下关于该求解算法的叙述中，正确的是___(4)___。

（1）A．分治　　　　B．动态规划　　　C．贪心　　　　D．回溯
（2）A．$O(\lg n)$　　B．$O(n)$　　　　C．$O(n\lg n)$　　D．$O(n^2)$
（3）A．4　　　　　B．5　　　　　　C．6　　　　　　D．7
（4）A．肯定可以求得问题的一个最优解
　　　B．可以求得问题的所有最优解
　　　C．对有些实例，可能得不到最优解
　　　D．只能得到近似最优解

■ 试题分析

各类算法特点参见表 3-9-1。

表 3-9-1　各类算法特点

算法	特点
分治法	假定某个问题，如果规模较小则直接解决；否则分解为 n 个小规模的子问题，子问题与原问题形式相同，通过递归解决子问题，然后合并子问题的解得到原问题的解
动态规划法	在求解问题中，对于每一步决策，列出各种可能的局部解，再依据某种判定条件，舍弃那些肯定不能得到最优解的局部解，在每一步都经过筛选，以每一步都是最优解来保证全局是最优解
回溯法	回溯法的本质也是搜索，核心思想是"试探－判断－回退－继续试探"。回溯法的特点是"走不通退回再走"，该方法按选优的条件向前搜索，当探索到某一步时，发现原先选择非优化或者不达标，则退一步（向后回溯）进行重新选择
贪心法	贪心法是在每个决策点做出当前看来最佳的选择的算法。贪心法能做到局部最优，期望达到全局最优。 本题中，每次操作是选择未被消火栓覆盖的最左端房子，在侧 20 米处安装一个消火栓，并去掉被该消火栓覆盖的所有房子。这就是每个决策点得最优解的思路，属于贪心法。 求解过程只需要遍历一次所有的房子，因此时间复杂度为 $O(n)$

按题目要求部署消火栓，具体如图 3-9-3 所示。

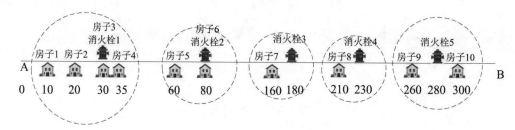

图 3-9-3　按题目要求部署消火栓

可知，房子全部覆盖完毕，总共需要安装 5 个消火栓。

贪心法本身只能得到局部最优解，但由于本题的特殊性，使用贪心法可以求得一个最优解，但是并不能得到所有最优解。

■ **参考答案**　（1）C　（2）B　（3）B　（4）A

- 采用贪心算法保证能求得最优解的问题是＿＿（5）＿＿。

　　（5）A．0-1 背包　　　　　　　　　　B．矩阵链乘

　　　　　C．最长公共子序列　　　　　　　D．部分（分数）背包

■ **试题分析**　动态规划算法适合解决 0-1 背包问题，贪心算法适合解决部分背包问题。

部分背包问题和 0-1 背包问题的区别就是：部分背包问题中的某一物品，可以取一部分装入背包。而 0-1 背包问题则是要么全部拿走，要么都不装。

■ **参考答案**　（5）D

3.9.4　动态规划法

- 考虑一个背包问题，共有 $n=5$ 个物品，背包容量为 $W=10$，物品的重量和价值分别为：$w=\{2,2,6,5,4\}$，$v=\{6,3,5,4,6\}$，求背包问题的最大装包价值。若此为 0-1 背包问题，分析该问题具有最优子结构，定义递归式为：

$$c(i,w) = \begin{cases} 0 & 若 i = 0 或 w = 0 \\ c(i-1,w) & 若 w[i] > w \\ \max\{c(i-1,w-w[i])+v[i], c(i-1,w)\} & 其他 \end{cases}$$

其中 $c(i,j)$ 表示 i 个物品、容量为 j 的 0-1 背包问题的最大装包价值，最终要求解 $c(n,W)$。

采用自底向上的动态规划方法求解，得到最大装包价值为＿＿（1）＿＿，算法的时间复杂度为＿＿（2）＿＿。

若此为部分背包问题，首先采用归并排序算法，根据物品的单位重量价值从大到小排序，然后依次将物品放入背包，直至所有物品放入背包中或者背包再无容量，则得到的最大装包价值为＿＿（3）＿＿，算法的时间复杂度为＿＿（4）＿＿。

　　（1）A．11　　　　　　B．14　　　　　　C．15　　　　　　D．16.67

　　（2）A．$O(nW)$　　　 B．$O(n\lg n)$　　 C．$O(n^2)$　　　 D．$O(n\lg W)$

　　（3）A．11　　　　　　B．14　　　　　　C．15　　　　　　D．16.67

（4）A. $O(nW)$ B. $O(n\lg n)$ C. $O(n^2)$ D. $O(n\lg nW)$

■ **试题分析**　使用动态规划法解决 0-1 背包问题的过程，就是根据递归式推导求解，具体如下：
第一步：根据公式 $c(i,w) = 0$，若 $i=0$ 或 $w=0$，得到结果见表 3-9-2。解释 $i=0$，背包容量从 0~10，装包价值均为 0。$w=0$，则装包价值恒等于 0。

表 3-9-2　第一步得解

$w[i]$ $v[i]$	i \ w	0	1	2	3	4	5	6	7	8	9	10
	0	0	0	0	0	0	0	0	0	0	0	0
2　6	1	0										
2　3	2	0										
6　5	3	0										
5　4	4	0										
4　6	5	0										

第二步：根据公式进行计算得到结果见表 3-9-3。

表 3-9-3　第二步得解

$w[i]$ $v[i]$	i \ w	0	1	2	3	4	5	6	7	8	9	10
	0	0	0	0	0	0	0	0	0	0	0	0
2　6	1	0	0	6	6	6	6	6	6	6	6	6
2　3	2	0	0	6	6	9	9	9	9	9	9	9
6　5	3	0	0	6	6	9	9	9	9	11	11	14
5　4	4	0	0	6	6	9	9	9	10	11	13	14
4　6	5	0	0	6	6	9	9	12	12	15	15	15

比如：$i=1$，$w=1$ 时，有 $w[1]>1$。因此 $c(i,w) = c(i-1,w) = c(0,1) = 0$；
$i=2$，$w=1$ 时，有 $w[2]>1$。因此 $c(i,w) = c(i-1,w) = c(1,1) = 0$；
……
$i=5$，$w=1$ 时，有 $w[5]>1$。因此 $c(i,w) = c(i-1,w) = c(4,1) = 0$；
$i=1$，$w=2$ 时，有 $w[1]=2=w$。因此 $c(1,2) = \max\{c(0,2-w[1]) + v[1], c(0,2)\} = 6$。
……

最后得到**最大装包价值为 15**。

由求解最大值的表格规模就可以看出，要实现该算法的复杂度为物品个数×背包容量，因此算法的时间复杂度为 $O(nW)$。

第二个问题是部分背包问题，用贪心法求解。首先，求每个物品单位重量价值得到v={3, 1.5, 0.83, 0.8, 1.5}，可知物品1、2、5号的单位价值最高。

1）选择物品1、2、5，总重量为8，背包还能装2，价值为6+3+6=15。

2）选择物品3，所得价值为5/6×2=1.67。

3）此时，背包物品总价值为16.67。

本算法先使用归并排序的时间复杂度为$O(n\lg n)$，后将物品放入背包的时间复杂度为$O(n)$，综合起来时间复杂度为$O(n\lg n)$。

■ **参考答案**　（1）C　（2）A　（3）D　（4）B

● 已知矩阵$A_{m×n}$和$B_{n×p}$相乘的时间复杂度为$O(m×n×p)$，矩阵相乘满足结合律，如三个矩阵A、B、C相乘的顺序可以是$(A×B)×C$，也可以是$(A×B)×C$。不同的相乘顺序所需进行的乘法次数可能有很大的差别，因此确定n个矩阵相乘的最优计算顺序是一个非常重要的问题。已知确定n个矩阵$A_1A_2\cdots A_n$相乘的计算顺序具有最优子结构，即$A_1A_2\cdots A_n$的最优计算顺序包含其子问题$A_1A_2\cdots A_k$和$A_{k+1}A_{k+2}\cdots A_n(1\leq k<n)$的最优计算顺序。

可以列出其递归式为：

$$m[i,j]=\begin{cases}0 & \text{if } i=j \\ \min_{i\leq k<j}\{m[i,k]+m[k+1,j]+P_{i-1}P_kP_j\} & \text{if } i<j\end{cases}$$

其中，A_i的维度为$p_{i-1}×p_i$，$m[i,j]$表示$A_iA_{i+1}\cdots A_j$最优计算顺序的相乘次数。

先采用自底向上的方法求n个矩阵相乘的最优计算顺序。则该问题的算法设计策略为__（5）__，算法的时间复杂度为__（6）__，空间复杂度为__（7）__。给定一个实例，$(P_0P_1\cdots P_5)$=(20，15，4，10，20，25)，其最优计算顺序为__（8）__。

（5）A．分治法　　　　　B．动态规划法　　　C．贪心法　　　　　D．回溯法

（6）A．$O(n^2)$　　　　B．$O(n^2\lg n)$　　　C．$O(n^3)$　　　　D．$O(2^n)$

（7）A．$O(n^2)$　　　　B．$O(n^2\lg n)$　　　C．$O(n^3)$　　　　D．$O(2^n)$

（8）A．$(((A_1×A_2)×A_3)×A_4)×A_5$

　　　B．$A_1×(A_2×(A_3×(A_4×A_5)))$

　　　C．$((A_1×A_2)×A_3)×(A_4×A_5)$

　　　D．$(A_1×A_2)×((A_3×A_4)×A_5)$

■ **试题分析**　矩阵链乘法的问题，软设考试中常考。

矩阵链乘法问题适合使用动态规划法。

矩阵链乘法：计算一个给定的矩阵序列$A_1A_2\cdots A_n$的连乘乘积，有不同的结合方法，并且在结合时，矩阵的相对位置不能改变，只能相邻结合。

而由矩阵$A_{m×n}$和$B_{n×p}$相乘的时间复杂度为$O(m×n×p)$可知：

1）10×100和100×5的矩阵相乘需要做10×100×5次乘法。

2）维数分别为10×100、100×5、5×50的矩阵A、B、C连乘。

● $(A×B)×C$计算方式：需要10×100×5+10×5×50=7500次乘法。

- $(A×B)×C$ 计算方式：需要 100×5×50+10×100×50= 75000 次乘法。

依据题意$(P_0P_1\cdots P_5)$=(20，15，4，10，20，25)，可知五个矩阵分别为：A_1(20×15)、A_2(15×4)、A_3(4×10)、A_4(10×20)、A_5(20×25)。分别代入空（8）的四个选项：

选项 A 为 $(((A_1×A_2)×A_3)×A_4)×A_5$：

$A_1×A_2$=20×15×4=1200， $(A_1×A_2)×A_3$=20×4×10=800， $(((A_1×A_2)×A_3)×A_4)$=20×10×20=4000， $(((A_1×A_2)×A_3)×A_4)×A_5$=20×20×25=10000。总的乘法次数为 1200+800+4000+10000=16000 次。

选项 B 为 $A_1×(A_2×(A_3×(A_4×A_5)))$：

$A_4×A_5$=10×20×25=5000， $A_3×(A_4×A_5)$=4×10×25=1000， $A_2×(A_3×(A_4×A_5))$=15×4×25=1500， $A_1×(A_2×(A_3×(A_4×A_5)))$=20×15×25=7500，总的计算次数为：5000+1000+1500+7500=15000 次。

选项 C 为 $((A_1×A_2)×A_3)×(A_4×A_5)$：

$A_1×A_2$=20×15×4=1200， $(A_1×A_2)×A_3$=20×4×10=800， $A_4×A_5$=10×20×25=5000， $((A_1×A_2)×A_3)×(A_4×A_5)$=20×10×25=5000，总的计算次数为 1200+800+5000+5000=12000 次。

选项 D 为 $(A_1×A_2)×((A_3×A_4)×A_5)$：

$A_1×A_2$=20×15×4=1200， $A_3×A_4$=4×10×20=800， $(A_3×A_4)×A_5$=4×20×25=2000， $(A_1×A_2)×((A_3×A_4)×A_5)$=20×4×25=2000，总的计算次数为 1200+800+2000+2000=6000 次。

依据递归式可知，需要使用三重循环求不同情况下的 $p_{i-1}p_kp_j$，因此时间复杂度为 $O(n^3)$；需要使用二维数组存储每个子问题的乘法次数，因此空间复杂度为 $O(n^2)$。

■ **参考答案**　（5）B　（6）C　（7）A　（8）D

- 求解两个长度为 n 的序列 X 和 Y 的一个最长公共序列（如序列 ABCBDAB 和 BDCABA 的一个最长公共子序列为 BCBA）可以采用多种计算方法。如可以采用蛮力法，对 X 的每一个子序列，判断其是否也是 Y 的子序列，最后求出最长的即可，该方法的时间复杂度为___（9）___。经分析发现该问题具有最优子序列,可以定义序列长度分别为 i 和 j 的两个序列 X 和 Y 的最长公共子序列的长度为 $c[i,j]$，如下式所示。

$$c[i,j] = \begin{cases} 0 & \text{若 } i = 0 \text{ 或 } j = 0 \\ c[i-1, j-1]+1 & \text{若 } i, j > 0 \text{ 且 } X_i = Y_j \\ \max(c[i-1, j], c[i, j-1]) & \text{其他} \end{cases}$$

采用自底向上的方法实现该算法，该方法的时间复杂度为___（10）___。

（9）A．$O(n^2)$　　　　B．$O(n^2\lg n)$　　　　C．$O(n^3)$　　　　D．$O(n2^n)$
（10）A．$O(n^2)$　　　　B．$O(n^2\lg n)$　　　　C．$O(n^3)$　　　　D．$O(n2^n)$

■ **试题分析**　子序列，就是将给定序列中零个或多个元素去掉之后得到的结果。例如：序列 ABCBDAB 去掉划线的字符 A̶B̶C̶B̶D̶A̶B̶ 得到的 BCBA 就是它的一个子序列。

使用蛮力法时，一个序列的子序列有 2^n 个，而每个子序列需要跟另一个序列比较 n 次，复杂度为 $O(n2^n)$。

第（10）空引进一个二维数组 $c[i][j]$ 表示 X 的 i 位和 Y 的 j 位之前的最长公共子序列的长度，按照公式将数值填入表 3-9-3。

表 3-9-3 动态规划法求最长公共子序列（LCS）

i \ j		0	1	2	3	4	5	6
		Y_j	B	D	C	A	B	A
0	X_i	0	0	0	0	0	0	0
1	A	0	0	0	0	1	1	1
2	B	0	1	1	1	1	2	2
3	C	0	1	1	2	2	2	2
4	B	0	1	1	2	2	3	3
5	D	0	1	2	2	2	3	3
6	A	0	1	2	2	3	3	4
7	B	0	1	2	2	3	4	4

由表的结构可以直观地知道，该算法的时间复杂度为 $O(n^2)$。

■ **参考答案** （9）D （10）A

3.9.5 其他算法

● 根据渐进分析，对于表达式序列"n^4, $\lg n$, 2^n, $1000n$, $n^{2/3}$, $n!$"，从低到高排序的结果为 ___（1）___ 。

（1）A. $\lg n, 1000n, n^{2/3}, n^4, n!, 2^n$ B. $n^{2/3}, 1000n, \lg n, n^4, n!, 2^n$

　　 C. $\lg n, 1000n, n^{2/3}, 2^n, n^4, n!$ D. $\lg n, n^{2/3}, 1000n, n^4, 2^n, n!$

■ **试题分析** 假定 $n = e^N$，N 接近无穷大，则有 $\lg n = N$，显然小于 $1000n = 1000 e^N$ 和 $n^{2/3}=(e^N)^{2/3}$。所以排除 B 选项。

当 n 接近无穷大，假定 $n^{2/3} < 1000n$，则应该有 $1 < 1000n^{1/3}$，显然该不等式成立，则假定成立。因此排除 A、C 选项。

■ **参考答案** （1）D

● 在求解某问题时，经过分析发现该问题具有最优子结构和重叠子问题的性质，宜采用 ___（2）___ 算法设计策略得到最优解；若定义问题的解空间，并以广度优先探索问题的解空间，则采用的是 ___（3）___ 算法设计策略。

（2）A. 分治　　　　B. 贪心　　　　C. 动态规划　　　D. 回溯

（3）A. 动态规则　　B. 贪心　　　　C. 回溯　　　　　D. 分支限界

■ **试题分析** 适用动态规划法求最优解问题的特点，软设考试中常考。

具有最优子结构和重叠子问题性质的问题，宜采用动态规划法求得最优解。

分支限界算法类似于回溯算法，它以广度优先方式搜索解空间树。

■ **参考答案** （2）C （3）D

● ___（4）___ 算法采用模拟生物进化的三个基本过程"繁殖（选择）→交叉（重组）→变异（突变）"。

（4）A．粒子群　　　　　　　　　B．人工神经网络
　　　C．遗传　　　　　　　　　　D．蚁群

■ **试题分析**

遗传算法（Genetic Algorithm）是一种模拟达尔文生物进化论的自然选择和遗传学机理的生物进化过程的计算模型，是一种通过模拟自然进化过程搜索最优解的方法。

遗传算法的基本运算过程有：初始化→个体评价→选择→交叉→变异。

■ **参考答案**　（4）C

第4章 操作系统知识

本章的内容包含操作系统概述、处理机管理、存储管理、文件管理、作业管理等。本章节知识在软件设计师考试中，考查的分值为5～7分，属于重要考点。

本章考点知识结构图如图4-0-1所示。

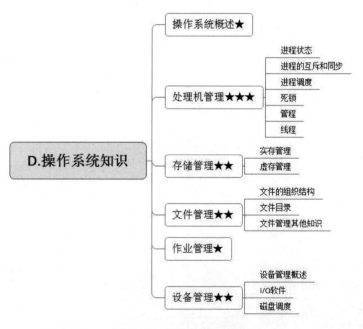

图4-0-1 考点知识结构图

4.1 操作系统概述

本节知识点涉及操作系统定义、常见操作系统、嵌入式操作系统、操作系统特点与功能等。

- 从减少成本和缩短研发周期考虑，要求嵌入式操作系统能运行在不同的微处理器平台上，能针对硬件变化进行结构和功能上的配置。该要求体现了嵌入式操作系统的___(1)___。

（1）A．可定制性　　　　B．实时性　　　　C．可靠性　　　　D．易移植性

■ **试题分析**　嵌入式操作系统的特点：

微型化：占用资源、系统代码量少。

可定制：能运行在不同的微处理器平台上，可以针对硬件变化进行结构与功能上的配置。

实时性：常用于过程控制、数据采集、传输通信等实时性要求较高的场合。

可靠性：应具有高可靠性，关键要害应用要有容错措施。

易移植性：通过硬件抽象技术提高嵌入式操作系统的移植性。

■ **参考答案**　（1）A

- 计算机系统的层次结构如图 4-1-1 所示，基于硬件之上的软件可分为 a、b 和 c 三个层次。图中 a、b 和 c 分别表示___(2)___。

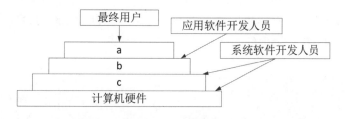

图 4-1-1　习题用图

（2）A．操作系统、系统软件和应用软件

　　　B．操作系统、应用软件和系统软件

　　　C．应用软件、系统软件和操作系统

　　　D．应用软件、操作系统和系统软件

■ **试题分析**　计算机系统的层次结构由低到高顺序为：硬件层、操作系统层、语言处理程序层、应用程序层。

■ **参考答案**　（2）C

- 实时操作系统主要用于有实时要求的过程控制等领域。实时系统对于来自外部的事件必须在___(3)___。

（3）A．一个时间片内进行处理

　　　B．一个周转时间内进行处理

C．一个机器周期内进行处理

D．被控对象规定的时间内作出及时响应并对其进行处理

■ **试题分析** 实时操作系统是指系统能及时响应外部事件的请求，在规定的时间内完成对该事件的处理，并控制所有实时任务协调一致地运行。

■ **参考答案** （3）D

● 嵌入式系统初始化过程主要有 3 个环节，按照自底向上、从硬件到软件的次序依次为___（4）___。系统级初始化主要任务是___（5）___。

（4）A．片级初始化→系统级初始化→板级初始化

　　　B．片级初始化→板级初始化→系统级初始化

　　　C．系统级初始化→板级初始化→片级初始化

　　　D．系统级初始化→片级初始化→板级初始化

（5）A．完成嵌入式微处理器的初始化

　　　B．完成嵌入式微处理器以外的其他硬件设备的初始化

　　　C．以软件初始化为主，主要进行操作系统的初始化

　　　D．设置嵌入式微处理器的核心寄存器和控制寄存器工作状态

■ **试题分析** 系统初始化过程可以分为 3 个主要环节，按照自底向上、从硬件到软件的次序依次为：片级初始化、板级初始化和系统级初始化。

系统初始化：该初始化过程以软件初始化为主，主要进行操作系统的初始化。

■ **参考答案** （4）B　（5）C

4.2 处理机管理

本节知识点涉及进程状态、进程同步与互斥、进程调度、管程、死锁等。其中，PV 操作、进程资源图、死锁等知识常考。

● PV 操作是操作系统提供的具有特定功能的原语。利用 PV 操作可以___（1）___。

（1）A．保证系统不发生死锁　　　　　　B．实现资源的互斥使用

　　　C．提高资源利用率　　　　　　　　D．推迟进程使用共享资源的时间

■ **试题分析** PV 操作是一种协调进程同步与互斥的机制。PV 操作属于低级通信原语，使用不当会产生死锁，并且 PV 操作对应的进程每次只能发送一个消息，通信效率比较低。

■ **参考答案** （1）B

● 某计算机系统中互斥资源 R 的可用数为 8，系统中有 3 个进程 P1、P2 和 P3 竞争 R，且每个进程都需要 i 个 R，该系统可能会发生死锁的最小 i 值为___（2）___。

（2）A．1　　　　　　B．2　　　　　　C．3　　　　　　D．4

■ **试题分析** 这类题在软设考试中常考。

每个进程需要1个R资源时，3个进程均可以分配1个资源，还剩5个资源，所以不会导致死锁。

每个进程需要2个R资源时，3个进程均可以分配2个资源，还剩2个资源，仍然不会导致死锁。

每个进程需要3个R资源时，3个进程最大可以分别分配3，3，2个资源。此时，分配3个资源的进程可以顺利完成释放资源，释放的资源可以分配给资源不够的进程，所以不会死锁。

每个进程需要4个R资源时，3个进程分别分配3，3，2个资源。此时，各进程都要等待资源完成，而又没有更多资源保障进程运行结束，这就发生了死锁。

■ **参考答案** （2）D

● 某系统中有3个并发进程竞争资源R，每个进程都需要5个R，那么至少有____（3）____个R，才能保证系统不会发生死锁。

（3）A．12　　　　　B．13　　　　　C．14　　　　　D．15

■ **试题分析** 如果3个并发进程，每个进程仅分配4个资源，会发生死锁。但如果增加1个资源，则某进程就能运行完毕，进而释放更多资源，这样就不会发生死锁。

因此，至少需要3×4+1=13个R。

■ **参考答案** （3）B

● 假设系统有n（n≥5）个进程共享资源R，且资源R的可用数为5。若采用PV操作，则相应的信号量S的取值范围应为____（4）____。

（4）A．-1~n-1　　　B．-5~5　　　C．-(n-1)~1　　　D．-(n-5)~5

■ **试题分析** 求信号量取值范围的题，软设考试中常考。

信号量S≥0时，表示某资源的可用数量；信号量S<0时，S的绝对值表示阻塞队列中等待该资源的进程数。

本题中，进程都不占用资源时，资源R的可用数为5，此时S的最大值为5。n个进程都需要申请资源R时，则有n-5个进程需要等待，因此S的最小值为-(n-5)。

■ **参考答案** （4）D

● 进程P1、P2、P3、P4和P5的前驱图如图4-2-1所示。

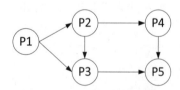

图4-2-1　习题用图

若用PV操作控制这5个进程的同步与互斥的程序如下，那么程序中的空①和空②处应分别为____（5）____；空③和空④处应分别为____（6）____；空⑤和空⑥处应分别为____（7）____。

begin
　　S1,S2,S3,S4,S5,S6:semaphore;　　　　//定义信号量
　　S1:=0;S2:=0;S3:=0;S4:=0S5:=0;S6:=0;
　　Cobegin

```
process P1    process P2    process P3    process P4    process P5
  Begin         Begin         Begin         Begin         Begin
   P1 执行;       ②            P(S2);        P(S4);         ⑥
   V(S1);        P2 执行;       ③            P4 执行;        P5 执行;
    ①           V(S3);        P3 执行;        ⑤            end;
   end;         V(S4);         ④            end;
                end;          end;
  Coend
end.
```

(5) A. V(S1)和 P(S2)   B. P(S1)和 V(S2)
    C. V(S1)和 V(S2)   D. V(S2)和 P(S1)
(6) A. V(S3)和 V(S5)   B. P(S3)和 V(S5)
    C. V(S3)和 P(S5)   D. P(S3)和 P(S5)
(7) A. P(S6)和 P(S5)V(S6)   B. V(S5)和 V(S5)V(S6)
    C. V(S6)和 P(S5)P(S6)   D. P(S6)和 P(S5)P(S6)

■ **试题分析** 类似的题和相关知识点，在软设考试中常考到。

PV 操作中的 P，是荷兰语 Passeren 的缩写，意为"通过（Pass）"；V 是荷兰语 Vrijgeven 的缩写，意为"释放（give）"。

根据前驱图，进程 P1 执行完毕后需要利用 V(S1)、V(S2)通知进程 P2、P3，所以①填 V(S2)。

进程 P2 中，需要利用 P(S1)判断前驱进程 P1 是否运行完毕。因此②填 P(S1)。进程 P2 执行完毕后需要利用 V(S3)、V(S4)通知进程 P4、P3。

进程 P3 中，需要利用 P(S2)、P(S3)判断前驱进程 P1、P2 是否运行完毕，所以③填 P(S3)。进程 P3 执行完毕后需要利用 V(S5)通知进程 P5，所以④填 V(S5)。

进程 P4 中，需要利用 P(S4)判断前驱进程 P2 是否运行完毕。进程 P4 执行完毕后需要利用 V(S6)通知进程 P5，所以⑤填 V(S6)。

进程 P5 中，需要利用 P(S5)、P(S6)判断前驱进程 P3、P4 是否运行完毕，所以⑥填 P(S5)、P(S6)。

将前驱图标明信号，如图 4-2-2 所示，可以更直观地解题。

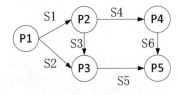

图 4-2-2 标明信号后的前驱图

■ **参考答案** （5）D   （6）B   （7）C

- 在如图 4-2-3 所示的进程资源图中，___（8）___。

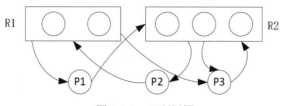

图 4-2-3 习题用图

（8）A. P1、P2、P3 都是非阻塞节点，该图可以化简，所以是非死锁的
　　 B. P1、P2、P3 都是阻塞节点，该图不可以化简，所以是死锁的
　　 C. P1、P2 是非阻塞节点，P3 是阻塞节点，该图不可以化简，所以是死锁的
　　 D. P2 是阻塞节点，P1、P3 是非阻塞节点，该图可以化简，所以是非死锁的

■ 试题分析　进程资源图能否化简的题，在软设考试中常考。
进程资源图中，各类符号含义如下：
1）R 表示资源，P 表示进程，圆圈表示资源数。
2）R→P（R 指向 P）：表示分配一个资源 R 给进程 P；P→R（P 指向 R）：表示进程 P 申请一个资源 R。
3）阻塞节点：当 R 资源分配完毕，此时还有进程 P 向 R 申请资源，则该进程 P 成为阻塞节点。
4）非阻塞节点：进程 P 向 R 申请资源，此时 R 还有资源分配，则该进程 P 成为非阻塞节点。
5）不可化简：图中所有节点都是阻塞节点。
6）可化简：将非阻塞节点周围的箭头删去，只保留阻塞节点的箭头。如果新图中，原阻塞节点变为非阻塞节点，则可以化简。

本题中，R2 资源有 3 个，已分配 2 个。R2 还可以满足 P3 的 1 个 R2 资源的申请。P3 成为非阻塞节点。P3 运行完毕释放资源后，可以满足 R1 和 R2 的所有资源申请并运行完毕。所以，该图是可以简化的。

■ 参考答案　（8）D

- 在单处理机系统中，采用先来先服务调度算法。系统中有四个进程 P1、P2、P3、P4（假设进程按此顺序到达），其中 P1 为运行状态，P2 为就绪状态，P3 和 P4 为等待状态，且 P3 等待打印机，P4 等待扫描仪。若 P1___（9）___，则 P1、P2、P3 和 P4 的状态应分别为___（10）___。

（9）A. 时间片到　　　　　　　　　　B. 释放了扫描仪
　　 C. 释放了打印机　　　　　　　　D. 已完成

（10）A. 等待、就绪、等待和等待
　　　 B. 运行、就绪、运行和等待
　　　 C. 就绪、运行、等待和等待
　　　 D. 就绪、就绪、等待和运行

■ **试题分析** 进程五态模型，在软设考试中常考。

进程五态模型具体如图 4-2-4 所示。

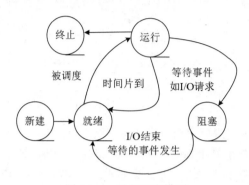

图 4-2-4　进程五态模型

依据五态模型，结合题意，（9）空为时间片到。

因此，由于时间片到 P1 状态由运行态变为就绪态；P2 比 P3 先来所以先服务，且为就绪状态，所以立刻转为运行态。由于 P3 等待打印机，P4 等待扫描仪，没有释放的设备的事件发生所以仍然为等待（阻塞）态。

■ **参考答案**　（9）A　（10）C

● 在支持多线程的操作系统中，假设进程 P 创建了若干个线程，那么___(11)___是不能被这些线程共享的。

　　(11) A．该进程中打开的文件
　　　　 B．该进程的代码段
　　　　 C．该进程中某线程的栈指针
　　　　 D．该进程的全局变量

■ **试题分析** 同一进程中的各个线程不能共享某线程的栈指针，这个结论常考。

进程是指在系统中正在运行的一个应用程序的实例，线程是进程之内的一个实体。一个进程至少包括一个线程，通常将该线程称为主线程。

在同一进程中的各个线程都可以共享该进程所拥有的资源，代码、文件、全局变量等；不能共享的是该进程中某线程的栈指针。

■ **参考答案**　（11）C

● 如图 4-2-5 所示的 PCB（进程控制块）的组织方式是___(12)___，图中___(13)___。
　　(12) A．链接方式　　　B．索引方式　　　C．顺序方式　　　D．Hash
　　(13) A．有 1 个运行进程、2 个就绪进程、4 个阻塞进程
　　　　 B．有 2 个运行进程、3 个就绪进程、2 个阻塞进程
　　　　 C．有 1 个运行进程、3 个就绪进程、3 个阻塞进程
　　　　 D．有 1 个运行进程、4 个就绪进程、2 个阻塞进程

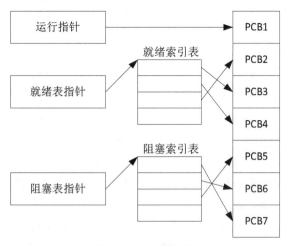

图 4-2-5 习题用图

■ **试题分析** 进程控制块 PCB 的组织方式：

1）线性表方式：所有 PCB 连续地存放在内存的系统区。

2）索引表方式：依据进程状态建立就绪索引表、阻塞索引表等。显然本题的 PCB（进程控制块）的组织方式是索引表方式。根据就绪索引表和阻塞索引表，可知有 3 个就绪进程、3 个阻塞进程。

3）链接表方式：依据进程状态建立就绪队列、阻塞队列、运行队列等。

■ **参考答案** （12）B （13）C

4.3 存储管理

本节知识点涉及实存管理和虚存管理等。

● CPU 访问存储器时，被访问数据一般聚集在一个较小的连续储存区域中。若一个储存单元已被访问，则其邻近的储存单元有可能还要被访问，该特性被称为___(1)___。

（1）A．数据局限性　　　　　　　　B．指令局部性
　　　C．空间局部性　　　　　　　　D．时间局部性

■ **试题分析** 程序在执行时将呈现时间和空间局部性规律。

1）**时间局部性**：某条指令一旦执行，不久还可能被执行；如果某一存储单元被访问，不久还可能被访问。产生原因：程序的循环操作。

2）**空间局部性**：程序访问了某存储单元，不久还可能访问附近的存储单元。产生原因：程序是顺序执行的。

■ **参考答案** （1）C

● 假设计算机系统的页面大小为 4K，进程 P 的页面变换表见表 4-3-1。若 P 要访问的逻辑地址为十六进制 3C20H，那么该逻辑地址经过地址变换后，其物理地址应为___(2)___。

表 4-3-1 习题用表

页号	物理块号
0	2
1	3
2	4
3	6

（2）A．2048H　　　　B．3C20H　　　　C．5C20H　　　　D．6C20H

■ **试题分析**　这类逻辑页号和物理块号互转的题，在软设考试中常考。

题目给出页面大小为 4K（$4K=2^{12}$），因此该系统逻辑地址低 12 位为页内地址，高位对应页号。所以长度 4 位，十六进制值为 3C20H 的逻辑地址中，最高 1 位是逻辑页号，后面 3 位是页内地址。根据页面变换表，逻辑页号 3 对应的物理块号是 6，所以对应的物理地址为 6C20H。

■ **参考答案**　（2）D

● 某操作系统采用分页存储管理方式，图 4-3-1 给出了进程 A 和进程 B 的页表结构。如果物理页的大小为 1K 字节，那么进程 A 中逻辑地址为 1024（十进制）用变量存放在___(3)___号物理内存页中。假设进程 A 的逻辑页 4 与进程 B 的逻辑页 5 要共享物理页 4，那么应该在进程 A 页表的逻辑页 4 和进程 B 页表的逻辑页 5 对应的物理页处分别填___(4)___。

进程A页表

逻辑页	物理页
0	8
1	3
2	5
3	2
4	
5	

进程B页表

逻辑页	物理页
0	1
1	6
2	9
3	7
4	0
5	

物理页
0
1
2
3
4
5
6
7
8
9

图 4-3-1 习题用图

（3）A．8　　　　　　　B．3　　　　　　　C．5　　　　　　　D．2
（4）A．4、4　　　　　B．4、5　　　　　C．5、4　　　　　D．5、5

■ **试题分析**　页的大小为 1K，所以逻辑地址 0～1023 为第 0 页，1024～2047 为第 1 页。逻辑地址 1024～2047 对应的物理页号为 3。

进程 A 的逻辑页 4 与进程 B 的逻辑页 5 共享物理页 4，则它们对应的物理页号都是 4。

■ **参考答案**　（3）B　　（4）A

- 某进程有 4 个页面，页号为 0～3，页面变换表及状态位、访问位和修改位的含义见表 4-3-2。若系统给该进程分配了 3 个存储块，当访问前页面 1 不在内存时，淘汰表中页号为___（5）___的页面代价最小。

表 4-3-2 习题用表

页号	页帧号	状态位	访问位	修改位
0	6	1	1	1
1	-	0	0	0
2	3	1	1	1
3	2	1	1	0

状态位含义：0 不在内存、1 在内存；访问位含义：0 未访问过、1 访问过；修改位含义：0 未修改过、1 修改过。

（5）A. 0　　　　　　B. 1　　　　　　C. 2　　　　　　D. 3

■ **试题分析** 页面淘汰的题，在软设考试中常考。

系统为该进程分配了 3 个存储块，从状态位可知，页面 0、2 和 3 在内存中，并占据了 3 个存储块；访问前页面 1 不在内存时，需要调入页面 1 进入内存，这就要淘汰内存中的某个页面。

淘汰页面的次序为，未访问的页面先淘汰，然后，未修改的页面先淘汰。

从访问位来看，页面 0、2 和 3 都被访问过，无法判断哪个页面应该被淘汰；从修改位来看，页面 3 未被修改过，所以淘汰页面 3 的代价最小。因此本题选择 D 选项。

■ **参考答案** （5）D

- 假设段页式存储管理系统中的地址结构如图 4-3-2 所示，则系统___（6）___。

31　　　　　　24 23　　　　　　　　13 12　　　　　　　　0
段号　　　　　　　页号　　　　　　　　页内地址

图 4-3-2 习题用图

（6）A. 最多可有 256 个段，每个段的大小均为 2048 个页，页的大小为 8K

　　　B. 最多可有 256 个段，每个段最大允许有 2048 个页，页的大小为 8K

　　　C. 最多可有 512 个段，每个段的大小均为 1024 个页，页的大小为 4K

　　　D. 最多可有 512 个段，每个段最大允许有 1024 个页，页的大小为 4K

■ **试题分析** 由题给出的地址结构可知：

1）段号地址为 31-24+1=8 位，则有 2^8=256 段。

2）页号地址为 23-13+1=11 位，则每段有 2^{11}=2048 页。

3）页内地址长度为 12-0+1=13 位，页大小为 2^{13}=8K。

■ **参考答案** （6）B

4.4 文件管理

本节知识点涉及文件的组织结构、文件目录等。

- 若系统在将___(1)___文件修改的结果写回磁盘时发生崩溃，则对系统的影响相对较大。

  (1) A．目录　　　　B．空闲块　　　　C．用户程序　　　　D．用户数据

  ■ **试题分析**　文件系统是先读取磁盘块到主存进行修改，完毕后写回磁盘。如果，系统写回不成功，就会出现不一致的情况。如果未被写回的磁盘块是索引节点、目录块或空闲块则对系统的影响相对较大。因此，为解决不一致的问题，系统应进行块和文件的一致性检查。

  ■ **参考答案**　(1) A

- 某文件系统的目录结构如图 4-4-2 所示，假设用户要访问文件 rw.dll，且当前工作目录为 swtools，则该文件的全文件名为___(2)___，相对路径和绝对路径分别为___(3)___。

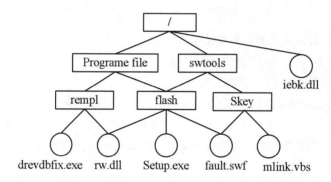

图 4-4-2　试题图

(2) A．rw.dll　　　　　　　　　　　　　B．flash/rw.dll

　　C．/swtools/flash/rw.dll　　　　　　D．/Programe file/Skey/rw.dll

(3) A．/swtools/flash/和/flash/　　　　B．flash/和/swtools/flash/

　　C．/swtools/flash/和 flash/　　　　D．/flash/和 swtools/flash/

■ **试题分析**　相对路径和绝对路径的题，在软设考试中常考。

文件的全文件名包括盘符及从根目录开始的路径名；文件的相对路径是当前工作目录下的路径名；文件的绝对路径是指根目录下的绝对位置，直接到达目标位置，"/"代表根目录。

■ **参考答案**　(2) C　(3) B

- 设文件索引节点中有 8 个地址项，每个地址项大小为 4 字节，其中 5 个地址项为直接地址索引，2 个地址项是一级间接地址索引，1 个地址项是二级间接地址索引，磁盘索引块和磁盘数据块大小均为 1KB 字节。若要访问文件的逻辑块号分别为 5 和 518，则系统分别采用___(4)___。

  (4) A．直接地址索引和一级间接地址索引

  　　B．直接地址索引和二级间接地址索引

C. 一级间接地址索引和二级间接地址索引
D. 一级间接地址索引和一级间接地址索引

■ **试题分析** 同样的题，在软设考试中考查过多次。

依据题意，每个地址项大小为 4 字节，磁盘索引块为 1KB 字节，则每个索引块可存放物理块地址个数=磁盘索引块大小/每个地址项大小=1KB/4=256。

文件索引节点中有 8 个地址项，5 个地址项为直接地址索引，2 个地址项是一级间接地址索引，1 个地址项是二级间接地址索引。则有：

1）直接地址索引指向文件的逻辑块号为：0～4。
2）一级间接地址索引指向文件的逻辑块号为：5～256×2+4 即 5～516。
3）二级间接地址索引指向文件的逻辑块号为：517～256×256+516 即 517～66052。

图 4-4-3 为文件的地址映射示例。

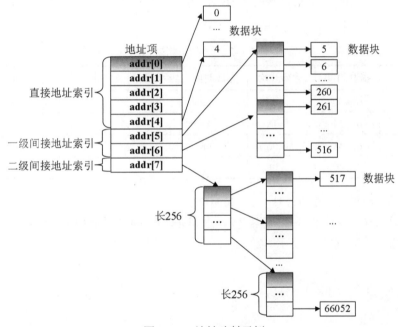

图 4-4-3 地址映射示例

■ **参考答案** （4）C

4.5 作业管理

本节知识点涉及作业说明书、作业状态、作业调度、用户界面等。

● 作业 J1，J2，J3，J4 的提交时间和运行时间见表 4-5-1。若采用短作业优先调度算法，则作业调度优先次序为＿＿（1）＿＿，平均周转时间为＿＿（2）＿＿（这里不考虑操作系统的开销）。

表 4-5-1 作业提交时间与运行时间

作业号	提交时间	运行时间（分钟）
J1	6：00	60
J2	6：24	30
J3	6：48	6
J4	7：00	12

（1）A. J3→J4→J2→J1　　　　　　　B. J1→J2→J3→J4
　　　C. J1→J3→J4→J2　　　　　　　D. J4→J3→J2→J1
（2）A. 45　　　　B. 58.5　　　　C. 64.5　　　　D. 72

■ **试题分析** 短作业优先调度算法：是指对短作业或短进程优先调度的算法。周转时间=完成时间-提交时间。四个作业中，作业运行时间从短到长排序是 J3、J4、J2、J1。结合题干，可得具体的作业调度见表 4-5-2。

表 4-5-2 作业调度情况表

作业号	提交时间	运行开始	完成时间	运行时间（分钟）	周转时间
J1	6：00	6：00	7：00	60	60
J2	6：24	7：18	7：48	30	84
J3	6：48	7：00	7：06	6	18
J4	7：00	7：06	7：18	12	18

由此可得具体的调度次序为：J1→J3→J4→J2。
平均周转时间=(J1 周转时间+J2 周转时间+J3 周转时间+J4 周转时间)/4=(60+84+18+18)/4=45。

■ **参考答案**　（1）C　　（2）A

4.6 设备管理

本节知识点涉及 I/O 软件、磁盘调度等。

4.6.1 I/O 软件

● I/O 设备管理软件一般分为 4 个层次，如图 4-6-1 所示。图中①、②、③分别对应_____(1)_____。
　（1）A. 设备驱动程序、虚设备管理、与设备无关的系统软件
　　　　B. 设备驱动程序、与设备无关的系统软件、虚设备管理
　　　　C. 与设备无关的系统软件、中断处理程序、设备驱动程序
　　　　D. 与设备无关的系统软件、设备驱动程序、中断处理程序

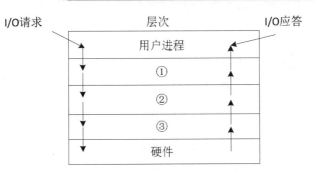

图 4-6-1 习题用图

■ **试题分析** I/O 软件的所有层次及每一层的主要功能如图 4-6-2 所示。

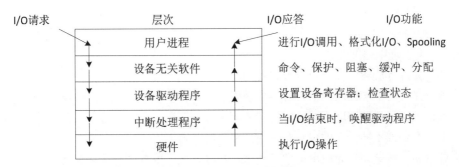

图 4-6-2 I/O 设备管理层次

■ **参考答案** （1）D

● 以下关于 I/O 软件的叙述中，正确的是___(2)___。

(2) A．I/O 软件开放了 I/O 操作实现的细节，方便用户使用 I/O 设备

B．I/O 软件隐藏了 I/O 操作实现的细节，向用户提供物理接口

C．I/O 软件隐藏了 I/O 操作实现的细节，方便用户使用 I/O 设备

D．I/O 软件开放了 I/O 操作实现的细节，用户可以使用逻辑地址访问 I/O 设备

■ **试题分析** I/O 软件又称 I/O 设备管理软件，实现了对 I/O 设备操作的细节，并向上提供一组 I/O 操作命令。使得用户通过抽象的 I/O 命令就可使用 I/O 设备。

■ **参考答案** （2）C

● 当用户通过键盘或鼠标进入某应用系统时，通常最先获得键盘或鼠标输入信息的是___(3)___程序。

(3) A．命令解释　　　　　　　　B．中断处理

C．用户登录　　　　　　　　D．系统调用

■ **试题分析** 依据 I/O 设备管理层次关系，紧邻硬件层，且在之上的是中断处理程序。

■ **参考答案** （3）B

4.6.2 磁盘调度

- 某文件管理系统在磁盘上建立了位示图（bitmap），记录磁盘的使用情况。若计算机系统的字长为 32 位，磁盘的容量为 300GB，物理块的大小为 4MB，那么位示图的大小需要 __(1)__ 个字。

  (1) A. 1200　　　　B. 2400　　　　C. 6400　　　　D. 9600

  ■ **试题分析** 位示图的题，在软设考试中常考。

  文件系统采用位示图（bitmap）记录磁盘的使用情况，当其值为"0"时，表示对应的物理盘块空闲；为"1"时，表示该盘块已经被分配使用。

  磁盘物理块总数=磁盘的容量/物理块的大小=300×1024/4。由于计算机字长为 32 位，每位表示一个物理块是"分配"还是"空闲"状态。所以，位示图的大小=磁盘物理块总数/字长=300×1024/4/32=2400 个字。

  ■ **参考答案**　(1) B

- 在磁盘调度管理中通常___(2)___。

  (2) A. 先进行旋转调度，再进行移臂调度

  　　B. 在访问不同柱面的信息时，只需要进行旋转调度

  　　C. 先进行移臂调度，再进行旋转调度

  　　D. 在访问不同磁盘的信息时，只需要进行移臂调度

  ■ **试题分析** 磁盘调度管理中通常是先进行移臂调度，然后进行旋转调度。

  ■ **参考答案**　(2) C

- 在磁盘调度管理中，应先进行移臂调度，再进行旋转调度。磁盘移动臂位于 21 号柱面上，进程请求序列见表 4-6-1。如果采用最短移臂调度算法，那么系统的响应序列应为___(3)___。

  表 4-6-1　进程请求序列

请求序列	柱面号	磁头号	扇区号
①	17	8	9
②	23	6	3
③	23	9	6
④	32	10	5
⑤	17	8	4
⑥	32	3	10
⑦	17	7	9
⑧	23	10	4
⑨	38	10	8

  (3) A. ②⑧③④⑤①⑦⑥⑨　　　　B. ②③⑧④⑥⑨①⑤⑦

  　　C. ①②③④⑤⑥⑦⑧⑨　　　　D. ②⑧③⑤⑦①④⑥⑨

■ **试题分析**　移臂调度和旋转调度的题，软设考试中常考。

系统的响应顺序是先进行移臂调度，再进行旋转调度。

1）移臂调度：由于移动臂位于 21 号柱面上。按照最短寻道时间优先的响应算法，应先到 23 号柱面，即可以响应请求{②③⑧}；接下来，23 号柱面到 17 号柱面更短，因此可以响应请求{⑤⑦①}；再接下来，17 号柱面到 32 号柱面更短，因此可以响应请求{④⑥}；最后响应⑨。

2）旋转调度：原则是先响应扇区号最小的请求，因此在请求序列{②③⑧}中，应先响应②，再响应⑧，最后响应③。序列{⑤⑦①}、{④⑥}同理。

■ **参考答案**　（3）D

第5章 程序设计语言和语言处理程序知识

本章讲述程序设计语言的原理性知识。本章包含程序设计语言基础知识、语言处理程序基础知识等知识点。在软件设计师考试中,上午考试考查的分值为3~4分,属于零星考点。主要考查函数的形式参数、实际参数、参数值传递、常见的程序设计语言特点、词法分析、语法分析等。

本章考点知识结构图如图5-0-1所示。

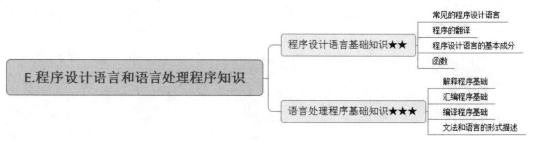

图 5-0-1　考点知识结构图

5.1　程序设计语言基础知识

本节知识包含常见的程序设计语言、程序的翻译、程序设计语言的基本成分、函数等知识。

5.1.1　常见的程序设计语言

- 　　(1)　　是一种函数式编程语言。
  (1) A. Lisp　　　　　　B. Prolog　　　　　C. Python　　　　　D. Java/C++

■ **试题分析** Lisp 是函数式程序设计语言。可用于数理逻辑、人工智能等领域。
■ **参考答案** （1）A

● Python 语言的特点不包括___(2)___。
（2）A．跨平台、开源　　　　　　B．编译型
　　 C．支持面向对象程序设计　　　D．动态编程

■ **试题分析** Python 语言的特点在近几次软设考试中考查较多。
　Python 是一种开源的、面向对象的解释型程序设计语言，也是一种脚本语言。该语言支持对操作系统的底层访问，也可以支持在虚拟机上跨平台运行。
■ **参考答案** （2）B

● 在 Python 语言中，___(3)___是一种可变的、有序的序列结构，其中元素可以重复。
（3）A．元组（tuple）　　　　　　B．字符串（str）
　　 C．列表（list）　　　　　　　D．集合（set）

■ **试题分析** 列表是一种可变的、有序的序列结构，其中元素可以重复。元组元素不可修改；集合元素的特点是无序且不能重复；字符串元素不可修改。
■ **参考答案** （3）C

● 以下 Python 语言的模块中，___(4)___不支持深度学习模型。
（4）A．TensorFlow　　B．Matplotlib　　C．PyTorch　　D．Keras

■ **试题分析** 深度学习是学习样本数据的内在规律和表示层次。它的最终目标是让机器能够像人一样具有分析学习能力，能够识别文字、图像和声音等数据。
　TensorFlow 是一种基于数据流编程的符号数学系统，属于开源的、基于 Python 的机器学习框架。
　PyTorch 是一个开源的 Python 机器学习库，可用于自然语言、深度学习。
　Keras 是一个开源人工神经网络库，可以进行深度学习模型的设计、调试、评估、应用和可视化。
　Matplotlib 是 Python 的绘图库，不支持深度学习。
■ **参考答案** （4）B

● 更适合用来开发操作系统的编程语言是___(5)___。
（5）A．C/C++　　　　B．Java　　　　C．Python　　　　D．JavaScript

■ **试题分析** C/C++语言是编译性语言，相比于解释性语言，更适合用于开发操作系统。而 Java、Python、JavaScript 属于解释性语言。
■ **参考答案** （5）A

● 以下关于脚本语言的叙述中，正确的是___(6)___。
（6）A．脚本语言是通用的程序设计语言
　　 B．脚本语言更适合应用在系统级程序开发中
　　 C．脚本语言主要采用解释方式实现
　　 D．脚本语言中不能定义函数和调用函数

■ **试题分析** 脚本语言的特点常考。

脚本语言通常采用解释方式运行。脚本通常以文本形式保存，在被调用时进行解释或编译。脚本语言编程效率不如编译型语言，不适合开发系统级程序。

脚本语言和编程语言相似，也使用函数，也涉及变量。

■ **参考答案** （6）C

- 通用的高级程序设计语言一般都会提供描述数据、运算、控制和数据传输的语言成分，其中，控制包括顺序、___（7）___ 和循环结构。

  （7）A．选择　　　　　　B．递归　　　　　　C．递推　　　　　　D．函数

  ■ **试题分析** 程序设计语言的控制结构包括顺序、选择和循环3种。

  ■ **参考答案** （7）A

- Java 语言符合的特征有___（8）___ 和自动的垃圾回收处理。

  ① 采用即时编译　② 采用静态优化编译　③ 对象在堆空间分配　④ 对象在栈空间分配

  （8）A．①③　　　　　B．①④　　　　　C．②③　　　　　D．②④

  ■ **试题分析** 最初的 Java 程序都是通过解释器解释执行。当虚拟机发现某个方法或代码块的运行特别频繁，则认为这些代码为"热点代码"，而虚拟机把这些代码编译为本地机器码并尽可能的优化，这个过程称为即时编译。而完成即时编译任务的编译器称为即时编译器。

  Java 函数中定义的基本类型与引用类型变量在栈中分配存储空间，而由 new 创建出来的对象以及数组则在堆中分配存储空间。

  ■ **参考答案** （8）A

- 提高程序执行效率的方法一般不包括___（9）___。

  （9）A．设计更好的算法　　　　　　B．采用不同的数据结构
  　　　C．采用不同的程序设计语言　　D．改写代码使其更紧凑

  ■ **试题分析** 代码紧凑是指消除源代码格式降低源代码可读性，代码紧凑与提高程序执行效率无必然的联系。

  ■ **参考答案** （9）D

5.1.2　程序的翻译

- 用 C/C++语言为某个应用编写的程序，经过___（1）___ 后形成可执行程序。

  （1）A．预处理、编译、汇编、链接　　B．编译、预处理、汇编、链接
  　　　C．汇编、预处理、链接、编译　　D．链接、预处理、编译、汇编

  ■ **试题分析** C/C++语言编写的源程序，需要预处理、编译、链接、运行等阶段的处理。

  1）预处理，主要的工作是做些代码文本的替换工作及准备工作，比如拷贝#include 包含的文件代码，替换#define 的宏定义等。

  2）编译：读取源程序进行词法、语法分析，并转为中间代码（汇编语言）的过程。

  3）汇编：将汇编语言转换成机器语言（目标文件）的过程。

  4）链接：目标文件可看做一个模块，还需要通过链接器将目标文件与启动代码、库代码合

并，才能执行代码。合并的过程称为链接。

■ **参考答案** （1）A

5.1.3 程序设计语言的基本成分

- C程序中全局变量的存储空间在___（1）___分配。

  （1）A．代码区　　　　B．静态数据区　　　　C．栈区　　　　D．堆区

  ■ **试题分析** C/C++程序存储空间各部分的含义：

  1）栈区：由编译器自动分配释放，存放函数参数，局部变量的值等。

  2）堆区：一般由程序员分配释放，若程序员不释放，程序结束时由 OS 回收。C/C++语言中的 malloc、calloc、realloc、new、free 等函数所操作的内存就是放于堆区。

  3）静态数据区：用于存放全局变量。

  4）程序代码区：又称程序区、代码区，用于存放程序代码。

  ■ **参考答案** （1）B

- 以下关于程序设计语言的叙述中，错误的是___（2）___。

  （2）A．程序设计语言的基本成分包括数据、运算、控制和传输等

  　　　B．高级程序设计语言不依赖于具体的机器硬件

  　　　C．程序中局部变量的值在运行时不能改变

  　　　D．程序中常量的值在运行时不能改变

  ■ **试题分析** 程序设计语言中，变量值在程序运行中可变，而常量在定义时初始化赋值，在程序运行中不变。

  ■ **参考答案** （2）C

- 在程序运行过程中，___（3）___时涉及整型数据转换为浮点型数据的操作。

  （3）A．将浮点型变量赋值给整型变量　　　　B．将整型常量赋值给整型变量

  　　　C．将整型变量与浮点型变量相加　　　　D．将浮点型常量与浮点型变量相加

  ■ **试题分析** A 选项的结果是浮点型强制转换为整型；B、D 选项不涉及数据类型转换；C 选项由于进行的是整型变量与浮点型变量相加的运算，则需要将低精度的整型数据转化为高精度的浮点型数据。

  ■ **参考答案** （3）C

- 在高级语言源程序中，常需要用户定义的标识符为程序中的对象命名，常见的命名对象有___（4）___。

  ①关键字（或保留字）　②变量　③函数　④数据类型　⑤注释

  （4）A．①②③　　　　B．②③④　　　　C．①③⑤　　　　D．②④⑤

  ■ **试题分析** 在高级语言源程序中，程序员定义的标识符有变量、函数、数据类型。高级语言中的关键字程序员无法定义。而注释不是标识符。

  ■ **参考答案** （4）B

- 对布尔表达式进行短路求值是指无须对表达式中所有操作数或运算符进行计算就可确定表达式的值。对于表达式"a or ((c< d) and b)"，___(5)___时可进行短路计算。

  （5）A．d 为 true　　　　B．a 为 true　　　　C．b 为 true　　　　D．c 为 true

  ■ **试题分析**　当 a 为真时，表达式"a or ((c< d) and b)"一定为真，而不需要计算 a 之后的表达式"((c< d) and b)"，因此可进行短路计算。

  ■ **参考答案**　（5）B

5.1.4　函数

- 在程序的执行过程中，系统用___(1)___实现嵌套调用（递归调用）函数的正确返回。

  （1）A．队列　　　　　B．优先队列　　　　C．栈　　　　　D．散列表

  ■ **试题分析**　嵌套调用（递归调用）时，调用函数的生命期长于被调用函数的生命期，并且后者在前者之内。被调用函数的局部信息空间申请总是迟于调用函数的申请，并且空间释放的时间总早于调用函数。

  栈"先进后出"的特性恰好满足这一特点。

  ■ **参考答案**　（1）C

- 常用的函数参数传递方式有传值与传引用两种，___(2)___。

  （2）A．在传值方式下，形参与实参之间互相传值

  　　　B．在传值方式下，实参不能是变量

  　　　C．在传引用方式下，修改形参实质上改变了实参的值

  　　　D．在传引用方式下，实参可以是任意的变量和表达式

  ■ **试题分析**　传值调用特点：被调用的函数内部对形参的修改不影响实参的值。

  传引用调用特点：将实参的地址传递给形参，使得形参的地址就是实参的地址。

  ■ **参考答案**　（2）C

- 函数 main()、f() 的定义如下所示，调用函数 f() 时，第 1 个参数采用传值（Call by Value）方式，第 2 个参数采用传引用（Call by Reference）方式，main 函数中"print(x)"执行后输出的值为___(3)___。

  ```
  main()                          f(int x,int &a)
  {                               {
      int x=1;                        x=2*x+1;
      f(5,x);                         a=a+x;
      print(x);                       return;
  }                               }
  ```

  （3）A．1　　　　B．6　　　　C．11　　　　D．12

  ■ **试题分析**　这类相似的题目，在软设考试中常考。

  ```
  main()
  {
      int x=1;
  ```

```
    f(5,x);              //函数 f()调用处，x 是实参
    print(x);
}
f(int x,int &a)          //函数 f()定义处，x、a 是形参；第 1 个参数 x 是值调用方式，第 2 个参数 a 是传引用调用方式
{
    x=2*x+1;
    a=a+x;
    return;
}
```

运行程序：

1）main()函数调用 f(5,x)，此时，f()函数中的 x=5，a=1。

2）运行函数 f()语句 x=2*x+1，则 x=11。

3）运行函数 f()语句 a=a+x，则 a=12。由于形参 a 采用传引用调用方式，则与参数 a 相同地址的实参 x 值也为 12。

■ **参考答案**　　（3）D

● 函数 f、g 的定义如下，执行表达式 y=f(2)的运算时，函数调用 g(la)，分别采用传引用调用方式和传值调用方式，则该表达式求值结束后，y 的值分别为____（4）____。

```
            f(int   x)                    g(int   x)
            int la=x+1;                   x=x*x+1;
            g(la);                        return;
            return la*x;
```

（4）A. 9、6　　　　B. 20、6　　　　C. 20、9　　　　D. 30、9

■ **试题分析**

1）g(la)采用传引用调用方式时：

执行 g(la)函数可得 la=3×3+1=10。

执行 y=f(2)得到 y=10×2=20。

2）g(la)采用传值调用方式时：

执行 g(la)函数，但并不改变 la 在函数中的值，仍然为 la=3。

执行 y=f(2)得到 y=3×2=6。

■ **参考答案**　　（4）B

5.2　语言处理程序基础知识

本节知识包含汇编程序基础、解释程序基础、编译程序基础、文法和语言的形式描述等。

5.2.1　解释程序基础

● 以下关于高级程序设计语言实现的编译和解释方式的叙述中，正确的是____（1）____。

（1）A. 编译程序不参与用户程序的运行控制，而解释程序则参与

　　　B. 编译程序可以用高级语言编写，而解释程序只能用汇编语言编写

　　　C. 编译方式处理源程序时不进行优化，而解释方式则进行优化

　　　D. 编译方式不生成源程序的目标程序，而解释方式则生成

■ **试题分析**　编译和解释程序的区别，在软设考试中考查过多次。

编译和解释程序的区别在于：

1）编译方式：生成机器上独立运行与源程序等价的目标程序，源程序和编译程序不再参与目标程序的执行过程。

2）解释方式：解释方式直接执行源程序或者中间代码，**但不生成目标程序**，执行解释程序和源程序时还需要参与到程序的运行过程中。解释方式生成中间代码。

■ **参考答案**　（1）A

● 对高级语言源程序进行编译或解释的过程可以分为多个阶段，解释方式不包含___(2)___阶段。

　（2）A. 词法分析　　　　B. 语法分析　　　　C. 语义分析　　　　D. 目标代码生成

■ **试题分析**　源程序是由高级语言或者汇编语言编写的程序。源程序不能直接在计算机上执行。汇编语言编写的程序需要翻译成目标程序后才能执行；高级语言编写的程序则需要通过翻译程序（解释程序或者编译程序）翻译成机器代码后运行。

解释程序：解释方式直接执行源程序或者执行翻译后的中间代码。程序每运行一次，就要解释一次，效率较低。

编译程序：将源程序翻译成等价的目标语言程序。程序运行时，机器只运行目标程序，无需源程序和编译程序参与。

■ **参考答案**　（2）D

● 编译器和解释器是两种基本的高级语言处理程序。编译器对高级语言源程序的处理过程可以划分为词法分析、语法分析、语义分析、中间代码生成、代码优化、目标代码生成等阶段，其中，___(3)___并不是每个编译器都必需的。与编译器相比，解释器___(4)___。

　（3）A. 词法分析和语法分析

　　　B. 语义分析和中间代码生成

　　　C. 中间代码生成和代码优化

　　　D. 代码优化和目标代码生成

　（4）A. 不参与运行控制，程序执行的速度慢

　　　B. 参与运行控制，程序执行的速度慢

　　　C. 参与运行控制，程序执行的速度快

　　　D. 不参与运行控制，程序执行的速度快

■ **试题分析**　编译程序（又称编译器）：将源程序翻译成等价的目标语言程序。程序运行时，机器只运行目标程序。编译器对高级语言源程序的处理过程可以划分为词法分析、语法分析、语义分析、中间代码生成、代码优化、目标代码生成等阶段，其中，**中间代码生成**和**代码优化**并不是每

个编译器都必需的。

解释程序（又称解释器）：解释方式直接执行源程序或者执行翻译后的中间代码。解释程序和源程序（或等价表示）要参与程序运行中，运行控制权在解释程序。程序每运行一次，就要解释一次，效率较低。

■ 参考答案　（3）C　（4）B

5.2.2　汇编程序基础

● 在低级语言中，汇编语言与机器语言十分接近，它使用了＿＿（1）＿＿来提高程序的可读性。

（1）A．简单算术表达式　　　　　　B．助记符号
　　　C．伪指令　　　　　　　　　　D．定义存储语句

■ 试题分析　低级语言是面向机器的语言，可以分为机器语言和汇编语言（与机器语言相近，使用了助记符来提高程序的可读性）两种。

■ 参考答案　（1）B

5.2.3　编译程序基础

● 编译过程中进行的语法分析主要是分析＿＿（1）＿＿。

（1）A．源程序中的标识符是否合法
　　　B．程序语句的含义是否合法
　　　C．程序语句的结构是否合法
　　　D．表达式的类型是否合法

■ 试题分析　**编译程序的工作过程，在软设考试中常考。**

编译程序的工作过程一般划分为以下几个阶段：

1）词法分析：该阶段将源程序看成多行的字符串；并对源程序从左到右逐字符扫描，识别出一个个"单词"。

2）语法分析：该阶段在"词法分析"基础上，将单词符号序列分解成各类语法单位，例如"语句""程序""表达式"等。该阶段分析短语（表达式）、句子（语句）结构是否正确。

3）语义分析：审查源程序是否有语义的错误，当不符合语言规范的时候，程序就会报错。例如赋值语句的右端和左端的类型不匹配；表达式的除数为零等。源程序只有在语法、语义都正确的情况下，才能被翻译为正确的目标代码。

4）中间代码生成：该阶段在语法分析和语义分析的基础上，将源程序转变为一种临时语言、临时代码等内部表示形式，方便生成目标代码。

5）代码优化：对前一阶段生成的中间代码进行优化，生成高效的目标代码更节省时间和空间。

6）目标代码生成：将中间代码变换成特定机器上的绝对指令代码、可重定位的指令代码、汇编指令代码。

■ 参考答案　（1）C

- 以编译方式翻译 C/C++源程序的过程中，类型检查在___（2）___阶段处理。

  （2）A．词法分析　　　　B．语义分析　　　　C．语法分析　　　　D．目标代码生成

  ■ 试题分析　语义分析阶段的任务主要是检查源程序是否存在语义错误，并进行类型检查。类型检查是编译时检测变量是否是某个特定的数据类型。

  ■ 参考答案　（2）B

- 将高级语言源程序通过编译或解释方式进行翻译时，可以先生成与源程序等价的某种中间代码。以下关于中间代码的叙述中，正确的是___（3）___。

  （3）A．中间代码常采用符号表来表示

  　　　B．后缀式和三地址码是常用的中间代码

  　　　C．对中间代码进行优化要依据运行程序的机器特性

  　　　D．中间代码不能跨平台

  ■ 试题分析　中间代码与源程序等价，作用是使程序逻辑结构更为简单，更容易生成目标代码。常见的中间代码有逆波兰式（后缀式）、三地址码、语法树等。

  ■ 参考答案　（3）B

- 将高级语言源程序先转化为一种中间代码是现代编译器的常见处理方式。常用的中间代码有后缀式、___（4）___、语法树等。

  （4）A．前缀码　　　　B．三地址码　　　　C．符号表　　　　D．补码和移码

  ■ 试题分析　常用的中间代码的表达形式有语法树、后缀式、三地址码。

  ■ 参考答案　（4）B

- 在以阶段划分的编译过程中，判断程序语句的形式是否正确属于___（5）___阶段的工作。

  （5）A．词法分析　　　　B．语法分析　　　　C．语义分析　　　　D．代码生成

  ■ 试题分析　**语法分析的特点，在软设考试中常考。**
  语法分析利用语法分析器以单词符号作为输入，分析语句及程序结构是否符合语法规则。比如检查表达式、赋值、循环等语句或者句子结构是否正确。

  ■ 参考答案　（5）B

- 运行下面的 C 程序代码段，会出现___（6）___错误。
  ```
  int k=0;
  for(;k<100;)
  {k++;}
  ```
  （6）A．变量未定义　　　　B．静态语义　　　　C．语法　　　　D．动态语义

  ■ 试题分析　类似的知识点，在软设考试中考查多次。
  动态语义错误是指源程序中的逻辑错误。代码"for(;k<100;);"会出现无限循环，而这个错误只有在运行程序时才能表现出来，属于动态语义错误。

  ■ 参考答案　（6）D

- 语法制导翻译是一种___（7）___方法。

  （7）A．动态语义分析　　　　　　　　　　B．中间代码优化

C．静态语义分析　　　　　　　D．目标代码优化

■ **试题分析**　编译时发现的语义错误称为**静态语义错误**，语法制导翻译是一种静态语义分析的方法；运行时发现的语义错误（例如陷入死循环）称为动态语义错误。

■ **参考答案**　（7）C

- 在以阶段划分的编译器中，＿＿（8）＿＿阶段的主要作用是分析构成程序的字符集中由字符按照构造规则构成的符号是否符合程序语言的规定。

（8）A．词法分析　　B．语法分析　　C．语义分析　　D．代码生成

■ **试题分析**　词法分析就是分析构成程序的字符集由字符按照构造规则构成的符号是否符合程序语言的规定。

■ **参考答案**　（8）A

- 移进-归约分析法是编译程序（或解释程序）对高级语言源程序进行语法分析的一种方法，属于＿＿（9）＿＿的语法分析方法。

（9）A．自顶向下（或自上而下）　　　　B．自底向上（或自下而上）
　　　C．自左向右　　　　　　　　　　　D．自右向左

■ **试题分析**　语法分析方法分为自顶向下和自底向上两类方法。

1）自顶向下：从文法句子归约出开始符，简单地说就是从一个语法树的底部推出语法树的根。该方法包含递归下降分析法和预测分析法。

2）自底向上：从文法开始符推出文法句子，简单地说就是从一棵语法树的根推出语法树的叶子节点。移进-归约分析法属于该方法。

■ **参考答案**　（9）B

- 递归下降分析方法是一种＿＿（10）＿＿方法。

（10）A．自底向上的语法分析　　　　B．自上而下的语法分析
　　　 C．自底向上的词法分析　　　　D．自上而下的词法分析

■ **试题分析**　递归下降法是一种语法分析方法，下降就是自上而下的意思。

■ **参考答案**　（10）B

- 在对高级语言源程序进行编译和解释处理的过程中，需要不断收集、记录和使用源程序中一些相关符号的类型和特征等信息，并将其录入＿＿（11）＿＿中。

（11）A．哈希表　　B．符号表　　C．堆栈　　D．队列

■ **试题分析**　符号表的功能，在软设考试中常考。

符号表在编译过程中的作用是收集、记录和使用**源程序**中各个符号的类型和特征等相关信息，一般以表格形式存储，辅助语义的正确性检查和代码生成。

■ **参考答案**　（11）B

- 将编译器的工作过程划分为词法分析、语法分析、语义分析、中间代码生成、代码优化和目标代码生成，语法分析阶段的输入是＿＿（12）＿＿，若程序中的括号不配对，则会在＿＿（13）＿＿阶段检查出错误。

(12) A. 记号流　　　　B. 字符流　　　　C. 源程序　　　　D. 分析树
(13) A. 词法分析　　　B. 语法分析　　　C. 语义分析　　　D. 目标代码生成

■ **试题分析**　词法分析：该阶段将源程序看成多行的字符串；并对源程序从左到右逐字符扫描，识别出一个个"单词"，称为记号。

语法分析是检测语句及程序结构是否符合语法规则。"程序中的括号不配对"属于语法错误。

■ **参考答案**　（12）A　（13）B

5.2.4 文法和语言的形式描述

- 对于大多数通用程序设计语言，用　（1）　描述其语法即可。
  （1）A. 正规文法　　　　　　　　　B. 上下文无关文法
  　　C. 上下文有关文法　　　　　　　D. 短语结构文法

■ **试题分析**　本题涉及的知识点，在软设考试中常考。

上下文无关文法中所有的产生式左边只有一个非终结符，比如：

S -> aSb
S -> ab

该文法有两个产生式，每个产生式左边只有一个非终结符 S。

又比如：

aSb -> aa
SbbS -> ab

该文法第一个产生式左边不止一个符号，匹配该产生式的时候，必须考虑 S 左右两边的 a 和 b，这就是 S 的"上下文"。所以称为上下文有关文法。

对于大多数通用程序设计语言，用上下文无关文法描述其语法。

■ **参考答案**　（1）B

- 由字符 a、b 构成的字符串中，若每个 a 后至少跟一个 b，则该字符串集合可用正规式表示为　（2）　。
  （2）A. (b|ab)*　　　B. (ab*)*　　　C. (a*b*)*　　　D. (a|b)*

■ **试题分析**　这类题在软设考试中常考。

一些正规式和正规集对应的关系见表 5-2-1。

表 5-2-1　一些正规式和正规集对应的关系

正规式	正规集
a	{a}，即字符串 a 构成的集合
ab	{ab}，即字符串 ab 构成的集合
a*	{ε,a,aa,…,任意个 a 的串}
a|b	{a,b}，即字符串 a、b 构成的集合
(a|b)(a|b)	{aa,ab,ba,bb}

续表

正规式	正规集
(a|b)*	{ε,a,b,aa,ab,ba,bb,…,所有由 a 和 b 组成的串}
a(a|b)*	{字符 a、b 构成的所有字符串中，以 a 开头的字符串}
(a|b)*b	{字符 a、b 构成的所有字符串中，以 b 结尾的字符串}

A 选项中，(b|ab)对应的正规集为{b,ab}，而(b|ab)*对应的正规集为{ε,b,ab, bab,abb,…,所有由 b 和 ab 组成的字符串}，由此可见每个 a 后必然有个 b。

■ **参考答案** （2）A

- 在仅由字符 a、b 构成的所有字符串中，其中以 b 结尾的字符串集合可用正规式表示为___（3）___。
  （3）A．(b|ab)*b　　　　B．(ab*)*b　　　　C．a*b*b　　　　D．(a|b)*b

■ **试题分析** 这类题，软设考试中常考。

4 个选项均以 b 结尾，但只有(a|b)*，可以表示{ε,a,b,aa,ab,ba,bb,…,所有由 a 和 b 组成的串}。

■ **参考答案** （3）D

- 图 5-2-1 为一个表达式的语法树，该表达式的后缀形式为___（4）___。

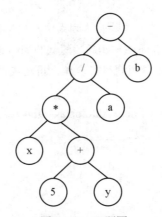

图 5-2-1　习题图

（4）A．x5y+*a/b−　　B．x5yab*+/−　　C．−/*x+5yab　　D．x5*y+a/b−

■ **试题分析** 根据语法树求表达式后缀形式的题，在软设考试中常考。

树形表示实质上是三元式的另一种表示形式。该表达方式中，树的非终端节点放运算符，运算符负责对其下方节点表示的操作数进行直接运算；叶子节点放操作数。

表达式语法树后缀形式就是对语法树进行后序遍历（左右根），结果为：x5y+*a/b−。

■ **参考答案** （4）A

- 对于后缀表达式 a b c−+ d *（其中，−、+、*表示二元算术运算减、加、乘），与该后缀式等价的语法树为___（5）___。

(5) A. 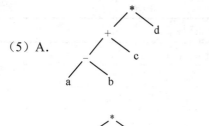 B.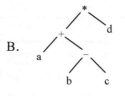

C. 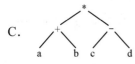 D.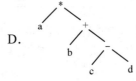

■ **试题分析**　根据语法树求表达式后缀形式的题，在软设考试中常考。

表达式语法树后缀形式就是对语法树进行后序遍历（左右根）。

A 选项后序遍历结果是 ab-c+d*；B 选项后序遍历结果是 abc-+d*；C 选项后序遍历结果是 ab+cd-*；D 选项后序遍历结果是 abcd-+*。

■ **参考答案**　（5）B

● 表达式采用逆波兰式表示时，利用＿＿（6）＿＿进行求值。

（6）A. 栈　　　　　B. 队列　　　　C. 符号表　　　D. 散列表

■ **试题分析**　逆波兰式（后缀式）这种表达方式中，运算符紧跟在运算对象之后。例如表达式 A+B，使用后缀式为 AB+；又如(a-b)*(c+d)的后缀式为 ab-cd+*。

表达式采用逆波兰式表示时，是使用**栈**进行求值。用逆波兰式的最大优点是易于计算处理。

■ **参考答案**　（6）A

● 确定的有限自动机（Deterministic Finite Automata，DFA）的状态转换图如图 5-2-2 所示（0 是初态，4 是终态），则该 DFA 能识别＿＿（7）＿＿。

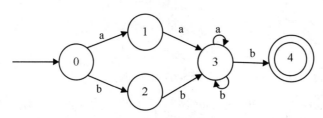

图 5-2-2　习题图

（7）A. aaab　　　　B. abab　　　　C. bbba　　　　D. abba

■ **试题分析**　这类试题在软设考试中常考。

①状态 0 在输入 aa 或者 bb 后到达状态 3。因此，DFA 识别的字符串前缀为 aa 或者 bb。

②只有输入了 b 才进入终态 4。因此，后 DFA 识别的字符串后缀为 b。

4 个选项中，满足条件①、②的只有 A 选项。

■ **参考答案**　（7）A

- 图 5-2-3 所示为一个不确定有限自动机（Nondeterministic Finite Automata，NFA）的状态转换图。该 NFA 识别的字符串集合可用正规式 ___(8)___ 描述。

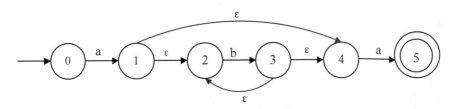

图 5-2-3 习题图

（8）A. ab*a   B. (ab)*a   C. a*ba   D. a(ba)*

■ 试题分析 同样的试题在软设考试中常考。

对于字符串 ab*a，对应识别的路径如下：

1）0->1->2->3->4->5，其中 2->3 可重复多次；

2）0->1->4->5。

由状态转换图可以知道，符合题目要求的任何状态必须经过路径 0->1 和 4->5，因此字符串开始和收尾都是 a，因此答案选 A。

■ 参考答案   （8）A

- 图 5-2-4 所示为一个不确定有限自动机的状态转换图，与该 NFA 等价的 DFA 是 ___(9)___ 。

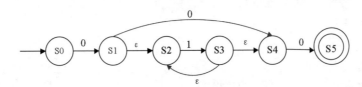

图 5-2-4 习题图

（9）A.

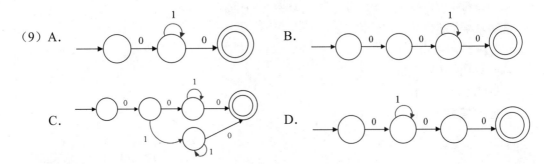

■ 试题分析 本题的 NFA 识别的正规集为 0(1|11*)0；而选项 A～D 识别的正规集分别为：01*0、001*0、0(1|11*)0、01*00。所以本题选 C。

■ 参考答案   （9）C

- 简单算术表达式的结构可以用下面的上下文无关文法进行描述（E 为起始符），___(10)___ 是符合该文法的句子。

  E→T|E+T
  T→F|T*F
  F→-F|N
  N→0|1|2|3|4|5|6|7|8|9

  （10）A．2--3*4　　　　B．2+-3*4　　　　C．(2+3)*4　　　　D．2*4-3

  ■ 试题分析　这类试题在软设考试中常考。

  由于规则没有符号"("和")"，所以排除 C 选项。

  从起始符出发，不断推导（替换）非终结符。具体推导（替换）过程如下：

  E→E+T→T+T
  →F+T→N+T
  →N+T*F→N+F*F
  →N+-F*N→N+-N*N
  →2+-3*4

  ■ 参考答案　（10）B

- 程序设计语言的大多数语法现象可以用 CFG（上下文无关文法）表示。下面的 CFG 产生式集用于描述简单算术表达式，其中+、-、*表示加、减、乘运算，id 表示单个字母表示的变量，那么符合该文法的表达式为___(11)___。

  P：E→E+T|E-T|T
  T→T*F|F
  F→-F|id

  （11）A．a+-b-c　　　　B．a*(b+c)　　　　C．a*-b+2　　　　D．-a/b+c

  ■ 试题分析　题目中"P:"表示规则集合，而之后的表达式就是具体"规则"。

  由于规则没有符号"("")""/"，所以排除 B、D 选项。

  具体推导（替换）过程如下：

  E →E-T→E+T-T
  →T+-F-T→F+-id-id
  →id+-id-id→a+-b-c。

  ■ 参考答案　（11）A

第6章 数据库知识

本章节的内容包含数据模型、数据库三级模式结构、数据依赖与函数依赖、关系代数、关系数据库标准语言、规范化、数据仓库基础、分布式数据库等知识。本章节知识，在软件设计师考试中的上午试题考查的分值为2~3分，但下午试题中经常考到，所以属于重要考点。

本章考点知识结构图如图 6-0-1 所示。

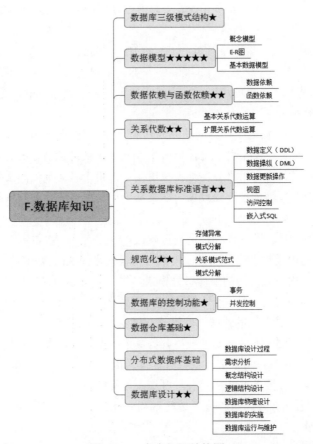

图 6-0-1　考点知识结构图

6.1 数据库三级模式结构

本节知识包含数据库概念、数据库三级模式结构等。

● 数据库系统通常采用三级模式结构：外模式、模式和内模式。这三级模式分别对应数据库的 ___(1)___ 。

(1) A. 基本表、存储文件和视图
    B. 视图、基本表和存储文件
    C. 基本表、视图和存储文件
    D. 视图、存储文件和基本表

■ **试题分析** 同样的题在软设考试中常考。

外模式、模式和内模式分别对应数据库的视图、基本表和存储文件。

■ **参考答案** (1) B

● 在采用三级模式结构的数据库系统中，如果对数据库中的表 Emp 创建聚簇索引，那么改变的是数据库的___(2)___ 。

(2) A. 模式   B. 内模式
    C. 外模式   D. 用户模式

■ **试题分析** **外模式**：又称用户模式、子模式，是用户的数据视图，是站在用户的角度所看到的数据特征、逻辑结构。

内模式：又称存储模式，描述了数据的物理结构和存储方式，是数据在数据库内部的表达方式。内模式定义所有内部记录类型、索引、文件的组织方式以及数据控制方面的细节。

模式：又称概念模式，所有用户公共数据视图集合，用于描述数据库全体逻辑结构和特征。

聚簇索引的顺序就是数据物理存储顺序，非聚簇索引的索引顺序与数据物理顺序无关。

■ **参考答案** (2) B

● 数据的物理独立性和逻辑独立性分别是通过修改___(3)___来完成的。

(3) A. 外模式与内模式之间的映像、模式与内模式之间的映像
    B. 外模式与内模式之间的映像、外模式与模式之间的映像
    C. 外模式与模式之间的映像、模式与内模式之间的映像
    D. 模式与内模式之间的映像、外模式与模式之间的映像

■ **试题分析** 数据库的两层映像功能使得数据库系统保持了数据的物理独立性和逻辑独立性。

物理独立性：用户应用程序与物理存储中数据库的数据相对独立，数据物理存储位置变化不影响应用程序运行。物理独立性通过修改模式与内模式之间的映像完成。

逻辑独立性：用户应用程序与数据库的逻辑结构相对独立，数据逻辑结构发生变化不影响应用程序运行。逻辑独立性通过修改外模式与模式之间的映像完成。

■ **参考答案** (3) D

6.2 数据模型

本节知识包含概念模型、E-R 图、基本数据模型等。

- 假设关系 R<U, U={A1,A2,A3,A4}, F={A1A3→A2,A1A2→A3,A2→A4}，那么在关系 R 中 ___(1)___，候选关键字中必定含有属性___(2)___。

  (1) A. 有 1 个候选关键字 A2A3 B. 有 1 个候选关键字 A2A4
      C. 有 2 个候选关键字 A1A2 和 A1A3 D. 有 2 个候选关键字 A1A2 和 A2A3

  (2) A. A1，其中 A1A2A3 为主属性，A4 为非主属性
      B. A2，其中 A2A3A4 为主属性，A1 为非主属性
      C. A2A3，其中 A2A3 为主属性，A1A4 为非主属性
      D. A2A4，其中 A2A4 为主属性，A1A3 为非主属性

  ■ **试题分析** 这类题在软设考试中常考。

  在关系数据库中，候选关键字可以推导出全部属性。

  由题意可知道，A1A3→A2，A1A2→A3，且 A2→A4，所以 A1A2 和 A1A3 可以推导出全部属性{A1,A2,A3,A4}，所以是候选关键字。

  包含在任何一个候选关键字中的属性是主属性，剩下的是非主属性。所以本题中，A1A2A3 为主属性，A4 为非主属性。

  ■ **参考答案** (1) C (2) A

- 若给定的关系模式为 R，U={A,B,C}，F = {AB→C,C→B}，则关系 R ___(3)___。

  (3) A. 有 2 个候选关键字 AC 和 BC，并且有 3 个主属性
      B. 有 2 个候选关键字 AC 和 AB，并且有 3 个主属性
      C. 只有一个候选关键字 AC，并且有 1 个非主属性和 2 个主属性
      D. 只有一个候选关键字 AB，并且有 1 个非主属性和 2 个主属性

  ■ **试题分析** 依据题意 AC→U 和 AB→U，所以 AB、AC 是候选关键字。包含在任何一个候选关键字中的属性是主属性，所以 A、B、C 均是主属性。

  ■ **参考答案** (3) B

- 假设关系 R<U,F>,U= {A1,A2, A3}，F = {A1A3 →A2,A1A2 →A3}，则关系 R 的各候选关键字中必定含有属性___(4)___。

  (4) A. A1   B. A2   C. A3   D. A2 A3

  ■ **试题分析** 关系 R 的候选关键字是 A1A3，A1A2，必有的属性是 A1。

  ■ **参考答案** (4) A

- 若关系 R (H,L,M,P) 的主键为全码(All-key)，则关系 R 的主键是___(5)___。

  (5) A. HLMP
      B. 在集合{H,L,M,P) 中任选一个

C．在集合{HL,HM,HP,LM,LP,MP}中任选一个

D．在集合{HLM,HLP,HMP,LMP}中任选一个

■ **试题分析** 全码是指关系模式的所有属性组合构成的主键，所以关系 R 的主键是 HLMP。

■ **参考答案** （5）A

● 某高校信息系统设计的 E-R 图中，人力部门定义的职工实体具有属性：职工号、姓名、性别和出生日期；教学部门定义的教师实体具有属性：教师号、姓名和职称。这种情况属于___（6）___，在合并 E-R 图时，___（7）___可解决这一冲突。

（6）A．属性冲突　　　　　　　　　B．命名冲突

　　　C．结构冲突　　　　　　　　　D．实体冲突

（7）A．职工和教师实体保持各自属性不变

　　　B．职工实体中加入职称属性，删除教师实体

　　　C．教师也是学校的职工，故直接将教师实体删除

　　　D．将教师实体所有属性并入职工实体，删除教师实体

■ **试题分析** E-R 图冲突可以分为三类：属性冲突、命名冲突、结构冲突。

1）属性冲突：由于属性值类型、取值范围、单位不同而产生的冲突。

2）命名冲突：因为同名异义、异名同义产生的冲突。

3）结构冲突：同一对象在不同应用中具有不同的抽象；同一实体在不同局部视图中所包含的属性不完全相同，或者属性排列的次序不完全相同。

在本题中，职工实体和教师实体都是针对教师，属于命名冲突。在合并 E-R 图时，职工实体中加入职称属性，删除教师实体，可解决这一冲突。

■ **参考答案** （6）B　（7）B

● 在如图 6-2-1 所示的 E-R 图中，两个实体 R1、R2 之间有一个联系 E，当 E 的类型为___（8）___时，必须将 E 转换成一个独立的关系模式。

图 6-2-1　习题用图

（8）A．1:1　　　　B．1:*　　　　C．*:1　　　　D．*:*

■ **试题分析** 1:1 的联系可以转换为一个独立的关系模式，或者也可以与任意一端对应的关系模式合并。

1:*（1:n）的联系可以转换为一个独立的关系模式，或者与 n 端对应的关系模式合并。

:（n:m）的联系必须要转换为一个独立的关系模式。

■ **参考答案** （8）D

- 部门、员工和项目的关系模式及它们之间的 E-R 图如图 6-2-2 所示,其中,关系模式中带实下划线的属性表示主键属性。图中:
  部门(部门代码,部门名称,电话)
  员工(员工代码,姓名,部门代码,联系方式,薪资)
  项目(项目编号,项目名称,承担任务)

图 6-2-2 习题用图

若部门和员工关系进行自然连接运算,其结果集为__(9)__元关系。由于员工和项目之间关系的联系类型为__(10)__,所以员工和项目之间的联系需要转换成一个独立的关系模式,该关系模式的主键是__(11)__。

(9) A. 5　　　　　　B. 6　　　　　　C. 7　　　　　　D. 8
(10) A. 1 对 1　　　B. 1 对多　　　 C. 多对 1　　　 D. 多对多
(11) A.(项目名称,员工代码)　　　　B.(项目编号,员工代码)
　　　C.(项目名称,部门代码)　　　　D.(项目名称,承担任务)

■ **试题分析**　部门和员工两关系进行自然连接,需要去掉重复属性"部门代码",结果的属性列为(部门代码,部门名称,电话,员工代码,姓名,联系方式,薪资),共 7 列。

题目指出员工与项目关系为"*:*",即"多对多"的关系。

:(多对多)的关系必须要转换为一个独立的关系模式,该关系模式的主键是两端实体的主键。由于员工关系的主键是员工代码,项目关系的主键是项目编号,所以员工和项目之间的联系转换的关系模式主键是(项目编号,员工代码)。

■ **参考答案**　(9) C　　(10) D　　(11) B

6.3　数据依赖与函数依赖

本节知识点包含数据依赖与函数依赖等。

- 给定关系模式 R<U,F>,其中 U 为属性集,F 是 U 上的一组函数依赖,那么 Armstrong 公理系统的伪传递律是指__(1)__。

(1) A. 若 X→Y,X→Z,则 X→YZ 为 F 所蕴涵
　　B. 若 X→Y,WY→Z,则 WX→Z 为 F 所蕴涵
　　C. 若 X→Y,Y→Z 为 F 所蕴涵,则 X→Z 为 F 所蕴涵
　　D. 若 X→Y 为 F 所蕴涵,且 Z⊆U,则 XZ→YZ 为 F 所蕴涵

■ **试题分析**　A 选项符合合并规则,即若 X→Y 和 Y→Z 成立,则 X→Z 成立。

B 选项符合伪传递规则，即若 X→Y 和 WY→Z 成立，则 WX→Z 成立。
C 选项符合传递律，即若 X→Y 和 Y→Z 成立，则 X→Z 成立。
D 选项符合增广律，即若 X→Y 成立，且 Z⊆U，则 XZ→YZ 成立。

■ **参考答案** （1）B

● 设关系模式 R(U,F)，U={A1,A2,A3,A4}，函数依赖集 F={A1→A2,A1→A3,A2→A4}，关系 R 的候选码是 ___(2)___ 。下列结论错误的是 ___(3)___ 。

(2) A. A1　　　　　B. A2　　　　　C. A1A2　　　　　D. A1A3

(3) A. A1→A2A3 为 F 所蕴涵　　　　　B. A1→A4 为 F 所蕴涵
　　C. A1A2→A4 为 F 所蕴涵　　　　　D. A2→A3 为 F 所蕴涵

■ **试题分析** 同样的题在软设考试中考查多次。

A1 只出现在函数依赖的左边，所以是候选码的主属性；且 A1 可以推导出 A2、A3、A4 其他属性，因此关系 R 的候选码是 A1。

依据函数依赖集 F 无法得到 A2→A3，所以第（3）空选 D 项。

■ **参考答案** （2）A　（3）D

● 给定关系 R(U,Fr)，其中属性集 U={A,B,C,D}，函数依赖集 Fr={A→BC,B→D}；关系 S(U,Fs)，其中属性集 U={A,C,E}，函数依赖集 Fs={A→C,C→E}。R 和 S 的主键分别为 ___(4)___ ；关于 Fr 和 Fs 的叙述，正确的是 ___(5)___ 。

(4) A. A 和 A　　　　　B. AB 和 A　　　　　C. A 和 AC　　　　　D. AB 和 AC

(5) A. Fr 蕴含 A→B、A→C，但 Fr 不存在传递依赖
　　B. Fs 蕴含 A→E，Fs 存在传递依赖，但 Fr 不存在传递依赖
　　C. Fr、Fs 分别蕴含 A→D、A→E，故 Fr、Fs 都存在传递依赖
　　D. Fr 蕴含 A→D，Fr 存在传递依赖，但是 Fs 不存在传递依赖

■ **试题分析** 依据 Armstrong 公理系统的引理，"如果 A1,A2,…,An 是属性，则 X→A1A2…An 成立的充分必要条件是 X→Ai 均成立（i=1,2,…,n）"。所以，A→BC 可得到 A→B、A→C。

依据 A→B、B→D，得到 Fr 蕴含 A→D，且存在传递依赖。

依据 A→C、C→E，得到 Fs 蕴含 A→E，且存在传递依赖。

显然，关系 R 与 S 中的属性 A 可以推出两个关系式其他全部属性，因此关系 R 和 S 的主键都是 A。

■ **参考答案** （4）A　（5）C

● 给定关系模式 R（U,F），其中：U 为关系模式 R 中的属性集，F 是 U 上的一组函数依赖。假设 U={A1,A2,A3,A4}，F={A1→A2,A1A2→A3,A1→A4,A2→A4}，那么关系 R 的主键应为 ___(6)___ 。函数依赖集 F 中的 ___(7)___ 是冗余的。

(6) A. A1　　　　　B. A1A2　　　　　C. A1A3　　　　　D. A1A2A3

(7) A. A1→A2　　　　　B. A1A2→A3　　　　　C. A1→A4　　　　　D. A2→A4

■ **试题分析** A1 可以推导出 A2、A3、A4 其他属性，所以 A1 为主键。

因为 A1→A2、A2→A4 可以得到 A1→A4，因此 A1→A4 是冗余的。

■ **参考答案** （6）A　（7）C

6.4 关系代数

本节知识包含基本关系代数运算、扩展关系代数运算等。

- 给定关系 R(A,B,C,D)和 S(C,D,E)，若关系 R 与 S 进行自然连接运算，则运算后的元组属性列数为___(1)___；关系代数表达式 $\pi_{1,4}(\sigma_{2=5}(R \bowtie S))$ 与___(2)___等价。

  （1）A. 4　　　　　　B. 5　　　　　　C. 6　　　　　　D. 7
  （2）A. $\pi_{A,D}(\sigma_{C=D}(R \times S))$　　　　　　B. $\pi_{R.A,R.D}(\sigma_{R.B=S.C}(R \times S))$
  　　C. $\pi_{A,R,D}(\sigma_{R.C=S.D}(R \times S))$　　　　D. $\pi_{R.A,R.D}(\sigma_{R.B=S.E}(R \times S))$

■ **试题分析**　同样的题在软设考试中常考。

自然连接是特殊的等值连接，要求两个关系进行比较的分量必须具有相同的属性组，并且去除结果集中的重复属性列。本题中，R×S 后属性列为（R.A,R.B,R.C,R.D,S.C,S.D,S.E），去掉重复列后为（R.A,R.B,R.C,R.D,S.E），得到 $R \bowtie S$ 的列数为 5 列。

关系代数表达式 $\pi_{1,4}(\sigma_{2=5}(R \bowtie S))$ 的含义是，选取 $R \bowtie S$ 后的第 2 属性列等于第 5 属性列的元组（即 R.B=S.E 的元组），然后进行投影运算只保留第 1、4 列（即 R.A、R.D 列）得到结果。而这个运算等价于 $\pi_{R.A,R.D}(\sigma_{R.B=S.E}(R \times S))$。

■ **参考答案**　（1）B　（2）D

- 关系 R、S 如图 6-4-1 所示，$R \bowtie S$ 的结果集为___(3)___，R、S 的左外连接、右外连接和完全外连接的元组个数分别为___(4)___。

R

A1	A2	A3
1	2	3
2	1	4
3	4	4
4	6	7

S

A1	A2	A4
1	9	1
2	1	8
3	4	4
4	8	3

图 6-4-1　习题用图

（3）A. {(2,1,4),(3,4,4)}
　　B. {(2,1,4,8),(3,4,4,4)}
　　C. {(C,1,4,2,1,8),(3,4,4,3,4,4)}
　　D. {(1,2,3,1,9,1),(2,1,4,2,1,8),(3,4,4,3,4,4),(4,6,7,4,8,3)}

（4）A. 2,2,4　　　　B. 2,2,6　　　　C. 4,4,4　　　　D. 4,4,6

■ **试题分析** $R \bowtie S$ 是自然连接，它要求两个关系中进行比较的分量必须具有相同的属性组，并且去掉结果中的重复属性列。具体过程如图 6-4-2 所示。

R		
A1	A2	A3
1	2	3
2	1	4
3	4	4
4	6	7

S		
A1	A2	A4
1	9	1
1	4	8
2	3	4
3	4	8

计算 $R \bowtie S$，并选出属性值相同的组
（R.A1、R.A2）=（S.A1、S.A2）的元组

R.A1	R.A2	A3	S.A1	S.A2	A4
1	2	3	1	9	1
1	2	3	1	2	8
1	2	3	3	4	4
1	2	3	3	4	8
2	1	4	1	9	1
2	1	4	1	2	8
2	1	4	3	4	4
2	1	4	3	4	8
3	4	4	1	9	1
3	4	4	1	2	8
3	4	4	3	4	4
3	4	4	3	4	8
4	6	7	1	9	1
4	6	7	1	2	8
4	6	7	3	4	4
4	6	7	3	4	8

选出元组，去除同名属性值

R.A1	R.A2	A3	A4
2	1	4	8
3	4	4	4

图 6-4-2 $R \bowtie S$ 计算过程

可以知道，自然连接后结果集有四个属性列，最终结果集为 { (2,1,4,8),(3,4,4,4) }。

自然连接中，S 中有一些元组由于没有公共属性而被抛弃了，显然在 R 中也可能会存在这样的现象。如果将自然连接时舍弃的元组也放入新关系，并在新增加的属性上填入空值，就称之为外连接运算。如果只将 R 关系模式的元组保留，则称为左外连接，用 $R ⟕ S$ 表示；如果只将 S 关系模式的元组保留，则称为右外连接，用 $R ⟖ S$ 表示。全外连接则保留 R、S 所有不匹配的元组，并加入自然连接的结果中。

具体结果如图 6-4-3 所示。

左外连接：$R ⟕ S$
将R关系模式的元组保留

R.A1	R.A2	A3	A4
1	2	3	NULL
2	1	4	8
3	4	4	4
4	6	7	NULL

右外连接：$R ⟖ S$
将S关系模式的元组保留

S.A1	S.A2	A3	A4
1	9	NULL	1
2	1	4	8
3	4	4	4
4	8	NULL	3

全外连接
R、S关系模式的元组全保留

A1	A2	A3	A4
1	9	NULL	1
1	2	3	NULL
2	1	4	8
3	4	4	4
4	8	NULL	3
4	6	7	NULL

图 6-4-3 结果图

在本题中，左外连接和右外连接的元组个数都是 4 个，而全外连接元组个数是 6 个。

■ **参考答案** （3）B （4）D

● 某销售公司有员工关系 E（工号、姓名、部门名、电话、住址），商品关系 C（商品号、商品名、库存数）和销售关系 EC（工号、商品号、销售数、销售日期）。查询"销售部 1"在 2020

年 11 月 11 日销售"HUAWEI Mate40"商品的员工的工号、姓名、部门名及其销售的商品名、销售数的关系代数表达式为：$\Pi_{1,2,3,7,8}$（ (5) ⋈ (6) ⋈ (7) ）。

(5) A. $\sigma_{3=销售部1}(E)$ B. $\sigma_{3=销售部1}(C)$
    C. $\sigma_{3='销售部1'}(E)$ D. $\sigma_{3='销售部1'}(C)$

(6) A. $\Pi_{2,3}(\sigma_{2='HUAWEI\ Mate40'}(C))$ B. $\Pi_{1,2}(\sigma_{2='HUAWEI\ Mate40'}(C))$
    C. $\Pi_{2,3}(\sigma_{2='HUAWEI\ Mate40'}(EC))$ D. $\Pi_{1,2}(\sigma_{2='HUAWEI\ Mate40'}(EC))$

(7) A. $\sigma_{4='2020年11月11日'}(C)$ B. $\sigma_{3='2020年11月11日'}(C)$
    C. $\sigma_{4='2020年11月11日'}(EC)$ D. $\sigma_{3='2020年11月11日'}(EC)$

■ **试题分析** 类似的题在软设考试中常考。

$\sigma_{3=销售部1}(E)$的含义是，选择员工表 E 中第 3 列（部门名）的值为'销售部 1'的行（又称元组）。查询字符串型则加单引号。所以空（5）选 C。这里的员工表 E 就是关系 E。

首先通过"$\sigma_{2='HUAWEI\ Mate40'}(C)$"，得到商品表 C 中第 2 列值为'HUAWEI Mate40'的行，然后再在结果上进行投影 $\Pi_{1,2}$ 操作，只保留结果中的第 1、2 列。所以第（6）空选 B 项。

$\sigma_{4='2020年11月11日'}(EC)$ 的含义是，选择销售表 EC 中值为'2020 年 11 月 11 日'的行。所以第（7）空选 C 项。

通过上述操作从三个表中分别选出了所需的属性（列）及元组，然后，再把这三个表中的元组进行自然连接，就生成了所需结果。

■ **参考答案** (5) C   (6) B   (7) C

● 给定学生关系 S（学号，姓名，学院名，电话，家庭住址）、课程关系 C（课程号，课程名，选修课程号）、选课关系 SC（学号，课程号，成绩）。查询"张晋"选修了"市场营销"课程的学号、姓名、学院名、成绩的关系代数表达式为：$\Pi_{1,2,3,6}(\Pi_{1,2,3}$（ (8) ⋈ (9) ）。

(8) A. $\sigma_{2=张晋}(S)$ B. $\sigma_{2='张晋'}(S)$
    C. $\sigma_{2=张晋}(SC)$ D. $\sigma_{2='张晋'}(SC)$

(9) A. $\Pi_{2,3}(\sigma_{2='市场营销'}(C)) \bowtie SC$ B. $\Pi_{2,3}(\sigma_{2=市场营销}(SC)) \bowtie C$
    C. $\Pi_{1,2}(\sigma_{2='市场营销'}(C)) \bowtie SC$ D. $\Pi_{1,2}(\sigma_{2=市场营销}(SC)) \bowtie C$

■ **试题分析** ∏ 为投影运算符，σ 为选择运算符，⋈ 为自然连接运算符。

本题全部表达式为：$\Pi_{1,2,3,6}(\Pi_{1,2,3}(\sigma_{2='张晋'}(S)) \bowtie (\Pi_{1,2}(\sigma_{2='市场营销'}(C)) \bowtie SC))$

1）$\Pi_{1,2,3}(\sigma_{2='张晋'}(S))$，表示在表 S 中选择姓名列中值为'张晋'的行，然后投影保留结果中的第 1、2、3 列，即<u>学号、姓名、学院名</u>三个属性。

2）$\Pi_{1,2}(\sigma_{2='市场营销'}(C)) \bowtie SC$，表示在表 C 中选择课程名列中值为"市场营销"的行，然后投影保留结果中的第 1、2 列，即<u>课程号、课程名</u>两个属性。

两个表达式结果进行自然连接，结果表有<u>学号、姓名、学院名、课程号、课程名、成绩</u>6 列，然后投影保留结果中的第 1、2、3、6 列。

■ **参考答案** (8) B   (9) C

- 下列查询 B="大数据"且 F="开发平台",结果集属性列为 A、B、C、F 的关系代数表达式中,查询效率最高的是_____(10)_____。

  (10) A. $\pi_{1,2,3,8}(\sigma_{2='大数据' \wedge 1=5 \wedge 3=6 \wedge 8='开发平台'}(R \times S))$

  B. $\pi_{1,2,3,8}(\sigma_{1=5 \wedge 3=6 \wedge 8='开发平台'}(\sigma_{2='大数据'}(R) \times S))$

  C. $\pi_{1,2,3,8}(\sigma_{2='大数据' \wedge 1=5 \wedge 3=6}(R \times \sigma_{4='开发平台'}(S)))$

  D. $\pi_{1,2,3,8}(\sigma_{1=5 \wedge 3=6}(\sigma_{2='大数据'}(R) \times \sigma_{4='开发平台'}(S)))$

■ **试题分析** 关系代数运算应避免一开始就进行笛卡儿乘、连接运算。

本题 D 选项中,先对关系表 R、S 进行了元组的筛选,分别是"$\sigma_{2='大数据'}(R)$"和"$\sigma_{4='开发平台'}(S)$"运算;然后再对结果进行笛卡儿乘,这种方式运算量最少,效率最高。

■ **参考答案** (10) D

6.5 关系数据库标准语言

本节知识包含数据定义、数据操纵、数据更新操作、视图、访问控制、嵌入式 SQL 等。

- 给定关系 R(A,B,C,D) 和 S(B,C,E,F) 与关系代数表达式 $\pi_{1,5,7}(\sigma_{2=5}(R \times S))$,则等价的 SQL 语句如下:

  SELECT _____(1)_____

  FROM R,S _____(2)_____ ;

  (1) A. R.A,R.B,S.F   B. R.A,S.B,S.E

  　　C. R.A,S.E,S.F   D. R.A,S.B,S.F

  (2) A. WHERE R.B=S.B   B. HAVING R.B=S.B

  　　C. WHERE R.B=S.E   D. HAVING R.B=S.E

■ **试题分析** 这类题,软设考试中常考。

表达式 $\pi_{1,5,7}(\sigma_{2=5}(R \times S))$ 可以分为以下几步完成:

1) $R \times S$ 是广义笛卡儿积,如果关系模式 R 有 n 个属性,关系模式 S 有 m 个属性。那么该运算结果生成的元组具有 ($n+m$) 个属性。

$R \times S$ 的结果见表 6-5-1。

表 6-5-1 $R \times S$ 的结果

关系集合	R				S			
关系的列号	1	2	3	4	5	6	7	8
关系(属性)值	R.A	R.B	R.C	R.D	S.B	S.C	S.E	S.F

2) 依据 $R \times S$ 的结果,进行"$\sigma_{2=5}$"运算,选择符合 R.B=S.B 的行(元组)。这一步运算和"WHERE R.B=S.B"语句等价。

3) 最后进行投影运算,保留结果表格的第 1、5、7 列,即 R.A、S.B、S.E 属性列。这一步运算和"SELECT R.A,S.B,S.E"语句等价。

■ 参考答案　（1）B　（2）A

● 给定关系 R(A,B,C,D,E)与 S(B,C,F,G)，那么与表达式 $\pi_{2,4,6,7}(\sigma_{2<7}(R \bowtie S))$ 等价的 SQL 语句如下：
SELECT ＿＿（3）＿＿FROM R, S WHERE ＿＿（4）＿＿；

（3）A．R.B,D,F,G　　　　　　　B．R.B,E,S.C,F,G
　　　C．R.B,R.D,S.C,F　　　　　D．R.B,R.C,S.C,F

（4）A．R.B=S.B OR R.C=S.C OR R.B <S.G
　　　B．R.B=S.B OR R.C=S.C OR R.B <S.C
　　　C．R.B=S.B AND R.C=S.C AND R.B <S.G
　　　D．R.B=S.B AND R.C=S.C AND R.B <S.C

■ 试题分析　表达式 $\pi_{2,4,6,7}(\sigma_{2<7}(R \bowtie S))$ 可以分为以下几步完成：

1）自然连接 $R \bowtie S$ 运算后，去除重复列，剩下的属性列为 R.A、R.B、R.C、R.D、R.E,S.F,S.G。
2）在自然连接 $R \bowtie S$ 运算的结果中，进行"$\sigma_{2<7}$"运算，选择符合 B<S.G 的行。
上述两步运算和"WHERE　R.B=S.B AND R.C=S.C AND R.B <S.G"语句等价。
3）最后进行投影运算，保留结果表格的第 2、4、6、7 列，即 R.B、R.D、S.F、S.G 属性列。

■ 参考答案　（3）A　（4）C

● 给定教师关系 Teacher（T_no,T_name,Dept_name,Tel），其中属性 T_no、T_name、Dept_name 和 Tel 的含义分别为教师号、教师姓名、学院名和电话号码。用 SQL 创建一个"给定学院名求该学院的教师数"的函数如下：

CREATE FUNCTION Dept_count(Dept_name varchar(20))
　　＿＿（5）＿＿
BEGIN
　　＿＿（6）＿＿
　　　SELECT count(*) into d_count
　　　FROM Teacher
　　　WHERE Teacher.Dept_ name= Dept_name
RETURNS d_count
END

（5）A．RETURNS integer　　　　　B．RETURNS d_count integer
　　　C．DECLARE integer　　　　　D．DECLARE d_count integer

（6）A．RETURNS integer　　　　　B．RETURNS d_count integer
　　　C．DECLARE integer　　　　　D．DECLARE d_count integer

■ 试题分析　SQL 语言中，函数定义的语法如下：
CREATE FUNCTION 函数名(参数名 参数类型)
RETURNS 返回值类型
AS

BEGIN

　　函数体

DECLARE 变量名 变量类型

　　…

RETURN 表达式

END

依据函数格式，第（5）空格式为"RETURNS 返回值类型"，所以选答案 RETURNS integer。第（6）空是声明变量，格式为"DECLARE 变量名 变量类型"，所以选答案 DECLARE d_count integer。

■ **参考答案** （5）A　（6）D

● 要将部门表 Dept 中 name 列的修改权限赋予用户 ming，并允许 ming 将该权限授予他人，实现该要求的 SQL 语句如下：GRANT UPADTE(name) ON TABLE DEPT TO ming＿＿（7）＿＿。

（7）A．FOR ALL　　　　　　　　B．CASCADE
　　　C．WITH GRANT OPTION　　　D．WITH CHECK OPTION

■ **试题分析** GRANT 的语法格式为：GRANT <权限> ON 表名（列名） TO 用户 [WITH GRANT OPTION]。其中，WITH GRANT OPTION 用途是被授权了的用户，可以把此对象权限授予其他用户。

■ **参考答案** （7）C

● 在某企业的工程项目管理系统的数据库中供应商关系 Supp、项目关系 Proj 和零件关系 Part 的 E-R 模型和关系模式如图 6-5-1 所示。

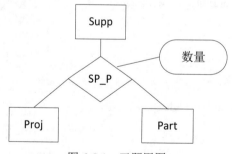

图 6-5-1　习题用图

Supp（<u>供应商号</u>，供应商名，地址，电话）
Proj（<u>项目号</u>，项目名，负责人，电话）
Part（<u>零件号</u>，零件名）

其中，每个供应商可以为多个项目供应多种零件，每个项目可由多个供应商供应多种零件。SP_P 需要生成一个独立的关系模式，其联系类型为＿＿（8）＿＿。

给定关系模式 SP_P（供应商号，项目号，零件号，数量）查询至少供应了 3 个项目（包含 3 项）的供应商，输出其供应商号和供应零件数量的总和，并按供应商号降序排列。

SELECT 供应商号，SUM（数量） FROM ___(9)___
　　　GROUP BY 供应商号
　　___(10)___
　　　ORDER BY 供应商号 DESC;

(8) A. *:*:*　　　　B. 1:*:*　　　　C. 1:1:*　　　　D. 1:1:1
(9) A. Supp　　　　B. Proj　　　　C. Part　　　　D. SP_P
(10) A. HAVING COUNT(项目号)>2
　　 B. WHERE COUNT(项目号)>2
　　 C. HAVING COUNT(DISTINCT(项目号))>2
　　 D. WHERE COUNT(DISTINCT(项目号))>3

■ **试题分析**　题干中"每个供应商可以为多个项目供应多种零件，每个项目可由多个供应商供应多种零件"可以判断 SP_P 的联系类型是：多对多的关系。SP_P 需要生成一个独立的关系模式，其联系类型为*:*:*。

题目要从"给定关系模式 SP_P 查询"，SQL 语句 FROM 后应该是 SP_P。

查询条件 WHERE 与 HAVING 的区别：WHERE 是针对单条记录的判断条件，而 HAVING 是针对分组之后的判断条件，而本题需要分组所以选择 HAVING。同时，项目号可能会重复，因此需要加 DISTINCT 去掉重复的项目。

■ **参考答案**　(8) A　(9) D　(10) C

● 数据库的安全机制中，通过提供___(11)___供第三方开发人员调用进行数据更新，从而保证数据库的关系模式不被第三方所获取。

(11) A. 触发器　　　　B. 存储过程　　　　C. 视图　　　　D. 索引

■ **试题分析**　存储过程是一组可以完成特定功能的 SQL 语句集，它存储在数据库中，一次编译后永久有效，用户通过指定存储过程的名字和参数来调用。

数据库的安全机制中，通过提供存储过程供第三方开发人员调用进行数据更新，避免了向第三方提供系统的表结构，保证了系统的数据安全。

■ **参考答案**　(11) B

6.6　规范化

关系数据库设计的方法之一就是设计满足合适范式的模式。关系数据库规范化理论主要包括数据依赖、范式和模式设计方法。其中核心基础是数据依赖。

● 设有关系模式 R(A1,A2,A3,A4,A5,A6)，函数依赖集 F={A1→A3,A1A2→A4,A5A6→A1,A3A5→A6,A2A5→A6}。关系模式 R 的一个主键是___(1)___，从函数依赖集 F 可以推出关系模式 R___(2)___。

(1) A. A1A4　　　　B. A2A5　　　　C. A3A4　　　　D. A4A5

(2) A. 不存在传递依赖，故 R 为 1NF
    B. 不存在传递依赖，故 R 为 2NF
    C. 存在传递依赖，故 R 为 3NF
    D. 每个非主属性完全函数依赖于主键，故 R 为 2NF

■ **试题分析** 同样的题在软设考试中考查多次。

A2 和 A5 出现在函数依赖的左边，所以是候选码的主属性；且可以推导出关系 R 的其他全部属性，所以是 A2A5 为主键。

由函数依赖集 F 可知，A5A6→A1，A1→A3，存在非主属性的传递函数依赖，所以不为 3NF。且每个非主属性完全依赖 A2A5，所以 R 为 2NF。

■ **参考答案** （1）B （2）D

● 设关系模式 R(U,F)，其中：U= {A,B,C,D,E}，F={A→B,DE→B,CB→E,E→A,B→D}。____(3)____ 为关系模式 R 的候选关键字。分解____(4)____是无损连接，并保持函数依赖的。

(3) A. AB   B. DE   C. DB   D. CE
(4) A. ρ={ R1(AC),R2(ED),R3(B) }
    B. ρ={ R1(AC),R2(E),R3(DB) }
    C. ρ={ R1(AC),R2(ED),R3(AB) }
    D. ρ={ R1(ABC),R2(ED),R3(ACE) }

■ **试题分析** 同样的题在软设考试中考查多次。

C 和 E 只在函数依赖的左边，且 E→A，A→B，B→D，CB→E 可以推导出其他全部属性，所以为关系模式 R 的候选关键字。

无损连接的判断可以用构造二维表进行判断的方法（以正确选项 D 为例）：

1）初始化一个 m 行 n 列的表格，见表 6-6-1。其中，表格的 j 列代表属性 A_j（$1 \leqslant j \leqslant n$）；$i$ 行代表分解后的模式 R_i（$1 \leqslant i \leqslant m$）。如果属性 A_j 在模式 R_i 中，则表格的第 i 行第 j 列的单元格填 a_i；否则，填 b_{ij}。

CB→E，E→A，B→D

表 6-6-1 构造初始二维表

属性 模式	A	B	C	D	E
ABC	a1	a2	a3	b14	b15
ED	b21	b22	b23	a4	a5
ACE	a1	b32	a3	b34	a5

2）逐一考查关系式中的函数依赖，将表中的 bij 修改成 aj。

如 A→B，属性 A 的第 1、3 行相同，则将 B 列的第 3 行值改为 a2。具体见表 6-6-2。

表 6-6-2　通过 A→B 修改二维表

属性 模式	A	B	C	D	E
ABC	a1	a2	a3	b14	b15
ED	b21	b22	b23	a4	a5
ACE	a1	a2	a3	b34	a5

DE→B 时，DE 属性列下没有相同的两行，则不修改二维表。

CB→E 时，CB 属性列下第 1、3 行相同（均为 a2、a3），则将 E 属性列第 1 行值改为 a5。具体见表 6-6-3。

表 6-6-2　通过 CB→E 修改二维表

属性 模式	A	B	C	D	E
ABC	a1	a2	a3	b14	a5
ED	b21	b22	b23	a4	a5
ACE	a1	a2	a3	b34	a5

最后修改结果见表 6-6-3。

表 6-6-3　修改结果

属性 模式	A	B	C	D	E
ABC	a1	a2	a3	a4	a5
ED	a1	a2	b23	a4	a5
ACE	a1	a2	a3	b34	a5

3）判断是否为无损连接分解。修改后的表格若任一行存在 a1，a2，a3，a4，a5 的情况，该分解就属于无损连接。

■ **参考答案**　（3）D　（4）D

● 某公司数据库中的元件关系模式为 P（元件号，元件名称，供应商，供应商所在地，库存量），函数依赖集为 F={元件号→元件名称，（元件号，供应商）→库存量，供应商→供应商所在地}，元件关系的主键为___(5)___，该关系存在冗余以及插入异常和删除异常等问题。为了解决这一问题需要将元件关系分解___(6)___，分解后的关系模式可以达到___(7)___。

（5）A．元件号，元件名称　　　　　　　　B．元件号，供应商
　　　C．元件号，供应商所在地　　　　　　D．供应商，供应商所在地

(6) A. 元件1（元件号，元件名称，库存量）、元件2（供应商，供应商所在地）

  B. 元件1（元件号，元件名称）、元件2（供应商，供应商所在地，库存量）

  C. 元件1（元件号，元件名称）、元件2（元件号，供应商，库存量）、元件3（供应商，供应商所在地）

  D. 元件1（元件号，元件名称）、元件2（元件号，库存量）、元件3（供应商，供应商所在地）、元件4（供应商所在地，库存量）

(7) A. 1NF   B. 2NF   C. 3NF   D. 4NF

■ **试题分析** 元件号和供应商只在函数依赖的左边，可以推导出其他全部属性，所以可以为关系模式F的主键。

关系F中，存在以下问题：

1）插入异常：如果仓库中没有元件，则供应商、供应商所在地信息无法输入。

2）删除异常：元件出库后，删除元件信息可能导致供应商、供应商所在地信息丢失。

3）数据冗余：仓库如果有多个同样的元件，则供应商、供应商所在地信息会出现多次。

为了解决上述问题，则需要将关系F进行分解。为了让分解有意义，则需要在分解的过程中不丢失原有的信息。选项A、B、D中，用户无法查询某元件由哪些供应商供应，所以分解是有损连接的。

分解前的元件关系主键是（元件号，供应商），由于供应商→供应商所在地，显然存在非主属性对主键的部分函数依赖，所以不是2NF。分解后的元件关系，消除了部分函数依赖，同时没有传递依赖，所以达到了3NF。

■ **参考答案** (5) B   (6) C   (7) C

● 某企业的培训关系模式R(培训科目，培训师，学生，成绩，时间，教室)，R的函数依赖集F={培训科目→培训师,(学生,培训科目)→成绩,(时间,教室)→培训科目,(时间,培训师)→教室,(时间,学生)→教室}。关系模式R的主键为___(8)___，其规范化程度最高达到___(9)___。

(8) A.（学生，培训科目）   B.（时间，教室）

  C.（时间，培训师）   D.（时间，学生）

(9) A. 1NF   B. 2NF   C. 3NF   D. BCNF

■ **试题分析** 规范化的知识点在软设考试中常考。

属性（时间，学生）只在函数依赖的左边，可以推导出其他全部属性，所以可以为关系模式R的主键。

关系模式R的非主属性完全依赖于主键（时间，学生），且（时间，教室）→培训科目，培训科目→培训师"存在传递依赖，因此规范化程度最高可达2NF。

■ **参考答案** (8) D   (9) B

● 关系规范化在数据库设计的___(10)___阶段进行。

(10) A. 需求分析   B. 概念设计

   C. 逻辑设计   D. 物理设计

■ 试题分析　逻辑设计阶段主要工作是确定数据模型，**按规则和规范化理论**，将概念结构转换为某个 DBMS 所支持的数据模型。

■ 参考答案　（10）C

6.7　数据库的控制功能

本节知识包含事务、并发控制等。

● 若事务 T1 对数据 D1 加了共享锁，事务 T2、T3 分别对数据 D2 和数据 D3 加了排他锁，则事务___（1）___。

（1）A．T1 对数据 D2、D3 加排他锁都成功，事务 T2、T3 对数据 D1 加共享锁成功
　　B．T1 对数据 D2、D3 加排他锁都失败，事务 T2、T3 对数据 D1 加排他锁成功
　　C．T1 对数据 D2、D3 加共享锁都成功，事务 T2、T3 对数据 D1 加共享锁成功
　　D．T1 对数据 D2、D3 加排他锁都失败，事务 T2、T3 对数据 D1 加共享锁成功

■ 试题分析　同样的题在软设考试中常考。

排他锁（X 锁）：数据加了 X 锁后，则不允许其他事务加任何锁。
共享锁（S 锁）：数据加了 S 锁后，可允许其他事务对其加 S 锁，但不允许加 X 锁。

■ 参考答案　（1）D

● 事务的___（2）___是指，当某个事务提交（COMMIT）后，对数据库的更新操作可能还停留在服务器磁盘缓冲区而未写入到磁盘时，即使系统发生障碍，事务的执行结果仍不会丢失。

（2）A．原子性　　　　B．一致性　　　　C．隔离性　　　　D．持久性

■ 试题分析　事务具有 4 个特点，又称事务的 ACID 准则：

1）原子性（Atomicity）：**要么都做，要么都不做**。
2）一致性（Consistency）：事务开始之前和事务结束后，数据库的完整性约束没有被破坏。
3）隔离性（Isolation）：多事务互不干扰。
4）持久性（Durability）：事务结束前所有数据改动必须保持到物理存储中，即使数据库崩溃，其对数据库的更新操作的结果也不会丢失。

■ 参考答案　（2）D

6.8　数据仓库基础

本节知识包含数据仓库的特征、数据仓库的结构、数据仓库的实现等。

● 某集团公司下属有多个超市，每个超市的所有销售数据最终要存入公司的数据仓库中。假设该公司高管需要从时间、地区和商品种类三个维度来分析某家电商品的销售数据，那么最适合采用___（1）___来完成。

（1）A．Data Extraction　　B．OLAP　　　　C．OLTP　　　　D．ETL

■ **试题分析** 数据仓库是决策支持系统和联机分析应用数据源的结构化数据环境。

OLAP 工具可以进行复杂的分析,可以对决策层和高层提供决策支持。它可以通过多维的方式对数据进行分析。比如,从时间、地区和商品种类三个维度来分析某商品的销售数据。

■ **参考答案** （1）B

6.9 分布式数据库基础

本节知识包含分布式数据库基础等。

- 在分布式数据库中,___（1）___是指用户或应用程序不需要知道逻辑上访问的表具体是如何分块存储的。

  （1）A. 逻辑透明　　　B. 位置透明　　　C. 分片透明　　　D. 复制透明

■ **试题分析** 这类知识点在软设考试中常考。

1）逻辑透明性（局部映像透明性）：用户不必关心局部 DBMS 支持哪种数据模型、使用哪种数据操纵语言,数据模型和操纵语言的转换是由系统完成的。

2）位置透明性：用户不必知道所操作的数据放在何处。

3）分片透明性：用户不必关心数据是如何分片存储的。

4）复制透明性：用户无须知道数据是复制到哪些节点,如何复制的。

■ **参考答案** （1）C

- 当某一场地的数据库故障时,系统可以使用其他场地上的副本而不至于使整个系统瘫痪,这称为分布式数据库的___（2）___。

  （2）A. 共享性　　　B. 自治性　　　C. 可用性　　　D. 分布性

■ **试题分析** 同样的题在软设考试中常考。

分布式数据库系统在逻辑上是一个统一的整体,物理上则是分别存储在不同的物理节点上。分布式数据库系统主要特性如下:

1）共享性：数据存放在不同的节点,可以共享。

2）自治性：每个节点可独立管理本地数据。

3）可用性：当某一副本故障,还能使用其他副本保证分布式数据库系统运行。

4）分布性：数据存储可分别存放在不同节点。

■ **参考答案** （2）C

6.10 数据库设计

本节知识包含数据库设计基础知识等。

- 在数据库系统中,一般由 DBA 使用 DBMS 提供的授权功能为不同用户授权,其主要目的是为了保证数据库的___（1）___。

（1）A．正确性　　　　　B．安全性　　　　C．一致性　　　　D．完整性

■ **试题分析**　数据库管理系统的主要安全措施有以下 3 点：

1）权限机制：通过语句 GRANT 管理和限定用户对数据的操作权限，保证数据的安全。

2）视图机制：应用程序或用户只能通过视图操作数据，从而保护视图之外数据的安全。

3）数据加密：加密数据库中的数据，提高数据存储、传输的安全性。

■ **参考答案**　（1）B

第7章 计算机网络

计算机网络章节的内容包含计算机网络概述、网络体系结构、物理层、数据链路层、网络层、传输层、应用层等知识。本章节知识，在软件设计师考试中，考查的分值为5～6分，属于重要考点。

本章考点知识结构图如图7-0-1所示。

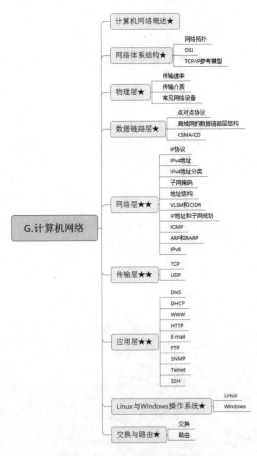

图 7-0-1　考点知识结构图

7.1 计算机网络概述

本节知识包含通信计算、网络设计、层次模型等。

- 在网络系统设计时,不可能使所有设计目标都能达到最优,下列措施中较为合理的是___(1)___。

  (1) A. 尽量让最低建设成本目标达到最优

  B. 尽量让故障时间最短

  C. 尽量让最大的安全性目标达到最优

  D. 尽量让优先级较高的目标达到最优

  ■ 试题分析　有限资源应优先保障高优先级的目标。

  ■ 参考答案　(1) D

- 在异步通信中,每个字符包含 1 位起始位、7 位数据位和 2 位终止位,若每秒钟传送 500 个字符,则有效数据速率为___(2)___。

  (2) A. 500b/s　　　B. 700b/s　　　C. 3500b/s　　　D. 5000b/s

  ■ 试题分析　每秒钟传送 500 个字符,因此每秒传输的有 500×(1+7+2)=5000b;每个字符有 500×7 个数据位,因此有效数据速率为 3500b/s。

  ■ 参考答案　(2) C

- 以下关于层次化局域网模型中核心层的叙述,正确的是___(3)___。

  (3) A. 为了保障安全性,对分组要进行有效性检查

  B. 将分组从一个区域高速地转发到另一个区域

  C. 由多台二、三层交换机组成

  D. 提供多条路径来缓解通信瓶颈

  ■ 试题分析　在层次化局域网模型中,核心层的作用就是高速转发,尽可能避免使用数据包过滤、策略路由等降低效率的功能。

  ■ 参考答案　(3) B

7.2 网络体系结构

本节知识包含网络拓扑结构、OSI 模型、TCP/IP 参考模型等。

- 以下关于 TCP/IP 协议和层次对应关系的表示中,正确的是___(1)___。

  (1) A.

HTTP	SNMP
TCP	UDP
IP	

  B.

FTP	Telnet
UDP	TCP
ARP	

C.

HTTP	SMTP
TCP	UDP
IP	

D.

SMTP	FTP
UDP	TCP
ARP	

■ **试题分析** 同样的题在软设考试中常考。

TCP/IP 参考模型主要协议的层次关系如图 7-2-1 所示。

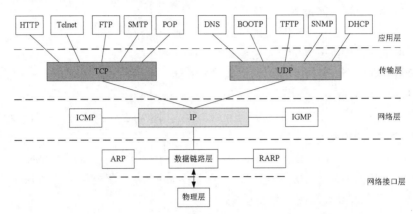

图 7-2-1　TCP/IP 参考模型主要协议的层次关系图

■ **参考答案**　（1）A

7.3　物理层

本节知识包含物理层定义、传输速率、传输介质、常见网络设备等。

- 下列网络互连设备中，属于物理层的是＿＿（1）＿＿。

（1）A．交换机　　　　　B．中继器　　　　　C．路由器　　　　　D．网桥

■ **试题分析**　中继器、集线器属于物理层设备；二层交换机、网桥属于数据链路层设备；三层交换机、路由器属于网络层设备。

■ **参考答案**　（1）B

- 以下关于网络层次与主要设备对应关系的叙述中，配对正确的是＿＿（2）＿＿。

（2）A．网络层－集线器　　　　　　　　B．数据链路层－网桥

　　　C．传输层－路由器　　　　　　　　D．会话层－防火墙

■ **试题分析**　网桥属于数据链路层设备。

■ **参考答案**　（2）B

- 下列无限网络技术中，覆盖范围最小的是＿＿（3）＿＿。

（3）A．802.15.1 蓝牙　　　　　　　　　B．802.11n 无线局域网

　　　C．802.15.4 ZigBee　　　　　　　　D．802.16m 无线局域网

■ 试题分析 同样的题在软设考试中常考。

蓝牙通信距离较短，覆盖范围比其他选项的技术小。

■ 参考答案 （3）A

7.4 数据链路层

本部分知识包含点对点协议、局域网的数据链路层结构、CSMA/CD 等。

- 使用 ADSL 接入 Internet，用户端需要安装＿＿（1）＿＿协议。

  （1）A．PPP 　　　　B．SLIP　　　　C．PPTP　　　　D．PPPoE

■ 试题分析 PPPoE 是将点对点协议（PPP）封装在以太网（Ethernet）框架中的一种网络隧道协议。使用 ADSL 接入 Internet，用户端需要安装该协议。

■ 参考答案 （1）D

7.5 网络层

本部分知识包含点对点协议、局域网的数据链路层结构、CSMA/CD 等。

- IPv6 的地址空间是 IPv4 的＿＿（1）＿＿倍。

  （1）A．4　　　　　B．96　　　　　C．128　　　　　D．2^{96}

■ 试题分析 IPv6 地址长度知识，软设考试中常考。

IPv4 的地址是 32 位，地址空间为 2^{32}。IPv6 的地址是 128 位，地址空间为 2^{128}，所以是 IPv4 的 2^{96} 倍。

■ 参考答案 （1）D

- 采用 DHCP 动态分配 IP 地址，如果某主机开机后没有得到 DHCP 服务器的响应，则该主机获取的 IP 地址属于网络＿＿（2）＿＿。

  （2）A．202.117.0.0/16 　　　　B．192.268.1.0/24

  　　　C．172.16.0.0/24 　　　　　D．169.254.0.0/16

■ 试题分析 在 Windows 系统中，在 DHCP 客户端无法找到对应的服务器、获取合法 IP 地址失败的前提下，在自动专用 IP 地址（Automatic Private IP Address，APIPA）中选取一个地址作为主机 IP 地址。APIPA 的地址范围为 169.254.0.0～169.254.255.255。

■ 参考答案 （2）D

- 在一台安装好 TCP/IP 协议的计算机上，当网络连接不可用时，为了测试编写好的网络程序，通常使用的目的主机 IP 地址为＿＿（3）＿＿。

  （3）A．0.0.0.0　　　　B．127.0.0.1　　　　C．10.0.0.1　　　　D．210.225.21.255/24

■ 试题分析 127.×.×.×是保留地址，用作环回（Loopback）地址，环回地址（典型的是 127.0.0.1）向自己发送流量，一般用来测试使用。

■ 参考答案 （3）B

● 某 PC 的 Internet 协议属性参数如图 7-5-1 所示，默认网关的 IP 地址是___（4）___。

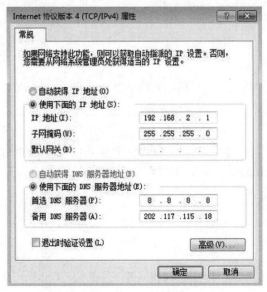

图 7-5-1 习题用图

（4）A．8.8.8.8   B．202.117.115.3
     C．192.168.2.254   D．202.117.115.18

■ 试题分析 显然，选项中只有 192.168.2.254 与当前主机 192.168.2.1 在同一个网段，所以可以作为网关地址。

■ 参考答案 （4）C

● 以下给出的地址中，属于子网 172.112.15.19/28 的主机地址是___（5）___。

（5）A．172.112.15.17   B．172.112.15.14
     C．172.112.15.16   D．172.112.15.31

■ 试题分析 解答这种类型的 IP 地址的计算问题，通常是计算出该子网对应的 IP 地址范围。本题中由/28 可以知道，主机为 32-28=4bit，也就是每个子网有 2^4 个地址。因此第一个地址段是 172.112.15.0～172.112.15.15，第二个地址段是 172.112.15.16～172.112.15.31，因此与 172.112.15.19 所在的地址段是第二段的只有 A。

■ 参考答案 （5）A

● 一个网络的地址为 172.16.7.128/26，则该网络的广播地址是___（6）___。

（6）A．172.16.7.255   B．172.16.7.129
     C．172.16.7.191   D．172.16.7.252

■ 试题分析 给定 IP 地址和掩码，求广播地址。具体过程如图 7-5-2 所示。

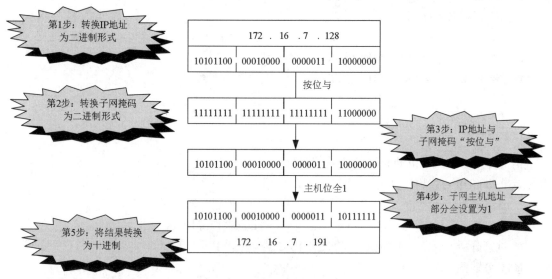

图 7-5-2 求广播地址过程

■ **参考答案** （6）C

- 设 IP 地址为 18.250.31.14，子网掩码为 255.240.0.0，则子网地址是____(7)____。

  (7) A．18.0.0.14　　　　B．18.31.0.14　　　　C．18.240.0.0　　　　D．18.9.0.14

■ **试题分析** 本题解题过程见表 7-5-1。

表 7-5-1 解题过程

	十进制	二进制
子网地址	18.250.31.14	**00010010.1111**1010.00011111.00001110
子网掩码	255.240.0.0	**11111111.1110**0000.00000000.00000000
合并后超网地址	18.240.0.0/12	**00010010.1110**0000.00000000.00000000

■ **参考答案** （7）C

- 以下 4 种路由中，____(8)____路由的子网掩码是 255.255.255.255。

  (8) A．远程网络　　　　B．静态　　　　C．默认　　　　D．主机

■ **试题分析** 主机路由的子网掩码是 255.255.255.255。

■ **参考答案** （8）D

- ARP 报文分为 ARP Request 和 ARP Response，其中 ARP Request 采用____(9)____进行传送，ARP Response 采用____(10)____进行传送。

  (9) A．广播　　　　B．组播　　　　C．多播　　　　D．单播

  (10) A．广播　　　　B．组播　　　　C．多播　　　　D．单播

■ **试题分析** ARP Request 报文采用广播的方式在网络上传送，该网络中所有主机包括网关都

会接收到此 ARP Request 报文。

接收到报文的主机，如果发现自己的 IP 地址与请求的 IP 地址一致，则返回一个包含自己 MAC 地址的 ARP Response 报文以单播的方式响应源主机。

■ **参考答案** （9）A （10）D

7.6 传输层

本部分知识包含 TCP 协议、UDP 协议等。

- TCP 和 UDP 协议均提供了___（1）___能力。

  （1）A．连接管理　　　　　　　　　　B．差错校验和重传

  　　C．流量控制　　　　　　　　　　　D．端口寻址

  ■ **试题分析** TCP 和 UDP 协议均使用 16 位端口号，且相互独立。

  ■ **参考答案** （1）D

- 在 TCP/IP 网络中，建立连接进行可靠通信是在___（2）___中完成。

  （2）A．网络层　　　　B．数据链路层　　C．应用层　　　　D．传输层

  ■ **试题分析** 传输层的 TCP 协议是一种可靠的、面向连接的字节流服务。

  ■ **参考答案** （2）D

- 相比于 TCP，UDP 的优势为___（3）___。

  （3）A．可靠传输　　　B．开销较小　　　C．拥塞控制　　　D．流量控制

  ■ **试题分析** 用户数据报协议（User Datagram Protocol，UDP）是一种不可靠的、无连接的数据报服务。相比于 TCP，源主机在传送数据前不需要和目的主机建立连接，数据传输过程中延迟小、数据传输效率高。在传送数据较少且较小的情况下，UDP 比 TCP 更加高效。

  ■ **参考答案** （3）B

- TCP 使用的流量控制协议是___（4）___。

  （4）A．固定大小的滑动窗口协议　　　　B．后退 N 帧的 ARQ 协议

  　　C．可变大小的滑动窗口协议　　　　D．停等协议

  ■ **试题分析** TCP 的流量控制采用了可变大小的滑动窗口协议。

  ■ **参考答案** （4）C

7.7 应用层

本部分知识包含 DNS、DHCP、WWW、HTTP、E-mail、SNMP、SSH、Telnet 等。

- 网络管理员通过命令行方式对路由器进行管理，要确保 ID、口令和会话内存的保密性，应采取的访问方式是___（1）___。

  （1）A．控制台　　　　B．AUX　　　　　C．Telnet　　　　D．SSH

■ **试题分析** 安全外壳协议（Secure Shell，SSH）是一个较为可靠的、为远程登录会话及其他网络服务提供安全性的协议。既可以代替 Telnet，又可以为 FTP、POP 甚至 PPP 提供一个安全的"通道"。

■ **参考答案** （1）D

● 下列不能用于远程登录或控制的是___（2）___。

（2）A．IGMP　　　　B．SSH　　　　C．Telnet　　　　D．RFB

■ **试题分析** IGMP 是一个组播协议，不能用于远程登录或控制。

■ **参考答案** （2）A

● 主域名服务器在接收到域名请求后，首先查询的是___（3）___。

（3）A．本地 hosts 文件　　　　B．转发域名服务器
　　C．本地缓存　　　　　　　　D．授权域名服务器

■ **试题分析** 主域名服务器在接收到域名请求后，域名查询顺序是本地缓存->本地 hosts 文件->本地域名服务器->转发域名服务器。

■ **参考答案** （3）C

● 下列命令中，不能用于诊断 DNS 故障的是___（4）___。

（4）A．netstat　　　　B．nslookup　　　　C．ping　　　　D．tracert

■ **试题分析** netstat：可以显示路由表、实际的网络连接、每一个网络接口设备的状态信息，以及与 IP、TCP、UDP 和 ICMP 等协议相关的统计数据。

nslookup：查询 Internet 域名信息或诊断 DNS 服务器问题的工具。

ping：查询网络连通，协作诊断 DNS 故障的工具。

tracert：最常使用的检查数据包路由路径的命令，可以在跟踪过程中查看 IP 地址对应的域名。

■ **参考答案** （4）A

● 因特网中的域名系统（Domain Name System）是一个分层的域名树，在根域下面是顶级域。以下顶级域中，___（5）___属于国家顶级域名。

（5）A．net　　　　B．edu　　　　C．com　　　　D．uk

■ **试题分析** 顶级域名在根域名之下，可分为国家顶级域名、通用顶级域名等。国家顶级域名有 cn、jp、uk 等；通用顶级域名有 com、edu、org、net、gov 等。

■ **参考答案** （5）D

● 某公司内部使用 wb.waterpub.com.cn 作为访问某服务器的地址，其中 wb 是___（6）___。

（6）A．主机名　　　　　　　B．协议名
　　C．目录名　　　　　　　D．文件名

■ **试题分析** URL 格式的题在软设考试中常考。

统一资源标识符（Uniform Resource Locator，URL）是一个全世界通用的、负责给万维网上资源定位的系统。URL 由 4 个部分组成：

<协议>://<主机>:<端口>/<路径>

- <协议>：表示使用什么协议来获取文档，之后的"://"不能省略。常用协议有 HTTP、HTTPS、FTP。其中，**默认使用的协议是 HTTP。**
- <主机>：表示资源主机的域名。
- <端口>：表示主机服务端口，有时可以省略。
- <路径>：表示最终资源在主机中的具体位置，有时可以省略。

这里 wb 表示主机名。

■ **参考答案** （6）A

● 以下关于 URL 的叙述中，不正确的是___（7）___。

（7）A．使用 www.sohu.com 和 sohu.com 打开的是同一页面

B．在地址栏中输入 www.sohu.com 默认使用 http 协议

C．www.sohu.com 中的"www"是主机名

D．www.sohu.com 中的"sohu.com"是域名

■ **试题分析** 如果要使 www.sohu.com 和 sohu.com 打开同一页面，则需要在 Web 服务器端进行具体的配置。

■ **参考答案** （7）A

● 在地址 http://www.waterpub.com.cn/channel/welcome.htm 中，www.waterpub.com.cn 表示___（8）___，welcome.htm 表示___（9）___。

（8）A．协议类型　　　B．主机域名　　　C．网页文件名　　　D．路径

（9）A．协议类型　　　B．主机域名　　　C．网页文件名　　　D．路径

■ **试题分析** www.waterpub.com.cn 表示主机域名，welcome.htm 表示网页文件名。

■ **参考答案** （8）B　（9）C

● 在地址栏中输入 www.sohu.com，浏览器默认的应用层协议是___（10）___。

（10）A．HTTP　　　B．DNS　　　C．TCP　　　D．FTP

■ **试题分析** HTTP 是浏览器默认的应用层协议。

■ **参考答案** （10）A

● 使用 Web 方式收发电子邮件时，以下描述错误的是___（11）___。

（11）A．无须设置简单邮件传输协议　　　B．可以不设置账号密码登录

C．邮件可以插入多个附件　　　D．未发送邮件可以保存到草稿箱

■ **试题分析** Web 方式收发电子邮件，也需要设置账号密码登录。

■ **参考答案** （11）B

● 把 CSS 样式表与 HTML 网页关联，不正确的方法是___（12）___。

（12）A．在 HTML 文档的<head>标签内定义 CSS 样式

B．用@import 引入样式表文件

C．在 HTML 文档的<!-- -->标签内定义 CSS 样式

D．用<link>标签链接网上可访问的 CSS 样式表文件

■ **试题分析** <!-- -->是 HTML 注释，此处定义 CSS 样式无效。
■ **参考答案** （12）C

● 下面的标记对中，___(13)___ 用于表示网页代码的起始和终止。
　　（13）A．<html></html>　　　　　　　B．<head></head>
　　　　　C．<body></body>　　　　　　　D．<meta></meta>

■ **试题分析** <html></html>标签对用于表示网页代码的起始和终止。<head></head>标签对用于表示文档的头部，比如标题、脚本等。<body></body>标签对用于表示文档的内容，比如文本、超链接、图像、表格和列表等。<meta></meta>标签对表示 HTML 文档的元数据，如网页的描述、关键词、文件的最后修改时间、作者等。

■ **参考答案** （13）A

● 浏览器开启了无痕浏览模式后，___(14)___ 依然会被保存下来。
　　（14）A．浏览历史　　　　　　　　　B．搜索历史
　　　　　C．下载文件　　　　　　　　　D．临时文件

■ **试题分析** 在无痕浏览过程中，下载的文件会被一直保留不会被自动清理。
■ **参考答案** （14）C

● 当修改邮件时，客户与 POP3 服务器之间通过 ___(15)___ 建立连接，所使用的端口是 ___(16)___。
　　（15）A．HTTP　　　B．TCP　　　C．UDP　　　D．HTTPS
　　（16）A．52　　　　B．25　　　　C．1100　　　D．110

■ **试题分析** 类似的知识点在软设考试中常考。
POP3 是把邮件从邮件服务器中传输到本地计算机的协议，该协议工作在 TCP 协议的 110 号端口。邮件客户端通过与服务器之间建立 TCP 连接，采用 Client/Server 计算模式来传送邮件。

■ **参考答案** （15）B　（16）D

● 使用电子邮件客户端向服务器发送邮件的协议是___(17)___。
　　（17）A．SMTP　　　B．POP3　　　C．IMAP4　　　D．MIME

■ **试题分析** 类似的知识点在软设考试中常考。
SMTP 是简单邮件传输协议，主要负责底层的邮件系统如何将邮件从一台机器发送至另外一台机器。该协议工作在 TCP 协议的 25 号端口。

■ **参考答案** （17）A

● 以下协议中属于应用层协议的是 ___(18)___，该协议的报文封装在 ___(19)___。
　　（18）A．SNMP　　　B．ARP　　　C．ICMP　　　D．X.25
　　（19）A．TCP　　　　B．IP　　　　C．UDP　　　　D．ICMP

■ **试题分析** 类似的知识点在软设考试中常考。
简单网络管理协议（SNMP）属于应用层协议。SNMP 是一种异步请求/响应协议，采用 UDP 协议进行封装。

■ **参考答案** （18）A　（19）C

- 默认情况下，FTP 服务器的控制端口为___（20）___，上传文件时的端口为___（21）___。

  （20）A．大于 1024 的端口　　　　　B．20
  　　　C．80　　　　　　　　　　　　D．21
  （21）A．大于 1024 的端口　　　　　B．20
  　　　C．80　　　　　　　　　　　　D．21

  ■ 试题分析　类似的知识点在软设考试中常考。

  文件传输协议（File Transfer Protocol，FTP）简称为"文传协议"，用于在 Internet 上控制文件的双向传输。FTP 客户上传文件时，通过 TCP 20 号端口建立数据连接，通过 TCP 21 号端口建立控制连接。

  ■ 参考答案　（20）D　（21）B

- DHCP 协议的功能是___（22）___。

  （22）A．WINS 名字解析　　　　　　B．静态地址分配
  　　　C．DNS 名字登录　　　　　　　D．自动分配 IP 地址

  ■ 试题分析　通过采用 DHCP 协议，DHCP 服务器为 DHCP 客户端进行动态 IP 地址分配。同时 DHCP 客户端在配置时不必指明 DHCP 服务器的 IP 地址就能获得 DHCP 服务。

  ■ 参考答案　（22）D

7.8　Linux 与 Windows 操作系统

本部分知识包含 Linux 与 Windows 命令等。

7.8.1　Linux

- 在 Linux 中，要更改一个文件的权限设置可使用___（1）___命令。

  （1）A．attrib　　　　B．modify　　　　C．chmod　　　　D．change

  ■ 试题分析　在 Linux 中，chmod 命令可以精确地控制文档的权限。

  ■ 参考答案　（1）C

- 下面关于 Linux 目录的描述中，正确的是___（2）___。

  （2）A．Linux 只有一个根目录，用"/root"表示
  　　　B．Linux 中有多个根目录，用"/"加相应目录名称表示
  　　　C．Linux 中只有一个根目录，用"/"表示
  　　　D．Linux 中有多个根目录，用相应目录名称表示

  ■ 试题分析　Linux 的根目录只有一个，用"/"表示。

  ■ 参考答案　（2）C

7.8.2 Windows

- 在 Windows 命令行窗口中使用___(1)___命令可以查看本机 DHCP 服务是否已启用。

    (1) A．ipconfig　　　　　　　　　B．ipconfig /all
    　　C．ipconfig/renew　　　　　　 D．ipconfig/release

    ■ 试题分析　类似的知识点在软设考试中常考。

    ipconfig：显示网络简要信息。

    ipconfig /all：显示网络详细信息，可查看 DHCP 服务是否已启用。

    ipconfig /renew：更新所有适配器。

    ipconfig /release：DHCP 客户端手工释放 IP 地址。

    ipconfig /flushdns：清除本地 DNS 缓存内容。

    ipconfig /displaydns：显示本地 DNS 内容。

    ipconfig /registerdns：DNS 客户端手工向服务器进行注册。

    ■ 参考答案　（1）B

- 在 Windows 操作系统下，要获取某个网络开放端口所对应的应用程序信息，可以使用命令___(2)___。

    (2) A．ipconfig　　　B．traceroute　　　C．netstat　　　D．nslookup

    ■ 试题分析　类似的知识点在软设考试中常考。

    netstat：可以显示路由表、实际的网络连接、每一个网络接口设备的状态信息，以及与 IP、TCP、UDP 和 ICMP 等协议相关的统计数据。

    ■ 参考答案　（2）C

- 测试网络连通性通常采用的命令是___(3)___。

    (3) A．nestat　　　　B．ping　　　　C．msconfig　　　　D．cmd

    ■ 试题分析　利用"ping"命令可以检查网络是否连通，可以很好地帮助分析和判定网络故障。

    ■ 参考答案　（3）B

7.9　交换与路由

本部分知识包含交换与路由等。

- 路由协议称为内部网关协议，自治系统之间的协议称为外部网关协议，以下属于外部网关协议的是___(1)___。

    (1) A．RIP　　　　　B．OSPF　　　　　C．BGP　　　　　D．UDP

    ■ 试题分析　内部网关协议（Internal Gateway Protocol，IGP），是在自治网络系统内部主机和路由器间交换路由信息使用的协议。常见的 IGP 协议有 OSPF、RIP 等。

    外部网关协议（Exterior Gateway Protocol，EGP），是可以在自治网络系统的相邻两个网关之间交换路由信息的协议。

■ **参考答案** （1）B

● 用户在电子商务网站上使用网上银行支付时，必须通过___（2)___在 Internet 与银行专用网之间进行数据交换。

（2）A．支付网关　　　　B．防病毒网关　　C．出口路由器　　D．堡垒主机

■ **试题分析** 支付网关可以将 Internet 上传输的数据与银行专用网数据进行交换。

■ **参考答案** （2）A

● 以下对于路由协议的叙述中，错误的是___（3)___。

（3）A．路由协议是通过执行一个算法来完成路由选择的一种协议

　　　B．动态路由协议可以分为距离向量路由协议和链路状态路由协议

　　　C．路由协议是一种允许让数据包在主机之间传送信息的一种协议

　　　D．路由器之间可以通过路由协议学习网络的拓扑结构

■ **试题分析** 路由协议是一种允许让数据包在路由器之间传送信息的一种协议。

■ **参考答案** （3）C

● 以下路由策略中，依据网络信息经常更新路由的是___（4)___。

（4）A．静态路由　　　B．洪泛路由　　C．随机路由　　D．自适应路由

■ **试题分析** 静态路由是指由网络管理员手动配置的路由信息。

洪泛路由属于简单路由算法，将收到的封包，往所有连接的路由器上发送。随机路由属于洪泛路由的简化。自适应路由是路由器依据网络信息自动地建立自己的路由表，并根据实际情况的变化适时地进行调整。

可知，依据网络信息经常更新路由的是自适应路由。

■ **参考答案** （4）D

● 如果路由器收到了多个路由协议转发的关于某个目标的多条路由，那么决定采用哪条路由的策略是___（5)___。

（5）A．选择与自己路由协议相同的　　　B．选择路由费用最小的

　　　C．比较各个路由的管理距离　　　　D．比较各个路由协议的版本

■ **试题分析** 管理距离是各种路由协议的优先权，管理距离小的优先级最高。

■ **参考答案** （5）C

第8章 多媒体基础

多媒体章节的内容包含多媒体基础概念、声音处理、图形和图像处理等知识。在软件设计师考试中，考查的分值为 0~1 分，属于零星考点。以往考点中，主要考查媒体分类、图形、图像、声音媒体特点，其中图像属性、分辨率、音频信号采样等知识常考。

本章考点知识结构图如图 8-0-1 所示。

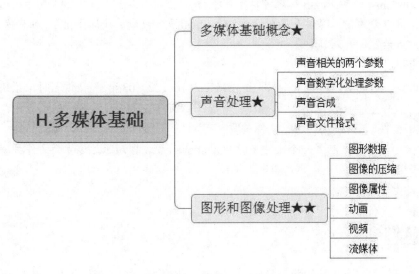

图 8-0-1 考点知识结构图

8.1 多媒体基础概念

本部分知识包含媒体分类、多媒体设备、多媒体特性、超媒体等。

- 数字语音的采样频率定义为 8kHz，这是因为___(1)___。

    (1) A. 语音信号定义的频率最高值为 4kHz

    B. 语音信号定义的频率最高值为 8kHz

    C. 数字语音传输线路的带宽只有 8kHz

    D. 一般声卡的采样频率最高为每秒 8k 次

    ■ **试题分析** 根据采样定理，采样频率要大于 2 倍语音最大频率，就可以无失真地恢复语音信号。因此，采样频率定义为 8kHz，语音信号定义的频率最高值为 4kHz，才能保证不失真。

    ■ **参考答案** (1) A

- 以下媒体中，___(2)___是感觉媒体。

    (2) A. 音箱　　　　B. 声音编码　　　C. 电缆　　　　D. 声音

    ■ **试题分析** 这类知识点在软设考试中常考。

    感觉媒体：直接作用于人的感觉器官，使人产生直接感觉的媒体，如：视觉、听觉、触觉、嗅觉和味觉等。

    ■ **参考答案** (2) D

- 微型计算机系统中，显示器属于___(3)___。

    (3) A. 表现媒体　　B. 传输媒体　　C. 表示媒体　　D. 存储媒体

    ■ **试题分析** 这类知识点在软设考试中常考。

    表现媒体可以分为输入媒体和输出媒体。输入媒体如：键盘、鼠标、话筒、扫描仪、摄像头等；输出媒体如：显示器、音箱、打印机等。

    ■ **参考答案** (3) A

- 在 Windows 操作系统中，当用户双击"IMG_20160122_103.jpg"文件名时，系统会自动通过建立的___(4)___来决定使用什么程序打开该图像文件。

    (4) A. 文件　　　　B. 文件关联　　　C. 文件目录　　D. 临时文件

    ■ **试题分析** 当用户双击一个文件名时，Windows 系统自动通过建立的文件关联来决定使用什么程序打开该文件。

    ■ **参考答案** (4) B

8.2　声音处理

本部分知识包含声音相关的两个参数、声音数字化处理参数、声音合成、声音文件格式等。

- 以下媒体文件格式中，___(1)___是视频文件格式。

    (1) A. WAV　　　　B. BMP　　　　C. MP3　　　　D. MOV

    ■ **试题分析** WAV 和 MP3 属于声音文件格式。BMP 属于标准图像文件格式。MOV 属于视频文件格式。

    ■ **参考答案** (1) D

- 在 FM 方式的数字音乐合成器中，改变数字载波频率可以改变乐音的___（2）___，改变它的信号幅度可以改变乐音的___（3）___。

  （2）A．音调　　　　　B．音色　　　　　C．音高　　　　　D．音质

  （3）A．音调　　　　　B．音域　　　　　C．音高　　　　　D．带宽

  ■ **试题分析**　音符的基本要素有音调（高低）、音强（强弱）、音色（特质）、时间长短。改变数字载波频率可以改变乐音的音调，改变它的信号幅度可以改变乐音的音高。

  ■ **参考答案**　（2）A　（3）C

- 信号的一个基本参数是频率，它是指声波每秒钟变化的次数，用 Hz 表示。人耳能听到的音频信号的频率范围是___（4）___。

  （4）A．0Hz～20 kHz　　　　　　　　　B．0Hz～200 kHz

  　　　C．20Hz～20 kHz　　　　　　　　　D．20Hz～200 kHz

  ■ **试题分析**　人耳能听到的频率范围为 20Hz～20kHz。

  ■ **参考答案**　（4）C

8.3　图形和图像处理

本部分知识包含图形数据、图像的压缩、图像属性、动画、视频、流媒体等。

- 使用图像扫描仪以 300DPI 的分辨率扫描一幅 3×4 英寸的图片，可以得到___（1）___像素的数字图像。

  （1）A．300×300　　　B．300×400　　　C．900×4　　　D．900×1200

  ■ **试题分析**　这类知识点在软设考试中常考。

  DPI 表示分辨率，属于打印机的常用单位，是指每英寸长度上的点数。

  300DPI 像素数=(300×3)×(300×4)=900×1200。

  ■ **参考答案**　（1）D

- 使用 150DPI 的扫描分辨率扫描一幅 3×4 英寸的彩色照片，得到原始的 24 位真彩色图像的数据量是___（2）___Byte。

  （2）A．1800　　　B．90000　　　C．270000　　　D．810000

  ■ **试题分析**　这类知识点在软设考试中常考。

  150DPI 像素数=(150×3)×(150×4)=450×600。

  24 位真彩色图像的数据量=像素数×颜色位数/8=450×600×24/8=810000。

  ■ **参考答案**　（2）D

- ___（3）___是表示显示器在纵向（列）上具有的像素点数目指标。

  （3）A．显示分辨率　　　B．水平分辨率　　　C．垂直分辨率　　　D．显示深度

  ■ **试题分析**　纵向（列）上具有的像素点数就是指垂直分辨率。

  ■ **参考答案**　（3）C

- 颜色深度是表达图像中单个像素的颜色或灰度所占的位数（bit）。若每个像素具有 8 位的颜色深度，则可表示___(4)___种不同的颜色。

  (4) A. 8 B. 64 C. 256 D. 512

  ■ **试题分析** 图像深度指存储每个像素所用的位数。若每个像素具有 8 位的颜色深度，则可表示 $2^8 = 256$ 种不同的颜色。

  ■ **参考答案** (4) C

- 视觉上的颜色可用亮度、色调和饱和度 3 个特征来描述。其中饱和度是指颜色的___(5)___。

  (5) A. 种数 B. 纯度 C. 感觉 D. 存储量

  ■ **试题分析** 颜色的要素如下：

  色调：指颜色的外观，是视觉器官对颜色的感觉。色调用红、橙、黄、绿、青等来描述。

  饱和度：指颜色的纯度。当一种颜色掺入其他光越多时，饱和度越低。

  亮度：颜色明暗程度。色彩光辐射的功率越高，亮度越高。

  ■ **参考答案** (5) B

第9章 软件工程与系统开发基础

本章包含软件工程概述、软件生存周期与软件生存周期模型、软件项目管理、软件项目度量、系统分析与需求分析、系统设计、软件测试、系统运行和维护等知识点。本章是软设考试的重点,相关知识的考查相对比较频繁,尤其是数据流图设计知识,软设上、下午考试中都会考到。

本章考点知识结构图如图 9-0-1 所示。

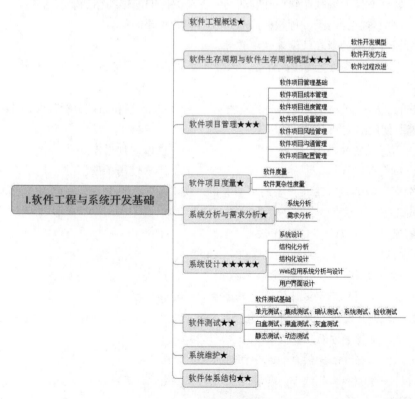

图 9-0-1　考点知识结构图

9.1 软件工程概述

本部分知识包含软件工程基本要素、软件开发工具、软件开发环境等。

- 以下关于各类文档撰写阶段的叙述，不正确的是___(1)___。

    (1) A. 软件需求规格说明书在需求分析阶段撰写

    　　B. 概要设计规格说明书在设计阶段撰写

    　　C. 测试设计必须在测试阶段撰写

    　　D. 测试分析报告在测试阶段撰写

    ■ 试题分析　需求分析阶段撰写需求规格说明书、测试设计和测试用例；设计阶段撰写设计文档；测试阶段撰写测试报告。

    ■ 参考答案　(1) C

- 以下关于文档的叙述中，不正确的是___(2)___。

    (2) A. 文档也是软件产品的一部分，没有文档的软件就不能称为软件

    　　B. 文档只对软件维护活动有用，对开发活动意义不大

    　　C. 软件文档的编制在软件开发活动中占有突出的地位和相当大的工作量

    　　D. 高质量文档对于发挥软件产品的效益有着重要的意义

    ■ 试题分析　类似的题在软设考试中常考。
    软件文档是软件产品的重要组成部分，软件开发的各个阶段都要产生各式的软件文档。

    ■ 参考答案　(2) B

- 信息系统的文档是开发人员与用户交流的工具。在系统规划和系统分析阶段，用户与系统分析人员交流所使用的文档不包括___(3)___。

    (3) A. 可行性研究报告　　　　　　B. 总体规划报告

    　　C. 项目开发计划　　　　　　　D. 用户使用手册

    ■ 试题分析　概要设计阶段产生的文档有用户使用手册、概要设计说明书、数据库设计说明书、修订测试计划。

    ■ 参考答案　(3) D

- 软件工程的基本要素包括方法、工具和___(4)___。

    (4) A. 软件系统　　B. 硬件系统　　C. 过程　　D. 人员

    ■ 试题分析　软件工程的基本要素包括**方法**、**工具**和**过程**。
    方法：告知软件开发该"如何做"。包含软件项目估算与计划、需求分析、概要设计、算法设计、编码、测试、维护等方面。
    工具：为软件工程方法提供自动、半自动的软件支撑环境。
    过程：过程将方法和工具综合、合理地使用起来，是软件工程的基础。

    ■ 参考答案　(4) C

9.2 软件生存周期与软件生存周期模型

本节包含软件开发模型、软件开发方法等知识点。

9.2.1 软件开发模型

- 以下关于增量模型的叙述中,不正确的是___(1)___。

  (1) A. 容易理解,管理成本低

  B. 核心的产品往往首先开发,因此经历最充分的"测试"

  C. 第一个可交付版本所需要的成本低,时间少

  D. 即使一开始用户需求不清晰,对开发进度和质量也没有影响

  ■ **试题分析** 该知识点在软设考试中常考。

  增量模型包含了瀑布模型的基本成分和原型的迭代。增量模型特点是容易理解、管理成本低;核心的产品往往首先开发,因此经历最充分的"测试";第一个可交付版本所需要的成本低,时间少。任何模型,对于处理用户需求不清晰的问题,有可能影响开发进度和质量。

  ■ **参考答案** (1) D

- 某企业拟开发一个企业信息管理系统,系统功能与多个部门的业务相关。现希望该系统能够尽快投入使用,系统功能可以在使用过程中不断改善。则最适宜采用的软件过程模型为___(2)___。

  (2) A. 瀑布模型   B. 原型模型

  C. 演化(迭代)模型   D. 螺旋模型

  ■ **试题分析** 该知识点在软设考试中常考。

  演化(迭代)模型可以针对不完整需求的软件,快速开发一个可以使用的原型版本。然后在使用过程中,根据用户需求不断改善。

  ■ **参考答案** (2) C

- 以下关于系统原型的叙述中,不正确的是___(3)___。

  (3) A. 可以帮助导出系统需求,并验证需求的有效性

  B. 可以用来探索特殊的软件解决方案

  C. 可以用来指导代码优化

  D. 可以用来支持用户界面设计

  ■ **试题分析** 原型法适用于用户需求不清,逐步摸清系统需求并验证的方法。该方法并不能用来指导代码优化。

  ■ **参考答案** (3) C

- 喷泉模型是一种适合于面向___(4)___开发方法的软件过程模型。该过程模型的特点不包括___(5)___。

  (4) A. 对象   B. 数据   C. 数据流   D. 事件

(5) A. 以用户需求为动力　　　　　　B. 支持软件重用
　　　C. 具有迭代性　　　　　　　　　D. 开发活动之间存在明显的界限

■ **试题分析**　喷泉模型定义在在软设考试中常考。

喷泉模型是一种以用户需求为动力，以对象为驱动的模型，其特征是复用性好、开发过程无间隙、节省时间，适合于面向对象的开发方法。

■ **参考答案**　(4) A　(5) D

● 关于螺旋模型，下列陈述中不正确的是　(7)　，　(8)　。

(7) A. 将风险分析加入到瀑布模型中
　　B. 将开发过程划分为几个螺旋周期，每个螺旋周期大致和瀑布模型相符
　　C. 适合于大规模、复杂且具有高风险的项目
　　D. 可以快速地提供一个初始版本让用户测试

(8) A. 支持用户需求的动态变化
　　B. 要求开发人员具有风险分析能力
　　C. 基于该模型进行软件开发，开发成本低
　　D. 过多的迭代次数可能会增加开发成本，进而延迟提交时间

■ **试题分析**　该知识点在软设考试中常考。

螺旋模型也是演化模型的一类，它将瀑布模型和快速原型模型结合起来，**强调了其他模型所忽视的风险分析，特别适合于大型复杂的系统**。螺旋模型可以快速地提供一个初始版本供用户确认需求。

螺旋模型支持用户需求的动态变化，过多的迭代次数可能会增加开发成本，进而延迟提交时间。

■ **参考答案**　(7) D　(8) C

● 某开发小组欲为一公司开发一个产品控制软件，监控产品的生产和销售过程，从购买各种材料开始，到产品的加工和销售进行全程跟踪。购买材料的流程、产品的加工过程以及销售过程可能会发生变化。该软件的开发最不适宜采用　(9)　模型，主要是因为这种模型　(10)　。

(9) A. 瀑布　　　　B. 原型　　　　C. 增量　　　　D. 喷泉
(10) A. 不能解决风险　　　　　　　B. 不能快速提交软件
　　　C. 难以适应变化的需求　　　　D. 不能理解用户的需求

■ **试题分析**　类似的题在软设考试中常考。

瀑布模型不适用需求多变或早期需求不确定的开发过程。

■ **参考答案**　(9) A　(10) C

● 某开发小组欲开发一个超大规模软件：使用通信卫星，在订阅者中提供、监视和控制移动电话通信，则最不适宜采用　(11)　过程模型。

(11) A. 瀑布　　　　B. 原型　　　　C. 螺旋　　　　D. 喷泉

■ **试题分析**　瀑布模型不适宜大规模软件的开发。

■ **参考答案**　(11) A

● 在软件开发过程中，系统测试阶段的测试目标来自于____(12)____阶段。

(12) A. 需求分析　　　　B. 概要设计　　　　C. 详细设计　　　　D. 软件实现

■ 试题分析　依据软件 V 模型中，系统测试阶段的测试对应概要设计。

■ 参考答案　(12) B

● 在____(13)____设计阶段选择适当的解决方案，将系统分解为若干个子系统，建立整个系统的体系结构。

(13) A. 概要　　　　B. 详细　　　　C. 结构化　　　　D. 面向对象

■ 试题分析　概要设计阶段可进行软件体系结构的设计。

■ 参考答案　(13) A

9.2.2　软件开发方法

● 在敏捷过程的方法中____(1)____认为每一个不同的项目都需要一套不同的策略、约定和方法论。

(1) A. 极限编程（XP）　　　　B. 水晶法（Crystal）

　　C. 并列争球法（Scrum）　　　　D. 自适应软件开发（ASD）

■ 试题分析　水晶方法以人为中心，认为不同项目需要一套不同的方法论、约定、策略。

■ 参考答案　(1) B

● 敏捷开发方法 Scrum 的步骤不包括____(2)____。

(2) A. Product Backlog　　B. Refactoring　　C. Sprint Backlog　D. Sprint

■ 试题分析　Scrum 的 3-3-5-5 模型：

1) 3 个角色分别是 Product Owner、Scrum Master、Development Team。

2) 3 个工件分别是 Product Backlog、Sprint Backlog、Increment。

3) 5 个事件分别是 Sprint、Sprint Planning、Daily Scrum、Sprint Review、Spring Retrospective。

4) 5 个价值观分别是 Commitment、Courage、Focus、Openness、Respect。

Refactoring 并未包含在 3-3-5-5 模型中。

■ 参考答案　(2) B

● 在敏捷过程的开发方法中，____(3)____使用了迭代的方法，其中，把每段时间（30 天）一次的迭代称为一个"冲刺"，并按需求的优先级别来实现产品，多个自组织和自治的小组并行地递增实现产品。

(3) A. 极限编程　　　　B. 水晶法　　　　C. 并列争球法　　　　D. 自适应软件开发

■ 试题分析　Scrum 框架中的开发过程由若干个短的迭代周期（Sprint）组成，每个 Sprint 的建议长度是 2 到 4 周。

■ 参考答案　(3) C

● 以下关于极限编程（XP）最佳实践的叙述中，不正确的是____(4)____。

(4) A. 只处理当前的需求，使设计保持简单

　　B. 编写完程序之后，编写测试代码

C. 可以按日，甚至按小时，为客户提供可运行的版本

D. 系统最终用户代表应该全程配合团队

■ **试题分析** 极限编程要求测试先行，即先写单元测试代码，再开发。

■ **参考答案** （4）B

● 以下关于极限编程（XP）中结对编程的叙述中，不正确的是___（5）___。

（5）A. 支持共同代码拥有和共同对系统负责

B. 承担了非正式的代码审查过程

C. 代码质量更高

D. 编码速度更快

■ **试题分析** XP结对编程就是一种对代码的审查过程，主要解决代码质量低的问题，但并不改变编码速度。

■ **参考答案** （5）D

● 极限编程（XP）的12个最佳实践不包括___（6）___。

（6）A. 小型发布　　　B. 结对编程　　　C. 持续集成　　　D. 精心设计

■ **试题分析** 这类知识点在软设考试中常考。

极限编程12个最佳实践有计划游戏、小型发布、系统隐喻、简单设计、测试先行、重构、结对编程、集体代码所有权、持续集成、每周工作40小时、现场客户、编码标准。

■ **参考答案** （6）D

● 若用户需求不清晰且经常发生变化，但系统规模不太大且不太复杂，则最适宜采用___（7）___开发方法。对于数据处理领域的问题，若系统规模不太大且不太复杂，需求变化也不大，则最适宜采用___（8）___开发方法。

（7）A. 结构化　　　B. Jackson　　　C. 原型化　　　D. 面向对象

（8）A. 结构化　　　B. Jackson　　　C. 原型化　　　D. 面向对象

■ **试题分析** 原型化方法适用于需求不清晰且规模不太大的情况。结构化方法适用于数据处理领域，需求变化不大的情况。

■ **参考答案** （7）C　（8）A

● 在采用结构化开发方法进行软件开发时,设计阶段接口设计主要依据需求分析阶段的___(9)___。接口设计的任务主要是___(10)___。

（9）A. 数据流图　　　B. E-R图　　　C. 状态-迁移图　　　D. 加工规格说明

（10）A. 定义软件的主要结构元素及其之间的关系

B. 确定软件涉及的文件系统的结构及数据库的表结构

C. 描述软件与外部环境之间的交互关系，软件内模块之间的调用关系

D. 确定软件各个模块内部的算法和数据结构

■ **试题分析** 设计阶段接口设计主要依据需求分析阶段的数据流图。接口设计的任务主要是描述软件与外部环境之间的交互关系，软件内模块之间的调用关系。

定义软件的主要结构元素及其之间的关系是架构阶段的任务；确定软件涉及的文件系统的结构及数据库的表结构是数据存储设计阶段的任务；确定软件各个模块内部的算法和数据结构是详细设计阶段的任务。

■ **参考答案**　（9）A　（10）C

9.2.3 软件过程改进

- 能力成熟度模型集成（Capability Maturity Model Integration，CMMI）是若干过程模型的综合和改进。连续式模型和阶段式模型是 CMMI 提供的两种表示方法，而连续式模型包括 6 个过程域能力等级，其中___(1)___使用量化（统计学）手段改变和优化过程域，以应对客户要求的改变和持续改进计划中的过程域的功效。

　　(1) A．CL2（已管理的）　　　　　　　B．CL3（已定义级的）
　　　　C．CL4（定量管理的）　　　　　　D．CL5（优化的）

■ **试题分析**　CMMI 连续式表示法见表 9-2-1。

表 9-2-1　连续式表示的等级

连续式分组等级	定义
CL0（未完成）	过程域未执行、一个或多个目标未完成
CL1（已执行）	将可标识输入转换成可标识输出产品，用来实现过程域特定目标
CL2（已管理）	已管理的过程制度化。项目实施遵循文档化的计划和过程，项目成员有足够的资源使用，所有工作、任务都被监控、控制、评审
CL3（已定义级）	已定义的过程制度化。过程按标准进行裁剪，收集过程资产和过程度量，便于将来的过程改进
CL4（定量管理）	量化管理的过程制度化。利用量化、质量保证、测量手段进行过程域改进和控制，管理准则是建立、使用过程执行和质量的定量目标
CL5（优化的）	使用量化手段改变、优化过程域

■ **参考答案**　（1）D

9.3 软件项目管理

本节包含项目管理基础、成本管理、进度管理、质量管理、风险管理、沟通管理、配置管理、软件项目度量等知识。

- 某软件项目的活动图如图 9-3-1 所示，其中顶点表示项目里程碑，连接顶点的边表示活动，边上的数字表示该活动所需的天数，则完成该项目的最少时间为___(1)___天。活动 BD 最多可以晚___(2)___天开始而不会影响整个项目的进度。

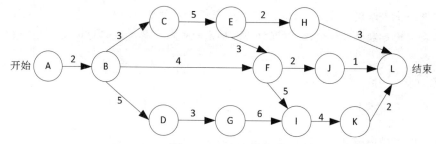

图 9-3-1 习题用图

（1）A. 9　　　　　B. 15　　　　　C. 22　　　　　D. 24
（2）A. 2　　　　　B. 3　　　　　　C. 5　　　　　　D. 9

■ 试题分析　求关键路径和松弛时间的题，每次软设考试都会考到。

从开始顶点到结束顶点的最长路径为关键路径（临界路径），关键路径上的活动为关键活动。在本题中找出的最长路径是 START→A→B→C→E→F→I→K→L→FINISH，其长度为 2+3+5+3+5+4+2=24。

活动 BD 不在关键路径上，包含活动 BD 的最长路径为 A→B→D→G→I→K→L，长度为 22。活动 BD 最多可以晚 **2 天**开始而不会影响整个项目的进度，所以**松弛时间**为 2。

■ 参考答案　（1）D　（2）A

● 工作量估算模型 COCOMO Ⅱ 的层次结构中，估算选择不包括＿＿（3）＿＿。
　　（3）A. 对象点　　　　　　　　　　B. 功能点
　　　　C. 用例数　　　　　　　　　　D. 代码行

■ 试题分析　该知识点在软设考试中常考。

COCOMO Ⅱ 模型规模估算点有：对象点、功能点、代码行。

■ 参考答案　（3）C

● 软件项目成本估算模型 COCOMO Ⅱ 中，体系结构阶段模型基于＿＿（4）＿＿进行估算。
　　（4）A. 应用程序点数量　　　　　　B. 功能点数量
　　　　C. 复用或生成的代码行数　　　D. 源代码的行数

■ 试题分析　该知识点在软设考试中常考。

COCOMO Ⅱ 模型规模估算点有：对象点、功能点、代码行。

原型化方法开发高风险的软件时可采用基于对象点的估算；软件设计早期的体系结构可采用基于功能点的估算；软件开发时期，可采用基于代码行的估算。

■ 参考答案　（4）B

● 以下叙述中，＿＿（5）＿＿不是一个风险。
　　（5）A. 由另一个小组开发的子系统可能推迟交付，导致系统不能按时交付客户
　　　　B. 客户不清楚想要开发什么样的软件，因此开发小组采用原型开发模型帮助其确定需求
　　　　C. 开发团队可能没有正确理解客户的需求

D. 开发团队核心成员可能在系统开发过程中离职

■ **试题分析**　该知识点在软设考试中常考。
风险是负面的，不希望发生的。而使用原型开发模型帮助用户确定其需求，是使用者希望发生的。

■ **参考答案**　（5）B

- 以下关于软件风险的叙述中，不正确的是___（6）___。

    （6）A．风险是可能发生的事件

    　　B．如果发生风险，风险的本质、范围和时间可能会影响风险所产生的后果

    　　C．如果风险可以预测，可以避免其发生

    　　D．可以对风险进行控制

■ **试题分析**　该知识点在软设考试中常考。
未知风险并不可以预测，也不能避免。

■ **参考答案**　（6）C

- 在风险管理中，通常需要进行风险监测，其目的不包括___（7）___。

    （7）A．消除风险

    　　B．评估所预测的风险是否发生

    　　C．保证正确实施了风险缓解步骤

    　　D．收集用于后续进行风险分析的信息

■ **试题分析**　该知识点在软设考试中常考。
风险监测可以避免部分风险发生，减少风险发生后的影响，但无法完全消除风险。

■ **参考答案**　（7）A

- 风险的优先级通常是根据___（8）___设定。

    （8）A．风险影响（Risk Impact）

    　　B．风险概率（Risk Probability）

    　　C．风险暴露（Risk Exposure）

    　　D．风险控制（Risk Control）

■ **试题分析**　风险暴露又称风险曝光度，测量的是资产的整个安全性风险，它将表示实际损失的可能性与表示大量可能损失的资讯结合到单一数字评估中。在形式最简单的定量性风险分析中，风险曝光度（Risk Exposure）=风险损失×风险概率，风险曝光度越大，风险级别就越高。

■ **参考答案**　（8）C

- 在 ISO/IEC 9126 软件质量模型中，可靠性质量特性是指在规定的一段时间内和规定的条件下，软件维持其性能水平有关的能力，其质量子特性不包括___（9）___。

    （9）A．安全性　　　B．成熟性　　　C．容错性　　　D．易恢复性

■ **试题分析**　软件质量模型图在软设考试中常考。
软件质量模型如图 9-3-2 所示，可见可靠性不包括安全性。

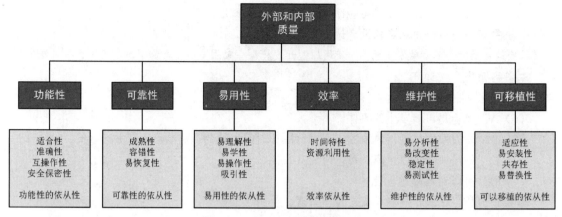

图 9-3-2 外部、内部质量模型

■ **参考答案** （9）A

● 软件质量属性中，___（10）___是指软件每分钟可以处理多少个请求。
（10）A．响应时间　　　B．吞吐量　　　C．负载　　　D．容量

■ **试题分析** 吞吐量是指单位时间内成功地传送数据的数量，软件每分钟可以处理的请求数量。

■ **参考答案** （10）B

● 10个成员组成的开发小组，若任意两人之间都有沟通路径，则共有___（11）___条沟通路径。
（11）A．100　　　B．90　　　C．50　　　D．45

■ **试题分析** 沟通路径计算公式在软设考试中常考。
沟通渠道条数=[$n×(n-1)$]/2，n 表示项目中的成员数量。10个成员沟通渠道条数=10×9/2=45。

■ **参考答案** （11）D

● 配置管理贯穿软件开发的整个过程。以下内容中，不属于配置管理的是___（12）___。
（12）A．版本控制　　　B．风险管理　　　C．变更管理　　　D．配置状态报告

■ **试题分析** 配置管理的内容在软设考试中常考。
配置管理是一套方法或者一组软件，可用于管理软件开发期间产生的资产，贯穿整个开发过程。配置管理的内容包括：版本管理与控制、变更管理、配置审计、配置状态报告等。软件配置管理的内容不包括风险管理、质量控制等。

■ **参考答案** （12）B

● 正式技术评审的目标是___（13）___。
（13）A．允许高级技术人员修改错误　　　B．评价程序员的工作效率
　　　　C．发现软件中的错误　　　D．记录程序员的错误情况并与绩效挂钩

■ **试题分析** 正式技术评审是一种软件质量保障活动。其目标有发现错误，证实软件的确满足需求，符合标准等。

■ **参考答案** （13）C

- 以下关于软件项目管理中人员管理的叙述，正确的是___(14)___。

  (14) A. 项目组成员的工作风格也应该作为组织团队时要考虑的一个要素

  　　　B. 鼓励团队的每个成员充分地参与开发过程的所有阶段

  　　　C. 仅根据开发人员的能力来组织开发团队

  　　　D. 若项目进度滞后于计划，则增加开发人员一定可以加快开发进度

- **试题分析**　人员管理应该考虑开发人员的工作能力、知识背景、风格、兴趣等因素。

- **参考答案**　(14) A

9.4　软件项目度量

本节知识点包含软件度量、软件复杂性度量等知识。

- 对图 9-4-1 所示的程序流程图进行判定覆盖测试，则至少需要___(1)___个测试用例。采用 McCabe 度量法计算其环路复杂度为___(2)___。

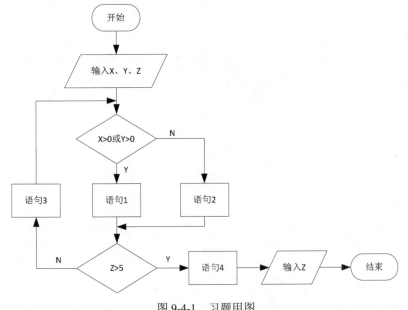

图 9-4-1　习题用图

(1) A. 2　　　　　B. 3　　　　　C. 4　　　　　D. 5

(2) A. 2　　　　　B. 3　　　　　C. 4　　　　　D. 5

- **试题分析**　白盒测试与 **McCabe** 的考题在软设考试中常考。

判定覆盖是设计足够多的测试用例，使得程序中的每一个判断至少获得一次"真"和一次"假"，即使得程序流程图中的每一个真假分支至少被执行一次。这里只需要设计 2 个用例，即可实现判定覆盖，测试用例的 2 个执行路径如图 9-4-2 所示。

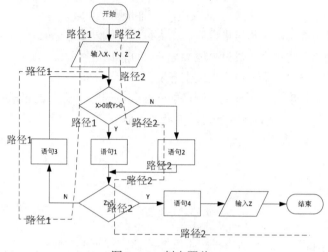

图 9-4-2 判定覆盖

McCabe 度量法的公式为：环路复杂度=边数-节点数+2。本题有 11 条边，10 个节点，所以环路复杂度为 3。

■ **参考答案**　（1）A　（2）B

● 对图 9-4-3 所示的程序流程图进行语句覆盖测试和路径覆盖测试，至少需要＿＿（3）＿＿个测试用例。采用 McCabe 度量法计算其环路复杂度为＿＿（4）＿＿。

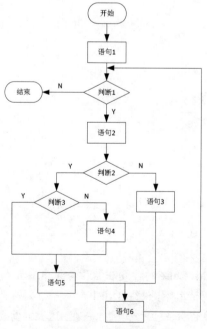

图 9-4-3 习题用图

(3) A. 2 和 3　　　　B. 2 和 4　　　　C. 2 和 5　　　　D. 2 和 6
(4) A. 1　　　　　　B. 2　　　　　　C. 3　　　　　　D. 4

■ **试题分析**　白盒测试与 **McCabe** 的考题在软设考试中常考。

语句覆盖：选择足够多的测试数据，覆盖每条语句。这里只需要设计 2 个用例，即可实现语句覆盖，测试用例的 2 个执行路径如下：

路径 1：开始→语句 1→判断 1→语句 2→判断 2→判断 3→语句 4→语句 5→语句 6→结束。

路径 2：开始→语句 1→判断 1→语句 2→判断 2→语句 3→语句 6→结束。

路径覆盖：选择足够多的测试数据，覆盖每条路径。这里只需要设计 4 个用例，即可实现语句覆盖，测试用例的 4 个执行路径如下：

路径 1：开始→语句 1→判断 1→语句 2→判断 2→判断 3→语句 4→语句 5→语句 6→结束。

路径 2：开始→语句 1→判断 1→语句 2→判断 2→判断 3→语句 5→语句 6→结束。

路径 3：开始→语句 1→判断 1→语句 2→判断 2→语句 3→语句 6→结束。

路径 4：开始→语句 1→判断 1→结束。

整个程序流程图转化为节点图之后，一共 11 个节点，13 条边，根据环路复杂度公式有：13-11+2=4。

■ **参考答案**　(3) B　(4) D

9.5　系统分析与需求分析

本部分知识点包含系统分析、需求分析等。

● 某企业财务系统的需求中，属于功能需求的是＿＿(1)＿＿。

　(1) A. 每个月特定的时间发放员工工资

　　　B. 系统的响应时间不超过 3 秒

　　　C. 系统的计算精度符合财务规则的要求

　　　D. 系统可以允许 100 个用户同时查询自己的工资

■ **试题分析**　功能需求规定开发人员必须在产品中实现的软件功能。所以 A 选项属于功能需求。

■ **参考答案**　(1) A

● 软件开发过程中，需求分析阶段的输出不包括＿＿(2)＿＿。

　(2) A. 数据流图　　　　　　　　　B. 实体联系图

　　　C. 数据字典　　　　　　　　　D. 软件体系结构图

■ **试题分析**　结构化分析模型中，需求分析阶段的输出包括数据流图、实体联系图、状态迁移图和数据字典等。

■ **参考答案**　(2) D

9.6 系统设计

本节知识点包含系统设计分类、结构化分析、结构化设计、Web 应用系统分析与设计、用户界面设计等。Web 应用系统分析与设计相关知识暂时还没有考查过。

9.6.1 系统设计分类

- 概要设计文档的内容不包括___(1)___。
  (1) A. 体系结构设计　　　　　　　B. 数据库设计
  　　C. 模块内算法设计　　　　　　D. 逻辑数据结构设计

  ■ 试题分析　一般来讲，概要设计的内容可以包含系统架构、模块划分、系统接口、数据设计 4 个方面的内容，不包括模块内算法设计。

  ■ 参考答案　(1) C

- 软件详细设计阶段的主要任务不包括___(2)___。
  (2) A. 数据结构设计　　　　　　　B. 算法设计
  　　C. 模块之间的接口设计　　　　D. 数据库的物理设计

  ■ 试题分析　详细设计主要工作有：每个模块内详细算法设计、模块内数据结构设计、确定数据库物理结构、代码设计、界面与输入/输出设计、编写详细设计文档、评审等。

  ■ 参考答案　(2) C

9.6.2 结构化分析

- 结构化分析的输出不包括___(1)___。
  (1) A. 数据流图　　　　　　　　　B. 数据字典
  　　C. 加工逻辑　　　　　　　　　D. 结构图

  ■ 试题分析　结构化分析方法的结果由分层数据流图、数据字典、加工逻辑说明、补充说明组成。

  ■ 参考答案　(1) D

- 数据字典是结构化分析的一个重要输出。数据字典的条目不包括___(2)___。
  (2) A. 外部实体　　B. 数据流　　C. 数据项　　D. 基本加工

  ■ 试题分析　数据字典有 4 类条目：数据流、数据项、数据存储和基本加工。

  ■ 参考答案　(2) A

- 某航空公司拟开发一个机票预订系统，旅客预订机票时使用信用卡付款。付款通过信用卡公司的信用卡管理系统提供的接口实现。若采用数据流图建立需求模型，则信用卡管理系统是___(3)___。
  (3) A. 外部实体　　B. 加工　　　C. 数据流　　D. 数据存储

■ **试题分析** 这类题在软设考试中常考。

数据流图的成分包括：数据存储、数据流、加工、外部实体。外部实体指的是软件系统之外的人员、组织、软件。所以，信用卡管理系统相对于机票预订系统是外部实体。

■ **参考答案** （3）A

- 结构化分析方法中，数据流图中的元素在___（4）___中进行定义。

（4）A．加工逻辑　　　　　　　　B．实体联系图
　　 C．流程图　　　　　　　　　D．数据字典

■ **试题分析** 数据流图相关知识点在软设考试中常考。

数据流图中的元素在数据字典中进行定义。

■ **参考答案** （4）D

- 数据流图（DFD）对系统的功能和功能之间的数据流进行建模，其中顶层数据流图描述了系统的___（5）___。

（5）A．处理过程　　　　　　　　B．输入与输出
　　 C．数据存储　　　　　　　　D．数据实体

■ **试题分析** 顶层图把系统看成一个大加工，分析系统从哪些实体输入数据，向哪些实体输出数据。

■ **参考答案** （5）B

- 在结构化分析中，用数据流图描述___（6）___。当采用数据流图对一个图书馆管理系统进行分析时，___（7）___是一个外部实体。

（6）A．数据对象之间的关系，用于对数据建模
　　 B．数据在系统中如何被传送或变换，以及如何对数据流进行变换的功能或子功能，用于对功能建模
　　 C．系统对外部事件如何响应，如何动作，用于对行为建模
　　 D．数据流图中的各个组成部分

（7）A．读者　　　　B．图书　　　　C．借书证　　　　D．借阅

■ **试题分析** 数据流图用于描述数据流的输入到输出的变换。即描述数据在系统中如何被传送或变换，以及如何对数据流进行变换的功能或子功能，用于对功能建模。

外部实体指的是软件系统之外的人员、组织、软件。所以，读者相对于图书馆管理系统是外部实体。

■ **参考答案** （6）B　（7）A

- 数据流图中某个加工的一组动作依赖于多个逻辑条件的取值，则用___（8）___能够清楚地表示复杂的条件组合与应做的动作之间的对应关系。

（8）A．流程图　　　　B．NS盒图　　　　C．形式语言　　　　D．决策树

■ **试题分析** 描述加工的方式中，决策树和决策表适合表示加工涉及多个逻辑条件的情形。

■ **参考答案** （8）D

- 绘制分层数据流图（DFD）时需要注意的问题中，不包括___(9)___。
  - （9）A．给图中的每个数据流、加工、数据存储和外部实体命名
    - B．图中要表示出控制流
    - C．一个加工不适合有过多的数据流
    - D．分解尽可能均匀
  - ■ 试题分析　数据流图表现的是数据流而不是控制流。
  - ■ 参考答案　（9）B

- 数据流图建模应遵循___(10)___的原则。
  - （10）A．自顶向下、从具体到抽象
    - B．自顶向下、从抽象到具体
    - C．自底向上、从具体到抽象
    - D．自底向上、从抽象到具体
  - ■ 试题分析　数据流图的建模原则是自顶向下、从抽象到具体。
  - ■ 参考答案　（10）B

9.6.3　结构化设计

- 确定软件的模块划分及模块之间的调用关系是___(1)___阶段的任务。
  - （1）A．需求分析　　　　　　　　　B．概要设计
    - C．详细设计　　　　　　　　　D．编码
  - ■ 试题分析　**概要设计**是把软件需求转换成软件系统结构及数据结构。确定软件的模块划分及模块之间的调用关系是概要设计阶段的任务。
  - ■ 参考答案　（1）B

- 在进行子系统结构设计时，需要确定划分后的子系统模块结构，并画出模块结构图。该过程不需要考虑___(2)___。
  - （2）A．每个子系统如何划分成多个模块
    - B．每个子系统采用何种数据结构和核心算法
    - C．如何确定子系统之间、模块之间传送的数据及其调用关系
    - D．如何评价并改进模块结构的质量
  - ■ 试题分析　子系统结构设计中不需考虑数据结构以及处理的算法。只有到了模块内部设计时，才需要考虑。
  - ■ 参考答案　（2）B

- 在设计软件的模块结构时，___(3)___不能改进设计质量。
  - （3）A．尽量减少高扇出结构　　　　　B．尽量减少高扇入结构
    - C．将具有相似功能的模块合并　　D．完善模块的功能
  - ■ 试题分析　模块划分原则在软设考试中常考。

模块划分时需遵循如下原则。

1）模块的大小要适中。系统分解时需要考虑模块的规模，过大的模块可能导致系统分解不充分；过小的模块将导致系统的复杂度增加，降低模块的独立性。

2）模块的扇入和扇出要合理。扇出是指模块直接调用的下级模块个数；扇入是指直接调用该模块的上级模块的个数。设计良好的软件结构通常顶层扇出比较大，中间扇出较少，底层模块则有大扇入。

3）深度和宽度适当。深度表示软件结构中模块的层数。宽度是软件结构中同一个层次上的模块总数的最大值。

■ **参考答案** （3）D

● 良好的启发式设计原则上不包括___（4）___。

 （4）A．提高模块独立性　　　　　　　B．模块规模越小越好
　　　 C．模块作用域在其控制域之内　　D．降低模块接口复杂性

■ **试题分析** 模块划分时需遵循模块的大小要适中原则，并非模块规模越小越好。

■ **参考答案** （4）B

● 耦合是模块之间的相对独立性（互相连接的紧密程度）的度量。耦合程度不取决___（5）___。

 （5）A．调用模块的方式　　　　　　　B．各个模块之间接口的复杂程度
　　　 C．通过接口的信息类型　　　　　D．模块提供的功能数

■ **试题分析** 模块的独立性和耦合性在软设考试中常考。

内聚是一个模块内部各个元素紧密程度的度量。耦合是模块之间的相对独立性的度量。耦合程度不取决模块功能数。

■ **参考答案** （5）D

● 已知模块A给模块B传递数据结构X，则这两个模块的耦合类型为___（6）___。

 （6）A．数据耦合　　　　　　　　　　B．公共耦合
　　　 C．外部耦合　　　　　　　　　　D．标记耦合

■ **试题分析** 标记耦合是两个模块间传递数据结构。

■ **参考答案** （6）D

● 模块A将学生信息，即学生姓名、学号、手机号等放到一个结构体中，传递给模块B。模块A和模块B之间的耦合类型为___（7）___耦合。

 （7）A．数据　　　　　　　　　　　　B．标记
　　　 C．控制　　　　　　　　　　　　D．内容

■ **试题分析** 数据耦合是指模块间的调用，通过简单数据参数来交换输入、输出信息。而通过结构体传输数据，应该视为标记耦合。

■ **参考答案** （7）B

● 如图9-6-1所示，模块A和模块B都访问相同的全局变量和数据结构，则这两个模块之间的耦合类型为___（8）___耦合。

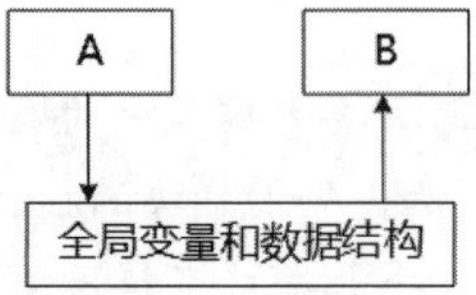

```
┌───┐   ┌───┐
│ A │   │ B │
└─┬─┘   └─┬─┘
  │       │
  ▼       ▼
┌─────────────┐
│ 全局变量和数据结构 │
└─────────────┘
```

图 9-6-1 习题用图

（8）A. 公共　　　　　B. 控制　　　　　C. 标记　　　　　D. 数据

■ **试题分析**　多个模块访问同一个全局、公共数据。

■ **参考答案**　（8）A

● 模块 A 通过非正常入口转入模块 B 内部，则这两个模块之间是___（9）___耦合。

（9）A. 数据　　　　　B. 公开　　　　　C. 外部　　　　　D. 内容

■ **试题分析**　如果发生下列情形，两个模块间就发生了内容耦合：

1）一个模块直接访问另一个模块的内部数据。

2）一个模块不通过正常入口转到另一个模块内部。

3）两个模块有一部分程序代码重叠（只可能出现在汇编语言中）。

4）一个模块有多个入口。

■ **参考答案**　（9）D

● 某模块中各个处理元素都密切相关于同一功能且必须顺序执行，前一处理元素的输出就是下一处理元素的输入，则该模块的内聚类型为___（10）___内聚。

（10）A. 过程　　　　　B. 时间　　　　　C. 顺序　　　　　D. 逻辑

■ **试题分析**　模块的内聚在软设考试中常考。

顺序内聚指模块的各个成分和同一个功能密切相关，而且一个成分的输出作为另一个成分的输入。

■ **参考答案**　（10）C

● 若某模块内所有处理元素都在同一个数据结构上操作，则该模块的内聚类型为___（11）___。

（11）A. 逻辑　　　　　B. 过程　　　　　C. 通信　　　　　D. 功能

■ **试题分析**　通信内聚指模块的所有元素都操作同一个数据结构或生成同一个数据结构。

■ **参考答案**　（11）C

● 某模块内涉及多个功能，这些功能必须以特定的次序执行，则该模块的内聚类型为___（12）___内聚。

（12）A. 实践　　　　　B. 过程　　　　　C. 信息　　　　　D. 功能

■ **试题分析**　过程内聚是指模块内部的处理成分是相关的，而且这些处理必须以特定的次序执行。

■ **参考答案**　（12）B

● 模块 A、B 和 C 有相同的程序块，块内的语句之间没有任何联系，现把改程序块取出来，形成新的模块 D，则模块 D 的内聚类型为___（13）___内聚。以下关于该内聚类型的叙述中，不正确的是___(14)___。

(13) A. 巧合　　　　B. 逻辑　　　　C. 时间　　　　D. 过程

(14) A. 具有最低的内聚性　　　　B. 不易修改和维护

　　　C. 不易理解　　　　D. 不影响模块间的耦合关系

■ **试题分析**　偶然内聚（巧合内聚）是指模块的各成分之间毫无关系。模块设计目标是**高内聚、低耦合**。偶然内聚属于最低内聚，不易修改、不易维护、不易理解，同时影响模块间的耦合关系。

■ **参考答案**　(13) A　(14) D

9.6.4　用户界面设计

● Theo Mandel 在其关于界面设计所提出的三条黄金准则中，不包括___(1)___。

(1) A. 用户操纵控制　　　　B. 界面美观整洁

　　　C. 减轻用户的记忆负担　　　　D. 保持界面一致

■ **试题分析**　Theo Mandel 给出了界面设计的 3 条黄金准则：方便用户操纵控制、减轻用户的记忆负担、保持界面一致。

■ **参考答案**　(1) B

9.7　软件测试

本节知识点包含软件测试基础、单元测试、集成测试、确认测试、系统测试、验收测试、白盒测试、黑盒测试、灰盒测试、静态测试、动态测试等。

● 以下关于测试的叙述中，正确的是___(1)___。

(1) A. 实际上可以采用穷举测试来发现软件中的所有错误

　　　B. 错误很多的程序段在修改后错误一般会非常少

　　　C. 测试可以用来证明软件没有错误

　　　D. 白盒测试技术中路径覆盖法往往能比语句覆盖法发现更多的错误

■ **试题分析**　白盒测试的方法按覆盖程度从弱到强排序为：**语句覆盖、判定覆盖、条件覆盖、判定/条件覆盖、条件组合覆盖、路径覆盖**。

■ **参考答案**　(1) D

● 招聘系统要求求职的人年龄在 20 岁到 60 岁之间（含），学历为本科、硕士或者博士。专业为计算机科学与技术、通信工程或者电子工程。其中___(2)___不是好的测试用例。

(2) A.（20，本科，电子工程）　　　　B.（18，本科，通信工程）

　　　C.（18，大专，电子工程）　　　　D.（25，硕士，生物学）

■ **试题分析**　选项 A 符合要求，选项 B、D 只有一个条件不符合要求。选项 C 中有两个条件不符合要求，这样的测试用例无法判断出程序出现异常的具体原因究竟是由哪个条件造成的。

■ 参考答案 （2）C

● 以下关于软件测试的叙述中，不正确的是___（3）___。

（3）A．在设计测试用例时应考虑输入数据和预期输出结果

B．软件测试的目的是证明软件的正确性

C．在设计测试用例时，应该包括合理的输入条件

D．在设计测试用例时，应该包括不合理的输入条件

■ 试题分析　软件测试的目的是为了发现尽可能多的错误。软件测试无法证明软件没有错误，是正确的。

■ 参考答案　（3）B

● 自底向上的集成测试策略的优点包括___（4）___。

（4）A．主要的设计问题可以在测试早期处理

B．不需要写驱动程序

C．不需要写桩程序

D．不需要进行回归测试

■ 试题分析　自底向上集成测试：这种模块集成方式为先构造和测试最底层模块，逐步向上集成，直至完成整个系统模块的集成。这种方式**不需要写桩程序**。

■ 参考答案　（4）C

9.8　系统维护

本节知识点包含硬件维护、软件维护、数据维护等知识。

● 软件维护工具不包括___（1）___工具。

（1）A．版本控制　　　　　　　　　B．配置管理

C．文档分析　　　　　　　　　D．逆向工程

■ 试题分析　**类似的题在软设考试中常考。**

软件维护就是软件交付使用之后，为了改正错误或满足新需要而修改软件的过程。而配置管理不仅仅是这一阶段的活动，因此尽管有版本控制功能，但不属于软件维护工具。

■ 参考答案　（1）B

● 根据软件过程活动对软件工具进行分类，则逆向工程工具属于___（2）___工具。

（2）A．软件开发　　　　　　　　　B．软件维护

C．软件管理　　　　　　　　　D．软件支持

■ 试题分析　**软件维护**就是软件交付使用之后，为了改正错误或满足新需要而修改软件的过程。逆向工程从软件得到各类信息，属于软件维护阶段的活动，所以属于软件维护工具。

■ 参考答案　（2）B

- 某商场的销售系统所使用的信用卡公司信息系统的数据格式发生了更改,因此对该销售系统进行的修改属于___(3)___维护。

  (3) A. 纠错性   B. 适应性
    C. 完善性   D. 预防性

  ■ **试题分析** 类似的题在软设考试中常考。

  软件的维护从性质上分为纠错性(更正性)维护、适应性维护、预防性维护和完善性维护。

  1)纠错性维护是指改正在系统开发阶段已发生而系统测试阶段尚未发现的错误。例如,系统漏洞补丁。

  2)适应性维护是指为了使软件适应信息技术变化和管理需求变化而进行的修改。针对信用卡公司信息系统的数据格式更改而进行的软件维护,属于适应性维护。

  3)预防性维护是为了改进应用软件的可靠性和可维护性,以适应未来的软/硬件环境的变化而主动增加的预防性的新功能,以使应用系统适应各类变化而不被淘汰。例如,网吧老板为适应将来网速的需要,将带宽从 100Mb/s 提高到 1000Mb/s。

  4)完善性维护是为扩充功能和改善性能而进行的修改,主要是指对已有的软件系统增加一些在系统分析和设计阶段中没有规定的功能与性能特征,这方面的维护占整个维护工作的 50%~60%。例如,为方便用户使用和查找问题,系统提供联机帮助。

  ■ **参考答案** (3) B

- 系统交付用户使用了一段时间后发现,系统的某个功能响应非常慢,修改了某模块的一个算法后,其运行速度得到了提升。则该行为属于___(4)___维护。

  (4) A. 纠错性   B. 适应性
    C. 完善性   D. 预防性

  ■ **试题分析** 类似的题在软设考试中常考。

  "修改了某模块的一个算法后,其运行速度得到了提升"改善了软件性能,所以属于完善性维护。

  ■ **参考答案** (4) C

- 以下关于软件维护的叙述中,不正确的是___(5)___。

  (5) A. 软件维护解决软件产品交付用户之后运行中发生的各种问题
    B. 软件维护期通常比开发期长得多,投入也大得多
    C. 软件可维护性是软件开发阶段各个时期的关键目标
    D. 相对于软件开发任务而言,软件维护工作要简单得多

  ■ **试题分析** 软件维护工作不一定比开发工作简单。

  ■ **参考答案** (5) D

- 系统可维护性是指维护人员理解、改正、改动和改进软件系统的难易程度,其评价指标不包括___(6)___。

  (6) A. 可理解性   B. 可测试性
    C. 可修改性   D. 一致性

■ **试题分析** 系统可维护性评价指标包括可理解性、可靠性、可测试性、可行性、可修改性、可移植性等。

■ **参考答案** （6）D

● 以下关于软件可维护性的叙述中，不正确的是"可维护性___（7）___"。

（7）A．是衡量软件质量的一个重要特性

　　B．不受软件开发文档的影响

　　C．是软件开发阶段各个时期的关键目标

　　D．可以从可理解性、可靠性、可测试性、可行性、可移植性等方面进行度量

■ **试题分析** 好的软件开发文档可以提高软件的可维护性。

■ **参考答案** （7）B

9.9 软件体系结构

本节知识点包含软件架构风格、二层 C/S 架构、三层 C/S 架构、浏览器/服务器架构等。

● 以下关于管道/过滤器体系结构的优点的叙述中，不正确的是___（1）___。

（1）A．软件构件具有良好的高内聚、低耦合的特点

　　B．支持重用

　　C．支持并行执行

　　D．提高性能

■ **试题分析** 管道/过滤器模式体系结构面向数据流，主要用于实现复杂的数据多步转换处理。每一个处理步骤封装在一个过滤器组件中，数据通过相邻过滤器之间的管道传输。

该体系结构的优点：

1）构件具有良好的隐蔽性且高内聚、低耦合。

2）支持软件重用。

3）系统维护和增强系统性能简单，但本身不提高性能。

4）支持并行执行。

■ **参考答案** （1）D

● 以下关于 C/S（客户机/服务器）体系结构的优点的叙述中，不正确的是___（2）___。

（2）A．允许合理地划分三层的功能，使之在逻辑上保持相对独立性

　　B．允许各层灵活地选用平台和软件

　　C．各层可以选择不同的开发语言进行并行开发

　　D．系统安装、修改和维护均只在服务器端进行

■ **试题分析** 客户机/服务器结构中，系统安装、修改和维护需要在客户端和服务器端两边进行。

■ **参考答案** （2）D

- 软件体系结构的各种风格中，仓库风格包含一个数据仓库和若干个其他构件。数据仓库位于该体系结构的中心，其他构件访问该数据仓库并对其中的数据进行增、删、改等操作。以下关于该风格的叙述中，不正确的是___(3)___。___(4)___不属于仓库风格。

(3) A．支持可更改性和可维护性　　　　B．具有可复用的知识源
　　C．支持容错性和健壮性　　　　　　D．测试简单
(4) A．数据库系统　　　　　　　　　　B．超文本系统
　　C．黑板系统　　　　　　　　　　　D．编译器

■ **试题分析**　仓库风格体系结构中，存在测试困难、效率低、开发成本高，缺少并发支持等问题。编译器不属于仓库风格。

■ **参考答案**　(3) D　(4) D

第10章 面向对象

本章包含面向对象基础、UML、设计模式等知识点。本章是软设考试的重要考点，相关知识的考查相对比较频繁，尤其是 UML、设计模式在上、下午考试都会涉及。

本章考点知识结构图如图 10-0-1 所示。

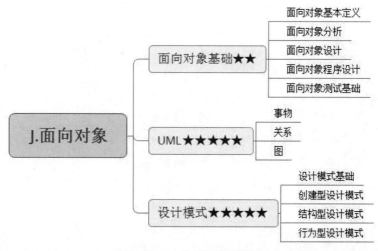

图 10-0-1　考点知识结构图

10.1　面向对象基础

本节知识点包含面向对象基本定义、面向对象分析、面向对象设计、面向对象程序设计、面向对象测试基础等。面向对象测试基础在软设考试中暂未考查过。

10.1.1 面向对象基本定义

- 对象的____(1)____标识了该对象的所有属性（通常是静态的）以及每个属性的当前值（通常是动态的）。

  (1) A. 状态　　　　　　B. 唯一ID　　　　　C. 行为　　　　　　D. 语义

  ■ **试题分析**　对象的定义和组成在软设考试中常考。
  对象是运行的实体，通常可由对象名、属性（数据）和方法（数据的操作、行为）三部分组成。对象的状态标识了该对象的所有属性(通常是静态的)以及每个属性的当前值(通常是动态的)。

  ■ **参考答案**　(1) A

- 聚合对象是指一个对象____(2)____。

  (2) A. 只有静态方法　　　　　　　　　B. 只有基本类型的属性
  　　C. 包含其他对象　　　　　　　　　D. 只包含基本类型的属性和实例方法

  ■ **试题分析**　冰箱除了冷冻、冷藏属性，还有除霜、升温、降温等操作。从另个角度来看，冰箱由不同部件聚合而成。这里聚合对象是指一个对象包含其他对象。

  ■ **参考答案**　(2) C

- 一个类定义了一组大体相似的对象，这些对象共享____(3)____。

  (3) A. 属性和状态　　　　　　　　　　B. 对象名和状态
  　　C. 行为和多重度　　　　　　　　　D. 属性和行为

  ■ **试题分析**　一个类定义了一组大体相似的对象，这些对象共享行为和属性。

  ■ **参考答案**　(3) D

- 在某销售系统中，客户采用扫描二维码进行支付。若采用面向对象方法开发该销售系统，则客户类属于____(4)____类，二维码类属于____(5)____类。

  (4) A. 接口　　　　　　B. 实体　　　　　　C. 控制　　　　　　D. 状态
  (5) A. 接口　　　　　　B. 实体　　　　　　C. 控制　　　　　　D. 状态

  ■ **试题分析**　这类题在软设考试中常考。
  类可以分为以下三种：
  1）实体类：该类的对象表示现实世界中的实体，如人、物等。
  2）接口类：这类接口可以分为人的接口和系统接口两大类。人的接口可以是显示器、Web窗口、对话框、菜单、条形码、二维码等。系统接口功能是发送数据给其他系统或从其他系统接收数据。
  3）控制类：该类的对象视为协调者，用于控制活动流。比如身份验证通常属于控制类。

  ■ **参考答案**　(4) B　(5) A

- 一个类中成员变量和成员函数有时也可以分别被称为____(6)____。

  (6) A. 属性和活动　　　B. 值和方法　　　　C. 数据和活动　　　D. 属性和方法

  ■ **试题分析**　类中成员变量也称属性，成员函数也称方法。

  ■ **参考答案**　(6) D

- 在面向对象方法中,两个及以上的类作为一个类的超类时,称为___(7)___,使用它可能造成子类中存在___(8)___的成员。

  (7) A. 多重继承　　　　　B. 多态　　　　　C. 封装　　　　　D. 层次继承

  (8) A. 动态　　　　　　　B. 私有　　　　　C. 公共　　　　　D. 二义性

  ■ **试题分析**　一个类继承多个超类,称为多重继承。这种继承方式,可能导致子类中存在二义性成员。

  ■ **参考答案**　(7) A　(8) D

- 一个类可以具有多个同名而参数类型列表不同的方法,被称为方法___(9)___。

  (9) A. 重载　　　　　　　B. 调用　　　　　C. 重置　　　　　D. 标记

  ■ **试题分析**　重载就是一个类拥有多个同名不同参数的函数的方法。

  ■ **参考答案**　(9) A

- 多态有不同的形式,___(10)___的多态是指同一个名字在不同上下文中所代表的含义不同。

  (10) A. 参数　　　　　　　B. 包含　　　　　C. 过载　　　　　D. 强制

  ■ **试题分析**　多态知识在软设考试中常考。

  多态是同一操作作用于不同的对象,可以有不同的解释,产生不同的执行结果。多态分类形式见表 10-1-1。

表 10-1-1　多态分类形式

多态分类	子类	特点
通用多态	参数多态	最纯的多态,采用参数化模板,利用不同类型参数,让同一个结构有多种类型
	包含多态	子类型化,即一个类型是另一个类型的子类型。子类说明是一个新类继承了父类,而子类型则是强调了新类具有父类一样的行为,这个行为不一定是继承而来
特定多态	强制多态	不同类型的数据进行混合运算时,编译程序一般都强制多态。比如 int 和 double 进行运算时,系统强制把 int 转换为 double 类型,然后变为 double 和 double 运算
	过载多态	过载(Overloading)又称为重载,同名操作符或者函数名,在不同的上下文中有不同的含义。大多数操作符都是过载多态

  ■ **参考答案**　(10) C

- 采用面向对象方法进行系统开发时,需要对两者之间的关系建新类的是___(11)___。

  (11) A. 汽车和座位　　　B. 主人和宠物　　　C. 医生和病人　　　D. 部门和员工

  ■ **试题分析**　"医生和病人"属于多对多的联系,这种联系比较难建模,因此需要转换成一个独立的关系模式,形成一个新的类。

  ■ **参考答案**　(11) C

- 在面向对象方法中，继承用于___（12）___。
  - （12）A. 在已存在的类的基础上创建新类　　B. 在已存在的类中添加新的方法
  　　　C. 在已存在的类中添加新的属性　　D. 在已存在的状态中添加新的状态

■ **试题分析**　继承知识在软设考试中常考。

继承是类之间的一种关系，在定义一个类的时候，可以在一个已经存在的类的基础上进行。并可以不修改父类，为子类添加新的属性、行为。

■ **参考答案**　（12）A

- 一个类中可以拥有多个名称相同而参数表（参数类型、参数个数或参数类型顺序）不同的方法，称为___（13）___。
  - （13）A. 方法标记　　B. 方法调用　　C. 方法重载　　D. 方法覆盖

■ **试题分析**　重载是函数或者方法有同样的名称，但是参数列表不相同；覆盖是子类重新编写父类的方法。

■ **参考答案**　（13）C

- 在下列机制中，___（14）___是指过程调用和响应调用所需执行的代码在运行时加以结合；而___（15）___是过程调用和响应调用所需执行的代码在编译时加以结合。
  - （14）A. 消息传递　　B. 类型检查　　C. 静态绑定　　D. 动态绑定
  - （15）A. 消息传递　　B. 类型检查　　C. 静态绑定　　D. 动态绑定

■ **试题分析**　绑定是把过程调用和响应调用所需执行的代码加以结合的过程。绑定可以分为静态绑定和动态绑定。

静态绑定：在程序编译时，函数调用就结合了响应调用所需的代码。

动态绑定：在程序执行（非编译期）时，根据实际需要，动态调用不同子类的代码。

■ **参考答案**　（14）D　（15）C

- 在面向对象方法中，支持多态的是___（16）___。
  - （16）A. 静态分配　　B. 动态分配　　C. 静态类型　　D. 动态绑定

■ **试题分析**　多态的特点是不同对象收到同一调用消息可以产生各自不同的结果。这要求编译系统能根据接收消息的不同对象进行代码连接，这种方式称为动态绑定。

■ **参考答案**　（16）D

- 假设 Bird 和 Cat 是 Animal 的子类，Parrot 是 Bird 的子类，bird 是 Bird 的一个对象，cat 是 Cat 的一个对象，parrot 是 Parrot 的一个对象，则以下叙述中，不正确的是___（17）___。假设 Animal 类中定义了接口 move()，Bird、Cat 和 Parrot 分别实现自己的 move()，调用 move() 时，不同对象收到同一调用消息可以产生各自不同的结果，这一现象称为___（18）___。
  - （17）A. cat 和 bird 可看作是 Animal 的对象
  　　　B. parrot 和 bird 可看作是 Animal 的对象
  　　　C. bird 可以看作是 Parrot 的对象
  　　　D. parrot 可以看作是 Bird 的对象

(18) A. 封装　　　　　B. 继承　　　　　C. 消息传递　　　D. 多态

■ **试题分析** Parrot 是 Bird 的子类，bird 是 Bird 的对象，因此 bird 不能是 Parrot 的对象。
"不同对象收到同一调用消息可以产生各自不同的结果"，这是多态的定义。

■ **参考答案** （17）C　（18）D

10.1.2 面向对象分析

● 面向对象分析时，执行的活动顺序通常是＿＿（1）＿＿。
(1) A. 认定对象、组织对象、描述对象间的相互作用、确定对象的操作
　　B. 认定对象、定义属性、组织对象、确定对象的操作
　　C. 认定对象、描述对象间的相互作用、确定对象的操作、识别包
　　D. 识别类及对象、识别关系、定义属性、确定对象的操作

■ **试题分析** 面向对象分析包含的活动在软设考试中常考。
面向对象分析包含的活动依次有：认定对象、组织对象（将对象抽象成类，并确定类结构）、确定对象的相互作用、确定对象的操作。

■ **参考答案** （1）A

● 面向对象分析过程中，从给定需求描述中选择＿＿（2）＿＿来识别对象。
(2) A. 动词短语　　B. 名词短语　　C. 形容词　　D. 副词

■ **试题分析** 面向对象分析的认定对象活动，是选择名词短语来识别对象，动词短语识别对象的操作。

■ **参考答案** （2）B

● 采用面向对象方法进行软件开发，在分析阶段，架构师主要关注系统的＿＿（3）＿＿。
(3) A. 技术　　　　B. 部署　　　　C. 实现　　　　D. 行为

■ **试题分析** 采用面向对象方法进行软件开发的分析阶段，架构师主要关注系统的行为，即系统应该做什么。

■ **参考答案** （3）D

● 采用面向对象方法进行软件开发时，将汽车作为一个系统。以下＿＿（4）＿＿之间不属于组成（Composition）关系。
(4) A. 汽车和座位　B. 汽车和车窗　C. 汽车和发动机　D. 汽车和音乐系统

■ **试题分析** 组成关系是指整体与部分具有相同的生命周期。

■ **参考答案** （4）D

10.1.3 面向对象设计

● 面向对象设计时包含的主要活动是＿＿（1）＿＿。
(1) A. 认定对象、组织对象、描述对象间的相互作用、确定对象的操作
　　B. 认定对象、定义属性、组织对象、确定对象的操作

C. 识别类及对象、确定对象的操作、描述对象间的相互作用、识别关系

D. 识别类及对象、定义属性、定义服务、识别关系、识别包

■ **试题分析** 面向对象设计时包含的主要活动是识别类及对象、定义属性、定义服务、识别关系、识别包。

■ **参考答案** （1）D

10.1.4 面向对象程序设计

- 面向对象___(1)___选择合适的面向对象程序设计语言，将程序组织为相互协作的对象集合，每个对象表示某个类的实例，类通过继承等关系进行组织。

  （1）A．分析　　　　　B．设计　　　　　C．程序设计　　　　D．测试

  ■ **试题分析** "选择合适的面向对象程序设计语言，将程序组织为相互协作的对象集合，每个对象表示某个类的实例"属于面向对象程序设计阶段的工作。

  ■ **参考答案** （1）C

- 在面向对象方法中，将逻辑上相关的数据以及行为绑定在一起，使信息对使用者隐蔽称为___(2)___。当类中的属性或方法被设计为 private 时，___(3)___可以对其进行访问。

  （2）A．抽象　　　　　B．继承　　　　　C．封装　　　　　D．多态

  （3）A．应用程序中所有方法　　　　　　B．只有此类中定义的方法

  　　　C．只有此类中定义的 public 方法　　D．同一个包中的类中定义的方法

  ■ **试题分析** 封装是一种信息隐蔽技术，它体现在类的说明，是对象的一种重要特性。逻辑上相关的数据以及行为绑定在一起，使信息对使用者隐蔽称为封装。

  当类中的属性或方法被设计为 private 时，对于私有成员来说只能是该类中定义的方法才能对其进行访问。

  ■ **参考答案** （2）C （3）B

- 面向对象程序设计语言 C++、Java 中，关键字___(4)___可以用于区分同名的对象属性和局部变量名。

  （4）A．private　　　　B．protected　　　　C．public　　　　D．this

  ■ **试题分析** 属性又称成员变量，方法中的变量又称为局部变量。当一个对象创建后，Java、C++程序就会给这个对象分配一个引用自身的指针，这个指针的名字就是 this，用它可以对对象中同名的成员变量和局部变量进行区分。

  ■ **参考答案** （4）D

10.2　UML

本节知识点包含事物、关系、图等。UML 这个部分中重点考查 UML 图。

- 图 10-2-1 为 UML 的___(1)___，用于展示某汽车导航系统中___(2)___。Mapping 对象获取

汽车当前位置（GPS Location）的消息为___（3）___。

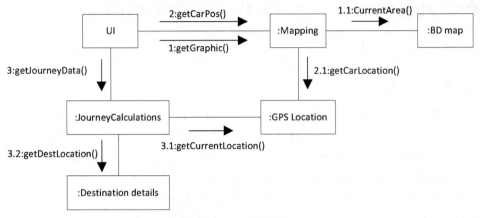

图 10-2-1 习题用图

（1）A．类图　　　　　　B．组件图　　　　C．通信图　　　D．部署图
（2）A．对象之间的消息流及其顺序　　　B．完成任务所进行的活动流
　　　C．对象的状态转换及其事件顺序　　D．对象之间消息的时间顺序
（3）A．1: getGraphic()　　　　　　　　B．2: getCarPos()
　　　C．1.1: CurrentArea()　　　　　　D．2.1: getCarLocation()

■ **试题分析**　**UML 图的题在软设考试中常考。**

通信图：又称协作图，描述对象之间消息交互的顺序，重点在于连接，强调发送消息对象的组织结构。通信图组成元素有对象、链接、消息，具体形式如图 10-2-2 所示。

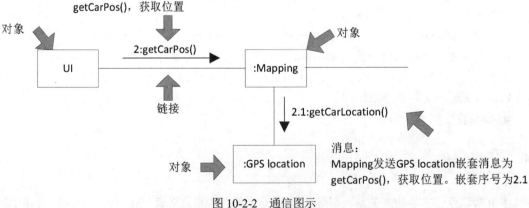

图 10-2-2　通信图示

■ **参考答案**　（1）C　　（2）A　　（3）D

- 图 10-2-3 所示 UML 图为___(4)___，用于展示___(5)___。①和②分别表示___(6)___。

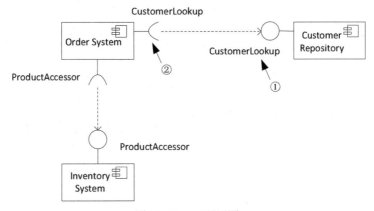

图 10-2-3　习题用图

(4) A．类图　　　　　B．组件图　　　　C．通信图　　　　D．部署图
(5) A．一组对象、接口、协作和它们之间的关系
　　B．收发消息的对象的结构组织
　　C．组件之间的组织和依赖
　　D．面向对象系统的物理模型
(6) A．供接口和供接口　　　　　　　B．需接口和需接口
　　C．供接口和需接口　　　　　　　D．需接口和供接口

■ **试题分析**　类图描述类、类的特性以及类之间的关系。组件图用于展示一组组件之间的组织和依赖。类图说明如图 10-2-4 所示。

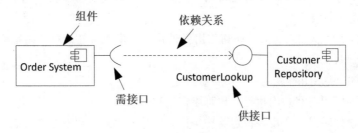

图 10-2-4　类图图示

■ **参考答案**　(4) B　(5) C　(6) C

- 在 UML 图中，___(7)___图用于展示所交付系统中软件和硬件之间的物理关系。

(7) A．类　　　　　　B．组件　　　　　C．通信　　　　　D．部署

■ **试题分析**　部署图描述在各个节点上的部署，展示系统中软、硬件之间的物理关系。
■ **参考答案**　(7) D

- 图 10-2-5 所示 UML 图为___（8）___。

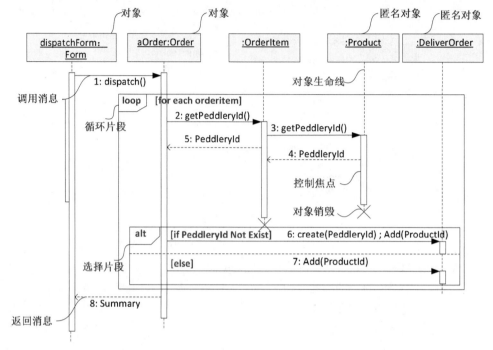

图 10-2-5 习题用图

（8）A．用例图　　　　　　　　　　　B．活动图
　　　C．序列图　　　　　　　　　　　D．交互图

■ **试题分析**　序列图用于描述对象之间的交互（消息的发送与接收），重点在于强调顺序，反映对象间的消息发送与接收。

序列图和通信图可以相互转换，而通信图强调接收和发送信息的对象的结构组织的交互。

■ **参考答案**　（8）C

- 以下关于 UML 状态图的叙述中，不正确的是___（9）___。

（9）A．活动可以在状态内执行，也可以在迁移时执行
　　　B．若事件触发一个没有特定监护条件的迁移，则对象离开当前状态
　　　C．迁移可以包含事件触发器、监护条件和状态
　　　D．事件触发迁移

■ **试题分析**　若事件触发一个没有特定监控条件的迁移，则对象**不会离开**当前状态。

■ **参考答案**　（9）B

- 图 10-2-6 所示 UML 图为___（10）___，有关该图的叙述中，不正确的是___（11）___。

图 10-2-6　习题用图

（10）A．对象图　　　　B．类图　　　　C．组件图　　　　D．部署图
（11）A．如果 B 的一个实例被删除，所有包含 A 的实例都被删除
　　　B．A 的一个实例可以与 B 的一个实例关联
　　　C．B 的一个实例被唯一的一个 A 的实例所包含
　　　D．B 的一个实例可与 B 的另外两个实例关联

■ **试题分析**　从图 10-2-6 中的多重关联度可以看出该图是类图。类图说明如图 10-2-7 所示。

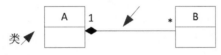

图 10-2-7　类图图示

A 的一个实例可以与多个 B 的实例关联，如果 A 的一个实例删除，则所包含的 B 实例都将被删除。

■ **参考答案**　（10）B　　（11）A

● 某类图如图 10-2-7 所示，下列选项错误的是　　（12）　　。

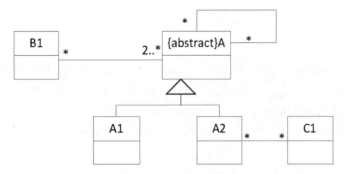

图 10-2-7　习题用图

（12）A．一个 A1 的对象可能与一个 A2 的对象关联
　　　B．一个 A 的非直接对象可能与一个 A1 的对象关联
　　　C．类 B1 的对象可能通过 A2 与 C1 的对象关联
　　　D．有可能 A 的直接对象与 B1 的对象关联

■ **试题分析** 抽象类不能被实例化，不能产生直接对象，只能由子类产生对象，因此选项 D 不正确。

■ **参考答案** （12）D

● UML 图中，对象图展现了___（13）___，___（14）___所示对象图与图 10-2-8 所示类图不一致。

图 10-2-8 习题用图

（13）A．一组对象、接口、协作和它们之间的关系
　　　B．一组用例、参与者以及它们之间的关系
　　　C．某一时刻一组对象以及它们之间的关系
　　　D．以时间顺序组织的对象之间的交互活动

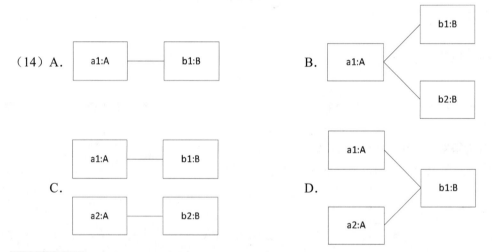

■ **试题分析** 类图描述一组对象、接口、协作和它们之间的关系；用例图描述一组用例、参与者以及它们之间的关系；对象图表示某一时刻一组对象以及它们之间的关系；序列图表示以时间顺序组织的对象之间的交互活动。

本题题干给出的类图中 A 的 1 个对象可以和 B 类的对象多个对象关联，反之不行，所以第二空选 D 项。

■ **参考答案** （13）C　（14）D

● 关于用例图中参与者的说法正确的是___（15）___。
　　（15）A．参与者是与系统交互的事物，都是由人来承担
　　　　　B．当系统需要定时触发时，时钟就是一个参与者
　　　　　C．参与者可以在系统外部，也可以在系统内部
　　　　　D．系统某项特定功能只有一个参与者

■ 试题分析 参与者是指存在于系统外部并直接与系统进行交互的人、系统、子系统或类的外部实体的抽象。

■ 参考答案 （15）B

- 某软件系统限定：用户登录失败的次数不能超过 3 次。采用如图 10-2-9 所示的 UML 状态图对用户登录状态进行建模，假设活动状态是 Logging in，那么当 Valid Entry 发生时，___（16）___。其中，[tries<3]和 tries++分别为___（17）___和___（18）___。

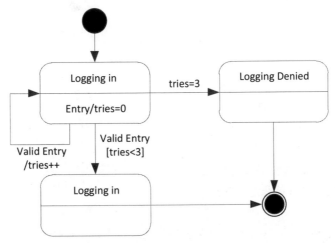

图 10-2-9 习题用图

（16）A. 保持在 Logging in 状态
　　　B. 若[tries<3]为 true，则 Logging in 变为下一个活动状态
　　　C. Logging in 立刻变为下一个活动状态
　　　D. 若 tries=3 为 true，则 Logging Denied 变为下一个活动状态

（17）A. 状态　　　　　　　　　　B. 转换
　　　C. 监护条件　　　　　　　　D. 转换后效果

（18）A. 状态　　　　　　　　　　B. 转换
　　　C. 监护条件　　　　　　　　D. 转换后效果

■ 试题分析 根据状态图，当活动状态是 Logging in，事件 Valid Entry 发生且 tries<3 时，系统变为 Logging in 状态。

[tries<3]是监护条件，是一种布尔表达式，当结果为 true 时，说明转换符合触发条件。

tries++属于转换，是两个状态之间的一种关系，转换包括事件与动作。转换会引起系统状态的转变。

■ 参考答案 （16）B （17）C （18）B

- 如图 10-2-10 所示的 UML 状态图中，___（19）___时，不一定会离开状态 B。

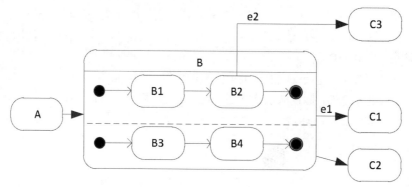

图 10-2-10 习题用图

(19) A. 状态 B 中的两个结束状态均达到
　　　B. 在当前状态为 B2 时，事件 e2 发生
　　　C. 事件 e2 发生
　　　D. 事件 e1 发生

■ **试题分析** 离开状态 B 的三种情况：

1）事件 e2 发生，且当前状态是 B2。
2）事件 e1 发生。
3）同时具备 B1 和 B2 状态或者同时具备 B3 和 B4 状态。
显然，仅仅事件 e2 发生时不一定会离开状态 B。

■ **参考答案** （19）C

● 以下关于 UML 状态图中转换（transition）的叙述中，不正确的是＿＿（20）＿＿。
(20) A. 活动可以在转换时执行也可以在状态内执行
　　　B. 监护条件只有在相应的事件发生时才进行检查
　　　C. 一个转换可以有事件触发器、监护条件和一个状态
　　　D. 事件触发转换

■ **试题分析** 转换是两个状态之间的关系，表示对象将在源状态中执行一定的动作，并在某个特定事件发生而且满足监护条件时进入目标状态。

■ **参考答案** （20）C

● 如图 10-2-11 所示的 UML 图是＿＿（21）＿＿，图中（I）表示＿＿（22）＿＿，（II）表示＿＿（23）＿＿。
(21) A. 序列图　　　　　　　　　B. 状态图
　　　C. 通信图　　　　　　　　　D. 活动图
(22) A. 合并分叉　　　　　　　　B. 分支
　　　C. 合并汇合　　　　　　　　D. 流
(23) A. 分支条件　　　　　　　　B. 监护表达式
　　　C. 动作名　　　　　　　　　D. 流名称

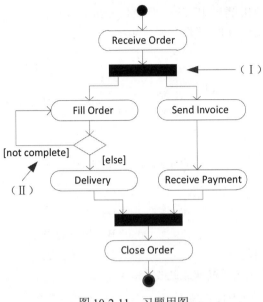

图 10-2-11 习题用图

■ **试题分析** 该图为活动图。活动图元素说明如图 10-2-12 所示。

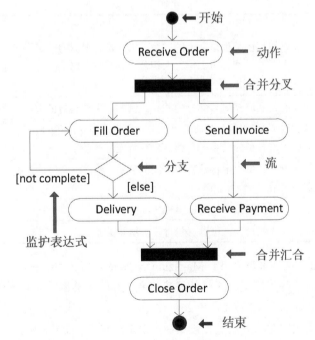

图 10-2-12 活动图元素说明

■ **参考答案** （21）D （22）A （23）B

如图 10-2-13 所示的 UML 类图中，Shop 和 Magazine 之间为＿＿（24）＿＿关系，Magazine 和 Page 之间为＿＿（25）＿＿关系。UML 类图通常不用于对＿＿（26）＿＿进行建模。

图 10-2-13 习题用图

（24）A. 关联　　　　　B. 依赖　　　　　C. 组合　　　　　D. 继承
（25）A. 关联　　　　　B. 依赖　　　　　C. 组合　　　　　D. 继承
（26）A. 系统的词汇　　　　　　　　　　B. 简单的协作
　　　C. 逻辑数据库模式　　　　　　　　D. 对象快照

■ **试题分析**　UML 常见关系的题在软设考试中常考。
常见的 UML 关系见表 10-2-1。

表 10-2-1　常见的 UML 关系

名称	子集	举例	图形
关联	关联	两个类之间存在某种语义上的联系，执行者与用例的关系。例如：一个人为一家公司工作，人和公司有某种关联	单向关联 0..1　　0..* 双向关联
	聚合	特殊关联关系。整体与部分的关系。例如：狼与狼群的关系	◇
	组合	特殊关联关系。"整体"离开"部分"将无法独立存在的关系。例如：车轮与车的关系，车离开车轮就无法开动了	◆
泛化		一般事物与该事物中特殊种类之间的关系。例如：猫科与老虎的继承关系	▷
实现		规定接口和实现接口的类或组件之间的关系	┄┄▷
依赖		例如：人依赖食物。可以有包含、扩展等关系	┄┄→

Shop 和 Magazine 之间为关联关系，Magazine 和 Page 之间为组合关系。
系统词汇建模、简单协作建模、逻辑数据库模式建模常用类图，而对象快照常用对象图建模。

■ **参考答案**　（24）A　（25）C　（26）D

● 某电商系统在采用面向对象方法进行设计时，识别出网店、商品、购物车、订单、买家、库存、支付（微信、支付宝）等类。其中，购物车与商品之间适合采用＿＿（27）＿＿关系，网店与商品之间适合采用＿＿（28）＿＿关系。

(27) A. 关联　　　　B. 依赖　　　　C. 组合　　　　D. 聚合
(28) A. 关联　　　　B. 依赖　　　　C. 组合　　　　D. 聚合

■ **试题分析**　购物车与商品是整体与部分的关系，购物车包含了商品，但是商品可以脱离购物车独立存在，所以属于一种聚合关系。

网店与商品之间是一种整体与部分的关系，商品是网店的一部分，如果网店不存在了，那么网店中的商品也不存在，所以属于组合关系。

■ **参考答案**　（27）D　（28）C

10.3 设计模式

本节知识点包含设计模式基础、创建型设计模式、结构型设计模式、行为型设计模式等。

10.3.1 设计模式基础

- 进行面向对象的系统设计时，软件实体（类、模块、函数等）应该是可以扩展但不可修改的，这属于＿＿（1）＿＿设计原则。

　（1）A. 共同重用　　　　　　　　B. 开放封闭
　　　 C. 接口分离　　　　　　　　D. 共同封闭

■ **试题分析**　类似的考题在软设考试中常考。

共同重用原则：一个包中的所有类应该是共同重用的。如果重用了包中的一个类，那么也就相当于重用了包中的所有类。

开放封闭原则：软件实体（类、函数等）应当在不修改原有代码的基础上，新增功能。

接口分离原则：客户端不应该依赖于它不需要的接口，即依赖于抽象，不要依赖于具体，同时在抽象级别不应该有对于细节的依赖。

共同封闭原则：因某个同样的原因而需要修改的所有类，都应封闭进同一个包里。即如果变化对包产生影响，则对该包的所有类都会产生影响，但对其他包不产生任何影响。

■ **参考答案**　（1）B

- 进行面向对象设计时，就一个类而言，应该仅有一个引起它变化的原因，这属于＿＿（2）＿＿设计原则。

　（2）A. 单一职责　　　　　　　　B. 开放封闭
　　　 C. 接口分离　　　　　　　　D. 里氏替换

■ **试题分析**　类似的知识点在软设考试中常考。

单一职责原则：要修改一个类的原因，有且仅有一个。一个类具有单一职责，修改不会影响其他功能。

里氏替换原则：子类一定能够替换父类。

■ **参考答案**　（2）A

- 进行面向对象系统设计时，一个变化若对一个包产生影响，则将对该包中的所有类产生影响，而对于其他的包不造成任何影响。这属于___(3)___设计原则。

  (3) A．共同重用　　　　B．开放封闭　　　　C．接口分离　　　　D．共同封闭

  ■ **试题分析**　类似的知识点在软设考试中常考。

  共同封闭原则：因某个同样的原因而需要修改的所有类，都应封闭进同一个包里。即如果变化对包产生影响，则对该包的所有类都会产生影响，但对其他包不产生任何影响。

  简单的理解是，所有修改应该在一个包里（修改关闭），而不是分布在更多包里。

  ■ **参考答案**　(3) D

10.3.2　创建型设计模式

- 为图形用户界面（Graphics User Interface，GUI）组件定义不同平台的并行类层次结构，适合采用___(1)___模式。

  (1) A．享元　　　　B．抽象工厂　　　　C．外观　　　　D．装饰器

  ■ **试题分析**　创建型设计模式的特点和定义在软设考试中常考。

  抽象工厂模式可以向客户端提供一个接口，使客户端在不必指定产品的具体的情况下，创建多个产品族中的产品对象。本题强调不同平台的并行组件，等同于产品族中的产品对象。

  ■ **参考答案**　(1) B

- ___(2)___设计模式能够动态地给一个对象添加一些额外的职责而无须修改此对象的结构；___(3)___设计模式定义一个用于创建对象的接口，让子类决定实例化哪一个类。

  (2) A．组合　　　　B．外观　　　　C．享元　　　　D．装饰器

  (3) A．工厂方法　　　　B．享元　　　　C．观察者　　　　D．中介者

  ■ **试题分析**　由于继承方式是静态的，使用传统的继承方式扩展一个类的功能，会因为扩展功能增加而增加不少子类。如果使用装饰器设计模式创建对象，可以不改变真实对象的类结构，又动态增加了额外的功能。

  工厂方法模式定义了一个接口用于创建对象，该模式由子类决定实例化哪个工厂类。该模式把类的实例化推迟到了子类。

  ■ **参考答案**　(2) D　(3) A

- ___(4)___模式将一个复杂对象的构造与其表示分离，使得同样的构造过程可以创建不同的表示。以下___(5)___情况适合选用该模式。

  ① 抽象复杂对象的构造步骤

  ② 基于构造过程的具体实现构造复杂对象的不同表示

  ③ 一个类仅有一个实例

  ④ 一个类的实例只能有几个不同状态组合中的一种

  (4) A．生成器（Builder）　　　　B．工厂方法（Factory Method）

  　　C．原型（Prototype）　　　　D．单例（Singleton）

（5）A. ①②　　　　B. ②③　　　　C. ③④　　　　D. ①④

■ **试题分析**　建造者模式（生成器模式）：分离一个复杂对象的构造与表示。该模式将一个复杂对象分解为多个简单对象，然后逐步构造出复杂对象。该模式适用以下情况：

1）抽象复杂对象的构造步骤。

2）基于构造过程的具体实现构造复杂对象的不同表示。

■ **参考答案**　（4）A　（5）A

● 某快餐厅主要制作并出售儿童套餐，一般包括主餐（各类比萨）、饮料和玩具，其餐品种类可能不同，但制作过程相同，前台服务员（Waiter）调度厨师制作套餐。欲开发一款软件，实现该制作过程，设计的类图如图 10-3-1 所示。该设计采用___（6）___模式将一个复杂对象的构造与它的表示分离，使得同样的构造过程可以创建不同的表示。其中，___（7）___构造一个使用 Builder 接口的对象。该模式属于___（8）___模式，该模式适用于___（9）___的情况。

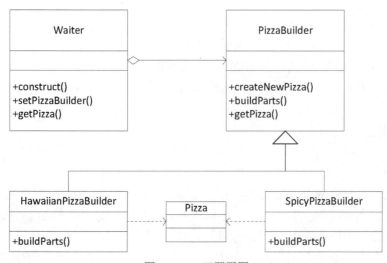

图 10-3-1　习题用图

（6）A. 生成器　　　　　　　　　　B. 抽象工厂

　　　C. 原型　　　　　　　　　　　D. 工厂方法

（7）A. PizzaBuilder　　　　　　　　B. SpicyPizzaBuilder

　　　C. Waiter　　　　　　　　　　D. Pizza

（8）A. 创建型对象　　　　　　　　 B. 结构型对象

　　　C. 行为型对象　　　　　　　　D. 结构型类

（9）A. 当一个系统应该独立于它的产品创建、构成和表示时

　　　B. 当一个类希望由它的子类来指定它所创建的对象时

　　　C. 当要强调一系列相关的产品对象的设计以便进行联合使用时

　　　D. 当构造过程必须允许被构造的对象有不同的表示时

■ 试题分析 生成器模式是分离一个复杂对象的构造与表示。该模式将一个复杂对象分解为多个简单对象，然后逐步构造出复杂对象。这种模式适用于构成部件剧烈变化，但组合相对稳定的情况。

本题描述了 Pizza 的制作过程。PizzaBuilder 对应生成器模式的 Builder，提供创建 Pizza 对象的各类抽象接口。HawaiianPizzaBuilder 和 SpicyPizzaBuilder 则为 PizzaBuilder 的子类，对应生成器模式的具体建造者，创造各种 Pizza 的部件。Pizza 对应生成器模式的产品。Waiter 对应生成器模式的指挥者（Director），构造一个使用 PizzaBuilder 接口的对象。

生成器模式属于创建型设计模式，该模式适用于两种情况，一是需要生成的对象内部结构复杂，具体构造方法可能有复杂变化；二是构造过程必须允许被构造的对象有不同的表示。

■ 参考答案 （6）A （7）C （8）A （9）D

- 以下关于 Singleton（单例）设计模式的叙述中，不正确的是＿＿（10）＿＿。

（10）A．单例模式是创建型模式

　　　B．单例模式保证一个类仅有一个实例

　　　C．单例类提供一个访问唯一实例的全局访问点

　　　D．单例类提供一个创建一系列相关或相互依赖对象的接口

■ 试题分析 抽象工厂模式提供一个创建一系列相关或相互依赖对象的接口，所以选项 D 不正确。

■ 参考答案 （10）D

10.3.3 结构型设计模式

- 假设现在要创建一个 Web 应用框架，基于此框架能够创建不同的具体 Web 应用，比如博客、新闻网站和网上商店等；并可以为每个 Web 应用创建不同的主题样式，如浅色或深色等。这一业务需求的类图设计适合采用＿＿（1）＿＿模式（图 10-3-2）。其中＿＿（2）＿＿是客户程序使用的主要接口，维护对主题类型的引用。此模式为＿＿（3）＿＿，体现的最主要的意图是＿＿（4）＿＿。

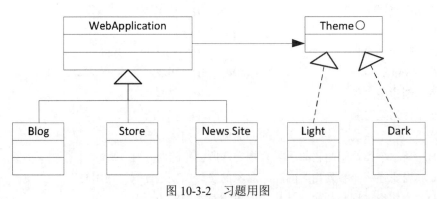

图 10-3-2 习题用图

(1) A. 观察者　　　B. 访问者　　　C. 策略　　　D. 桥接
(2) A. WebApplication　B. Blog　　C. Theme　　D. Light
(3) A. 创建型设计模式　　　　　B. 结构型设计模式
　　C. 行为型类模式　　　　　　D. 行为型设计模式
(4) A. 将抽象部分与其实现部分分离，使它们都可以独立地变化
　　B. 动态地给一个对象添加一些额外的职责
　　C. 为其他对象提供一种代理以控制对这个对象的访问
　　D. 将一个类的接口转换成客户希望的另外一个接口

■ **试题分析**　结构型设计模式的特点和定义在软设考试中常考。
桥接模式属于结构型设计模式，用于分离抽象与实现，并且抽象与实现可以独立变化。
本题中，WebApplication 对应桥接模式的抽象化（Abstraction）；Blog、Store、News Site 对应桥接模式的扩展抽象化（RefinedAbstraction）；Theme 对应桥接模式的实现化（Implementor）；Light、Dark 对应桥接模式的具体实现化（ConcreteImplementor）。
WebApplication 是客户程序使用主要接口，维护对主题类型的引用。

■ **参考答案**　(1) D　(2) A　(3) B　(4) A

● 装饰器（Decorator）模式用于___(5)___；外观（Facade）模式用于___(6)___。
①将一个对象加以包装以给客户提供其希望的另外一个接口
②将一个对象加以包装以提供一些额外的行为
③将一个对象加以包装以控制对这个对象的访问
④将一系列对象加以包装以简化其接口
(5) A. ①　　　B. ②　　　C. ③　　　D. ④
(6) A. ①　　　B. ②　　　C. ③　　　D. ④

■ **试题分析**　装饰模式适用于不影响其他对象的情况下动态增加、撤销对象功能。所以可用于将一个对象加以包装以提供一些额外的行为。
外观模式为子系统中的一组接口提供一个一致的界面、定义了一个高层接口。所以可以用于将一系列对象加以包装以简化其接口。

■ **参考答案**　(5) B　(6) D

● 因使用大量的对象而造成很大的存储开销时，适合采用___(7)___模式进行对象共享，以减少对象数量从而达到较少的内存占用并提升性能。
(7) A. 组合　　　　　　　　　　B. 享元
　　C. 迭代器　　　　　　　　　D. 备忘

■ **试题分析**　享元模式：利用共享技术，复用大量的细粒度对象。享元模式解决程序使用了大量对象，创建对象的开销很大的问题。

■ **参考答案**　(7) B

- 图 10-3-3 所示为___（8）___设计模式，属于___（9）___设计模式，适用于___（10）___。

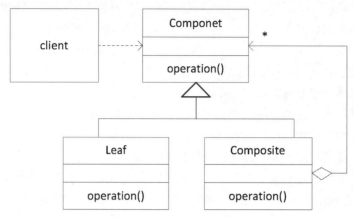

图 10-3-3 习题用图

（8）A．代理（Proxy）　　　　　　　B．生成器（Builder）
　　　C．组合（Composite）　　　　　D．观察者（Observer）
（9）A．创建型　　　　　　　　　　　B．结构型
　　　C．行为　　　　　　　　　　　　D．结构型和行为
（10）A．表示对象的部分-整体层次结构时
　　　 B．当一个对象必须通知其他对象，而它又不能假定其他对象是谁时
　　　 C．当创建复杂对象的算法应该独立于该对象的组成部分及其装配方式时
　　　 D．在需要比较通用和复杂的对象指针代替简单的指针时

■ **试题分析**　组合模式：将对象组合成树型结构，用于表示部分－整体（树型）关系。组合模式属于结构型设计模式。

■ **参考答案**　（8）C　（9）B　（10）A

10.3.4 行为型设计模式

- 欲使一个后端数据模型能够被多个前端用户界面连接，采用___（1）___模式最适合。
  （1）A．装饰器　　　　　　　　　　　B．享元
　　　C．观察者　　　　　　　　　　　D．中介者

■ **试题分析**　行为型设计模式的特点和定义在软设考试中常考。
中介者模式利用一个中介对象，封装对象间的交互。引入中介者后，各对象间不需要显示引用，从而使对象之间成为松耦合关系。一个后端数据模型能够被多个前端用户界面连接适合采用中介者模式。

■ **参考答案**　（1）D

● 以下设计模式中，___(2)___模式使多个对象都有机会处理请求，将这些对象连成一条链，并沿着这条链传递该请求，直到有一个对象处理为止，从而避免请求的发送者和接收者之间的耦合关系。___(3)___模式提供了一种顺序访问一个聚合对象中的各个元素的方法，且不需要暴露该对象的内部表示。这两种模式均为___(4)___。

（2）A．责任链　　　　　　　　　　　B．解释器
　　 C．命令　　　　　　　　　　　　D．迭代器
（3）A．责任链　　　　　　　　　　　B．解释器
　　 C．命令　　　　　　　　　　　　D．迭代器
（4）A．创建型设计模式　　　　　　　B．结构型设计模式
　　 C．行为型设计模式　　　　　　　D．行为型类模式

■ **试题分析** 责任链模式：避免请求发送者与接收者耦合在一起，让多个对象都有可能接收请求，将这些对象连接成一条链，并且沿着这条链传递请求，直到有对象处理它为止。

迭代器模式：提供一种顺序访问一个聚合对象中各个元素的方法，而又无需暴露该对象的内部表示。两者都属于行为型设计模式。

■ **参考答案** （2）A　（3）D　（4）C

● 观察者（Observer）模式适用于___(5)___。
（5）A．访问一个聚合对象的内容，而无需暴露它的内部表示
　　 B．减少多个对象或类之间的通信复杂性
　　 C．将对象的状态恢复到先前的状态
　　 D．一对多对象的依赖关系，当一个对象修改后，依赖它的对象都自动得到通知

■ **试题分析** 选项 A 属于迭代器模式；选项 B 属于中介者模式；选项 C 属于备忘录模式。

观察者模式：定义对象间的一种一对多的依赖关系，当一个对象修改后，所有依赖它的对象都自动得到通知。所以 D 选项属于观察者模式。

■ **参考答案** （5）D

● 某些设计模式会引入总是被用作参数的对象。例如___(6)___对象是一个多态 Accept 方法的参数。
（6）A．Visitor　　　　　　　　　　　B．Command
　　 C．Memento　　　　　　　　　　 D．Observer

■ **试题分析** 访问者模式（Visitor）：分离数据结构与数据操作，在不改变元素数据结构的情况下，进行添加元素操作。

访问者模式中，Visitor 对象是一个多态 Accept 方法的参数。

■ **参考答案** （6）A

● 股票交易中，股票代理（Broker）根据客户发出的股票操作指示进行股票的买卖操作，设计类图如图 10-3-4 所示。该设计采用___(7)___模式将一个请求封装为一个对象，从而使得可以用不同的请求对客户进行参数化；对请求排队或记录请求日志，以及支持可撤销的操作。其中，

___(8)___ 声明执行操作的接口。该模式属于___(9)___模式,该模式适用于___(10)___。

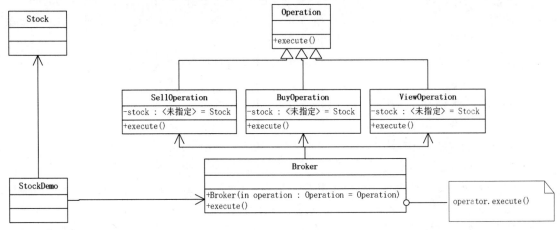

图 10-3-4 习题用图

(7) A. 命令(Command)　　　　　B. 观察者(Observer)
　　C. 状态(State)　　　　　　　D. 中介者(Mediator)
(8) A. Operation　　　　　　　　B. SellOperation/BuyOperation/ViewOperation
　　C. Broker　　　　　　　　　D. Stock
(9) A. 结构型类　　　　　　　　B. 结构型设计
　　C. 创建型类　　　　　　　　D. 行为型设计
(10) A. 一个对象必须通知其他对象,而它又不能假定其他对象是谁
　　 B. 抽象出待执行的动作以参数化某对象
　　 C. 一个对象的行为决定于其状态且必须在运行时刻根据状态改变行为
　　 D. 一个对象引用其他对象并且直接与这些对象通信而导致难以复用该对象

■ 试题分析　命令模式:将一个请求封装为一个对象,这样,发出请求和执行请求就成为了独立的操作;可以进行请求的排队、撤销操作,记录请求日志。命令模式可用不同的请求对客户进行参数化,将请求排队或记录请求日志,支持可撤销的操作。该模式属于行为型设计模式。

Operation 属于命令模式下的抽象命令(Command),声明执行操作的接口。而 SellOperation、BuyOperation、ViewOperation 属于命令模式下的具体命令(ConcreteCommand),实现了具体的股票操作。

■ 参考答案　(7) A　(8) A　(9) D　(10) B

● 图 10-3-5 所示为观察者(Observer)模式的抽象示意图,其中___(11)___知道其观察者,可以有任意多个观察者观察同一个目标;提供住处和删除观察者对象的接口。此模式体现的最主要特征是___(12)___。

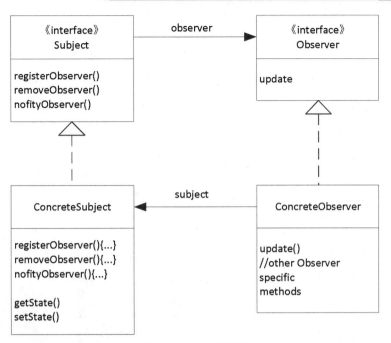

图 10-3-5 习题用图

（11）A．Subject B．Observer
　　　C．ConcreteSubject D．ConcreteObserver
（12）A．类应该对扩展开放，对修改关闭
　　　B．使所要交互的对象尽量松耦合
　　　C．组合优先于继承使用
　　　D．仅与直接关联类交互

■ **试题分析** 观察者模式针对的是对象间的一对多的依赖关系，当被依赖对象状态发生改变时，就会通知并更新所有依赖它的对象。

观察者模式中的抽象主题（Subject）将全体观察者对象的引用存入至某一个列表中，提供某一接口用于添加或删除观察者对象。

该模式体现的主要特点是所要交互的对象尽量松耦合。

■ **参考答案**　（11）A　（12）B

● 在某系统中，不同组（Group）访问数据的权限不同，每个用户（User）可以是一个或多个组中的成员，每个组包含零个或多个用户。现要求在用户和组之间设计映射，将用户和组之间的关系由映射进行维护，得到图 10-3-6 所示的类图，则该设计采用了＿＿（13）＿＿模式，用一个对象来封装系列的对象交互。使用户对象和组对象不需要显式地相互引用，从而使其耦合松散，而且可以独立地改变它们之间的交互，则该模式属于＿＿（14）＿＿模式，该模式适用于＿＿（15）＿＿。

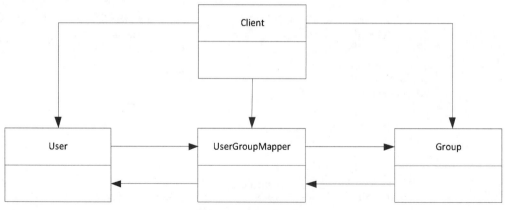

图 10-3-6 习题用图

（13）A．状态（State） B．策略（Strategy）
C．解释器（Interpreter） D．中介者（Mediator）

（14）A．创建型类 B．创建型设计
C．行为型设计 D．行为型类

（15）A．需要使用一个算法的不同变体
B．有一个语言需要解释执行，并且可将句子表示为一个抽象语法树
C．一个对象的行为决定于其状态且必须在运行时刻根据状态改变行为
D．一组对象以定义良好但复杂的方式通信，产生的依赖关系结构混乱且难以理解

■ **试题分析** 中介者模式利用一个中介对象来封装对象间的交互，该模式属于行为型设计模式。适用于一组对象通信方式复杂，相互的依赖关系混乱；一个对象需要引用、通信很多其他对象，导致复用该对象困难等情况。

■ **参考答案** （13）D （14）C （15）D

● 在设计某购物中心的收银软件系统时，要求能够支持在不同时期推出打折、返利、满减等不同促销活动，则适合采用____（16）____模式。

（16）A．策略 B．访问者 C．观察者 D．中介者

■ **试题分析** 策略模式可以一一封装各个算法，不同的算法可以相互替换，但并不影响客户的使用。

■ **参考答案** （16）A

● 自动售货机根据库存、存放货币量、找零能力、所选项目等不同，在货币存入并进行选择时具有如下行为：交付产品不找零；交付产品找零；存入货币不足而不提供任何产品；库存不足而不提供任何产品。这一业务需求适合采用____（17）____模式设计实现，其类图如图 10-3-7 所示，其中____（18）____是客户程序使用的主要接口，可用状态来对其进行配置。此模式为____（19）____，体现的最主要的意图是____（20）____。

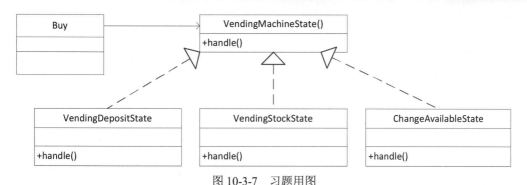

图 10-3-7 习题用图

（17）A．观察者（Observer）　　　　B．状态（State）
　　　C．策略（Strategy）　　　　　　D．访问者（Visitor）
（18）A．VendingMachineState　　　　B．Buy
　　　C．VendingDepositState　　　　D．VendingStockState
（19）A．创建型对象模式　　　　　　B．结构型对象模式
　　　C．行为型类模式　　　　　　　D．行为型对象模式
（20）A．当一个对象状态改变时，所有依赖它的对象得到通知并自动更新
　　　B．在不破坏封装性的前提下，捕获对象的内部状态并在对象之外保存
　　　C．一个对象在其内部状态改变时改变其行为
　　　D．将请求封装为对象，从而可以使用不同的请求对客户进行参数化

■ **试题分析**　状态模式中，把"判断逻辑"放入状态对象中，当状态对象的内部状态发生变化时，可以根据条件相应地改变其行为。而外界看来，更像是对象发生了改变。本题中，包含了逻辑判断，所以适合使用状态模式。

状态模式的特点是对于对象内部的状态，允许其在不同的状态下，拥有不同的行为，对状态单独封装成类。

VendingMachineState 是客户程序使用的主要接口，VendingDepositState、VendingStockState、ChangeAvailableState 是实现 VendingMachineState 接口的具体状态类。

■ **参考答案**　（17）B　（18）A　（19）D　（20）C

第11章 信息安全

信息安全章节的内容包含信息安全基础、信息安全基本要素、防火墙与入侵检测、常见网络安全威胁、恶意代码、网络安全协议、加密算法与信息摘要、网络安全法律知识等。本章节知识点很多,但在软件设计师考试中,考查的分值为2~3分,属于一般考点。网络安全法律知识暂时还未考查过。

本章考点知识结构图如图11-0-1所示。

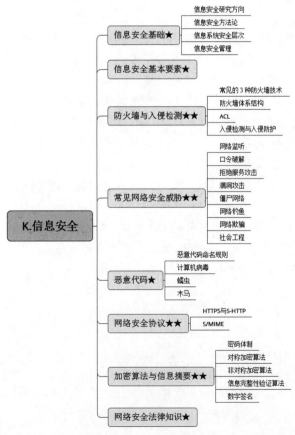

图11-0-1 考点知识结构图

11.1 信息安全基础

本节知识点包含信息安全研究方向、信息安全方法论、信息系统安全层次、信息安全管理等。

- 在网络安全管理中，加强内防内控可采取的策略有 ___(1)___ 。
  ①控制终端接入数量　　　　　　　②终端访问授权，防止合法终端越权访问
  ③加强终端的安全检查与策略管理　④加强员工上网行为管理与违规审计
  （1）A．②③　　　　B．②④　　　　C．①②③④　　　　D．②③④

  ■ **试题分析**　终端接入数量多少与内部网络安全性不相关。

  ■ **参考答案**　（1）D

- 安全需求可划分为物理线路安全、网络安全、系统安全和应用安全。下面的安全需求中属于系统安全的是 ___(2)___ ，属于应用安全的是 ___(3)___ 。
  （2）A．机房安全　　　　　　　　B．入侵检测
  　　　C．漏洞补丁管理　　　　　　D．数据库安全
  （3）A．机房安全　　　　　　　　B．入侵检测
  　　　C．漏洞补丁管理　　　　　　D．数据库安全

  ■ **试题分析**　物理安全中包括物理安全基础、物理安全技术控制错误、物理设置要求、环境和人身安全等方面。A 选项属于物理线路安全。

  网络安全包含网络体系结构安全、通信和网络技术安全、互联网技术和服务安全。本题 B 选项属于网络安全。

  系统安全指与网络系统硬件平台、操作系统、各种应用软件等互相关联。本题 C 选项属于系统安全。

  应用安全指的是针对特定应用所建立的安全防护措施。本题 D 选项属于应用安全。

  ■ **参考答案**　（2）C　（3）D

11.2 信息安全基本要素

本节知识点包含安全的基本要素及其特性等。

- 所有资源只能由授权方或以授权的方式进行修改，即信息未经授权不能进行改变的特性是指信息的 ___(1)___ 。
  （1）A．完整性　　　　B．可用性　　　　C．保密性　　　　D．不可抵赖性

  ■ **试题分析**　完整性：信息只能被得到允许的人修改，并且能够被判别该信息是否已被篡改过。
  可用性：只有授权者才可以在需要时访问该数据，而非授权者应被拒绝访问数据。
  保密性：保证信息不泄露给未经授权的进程或实体，只供授权者使用。
  不可抵赖性：数据的发送方与接收方都无法对数据传输的事实进行抵赖。

  ■ **参考答案**　（1）A

11.3 防火墙与入侵检测

本节知识点包含常见的3种防火墙技术、防火墙体系结构、ACL、入侵检测与入侵防护等。

- ___(1)___ 防火墙是内部网和外部网的隔离点,它可对应用层的通信数据流进行监控和过滤。

  (1) A. 包过滤 　　　　　　　　　B. 应用级网关
  　　C. 数据库 　　　　　　　　　D. Web

  ■ **试题分析** 防火墙基础知识在软设考试中常考。

  包过滤防火墙通过检查每个数据包的源地址、目的地址、端口和协议状态等因素,确定是否允许该数据包通过。

  应用级网关防火墙是在应用层上实现协议过滤和转发功能,针对特别的网络应用协议制定数据过滤规则。

  数据库防火墙技术是针对关系型数据库保护需求应运而生的一种数据库安全主动防御技术,数据库防火墙部署于应用服务器和数据库之间。

  Web防火墙是入侵检测系统。从广义上来说,Web应用防火墙就是应用级网站的安全综合解决方案,在概念上与传统意义上的防火墙有一定的区别。

  ■ **参考答案** (1) B

- 包过滤防火墙对 ___(2)___ 的数据报文进行检查。

  (2) A. 应用层 　　　B. 物理层 　　　C. 网络层 　　　D. 链路层

  ■ **试题分析** 包过滤防火墙主要针对OSI模型中的网络层和传输层的信息进行分析。

  ■ **参考答案** (2) C

- 防火墙通常分为内网、外网和DMZ三个区域,按照受保护程度,从低到高正确的排列次序为 ___(3)___ 。

  (3) A. 内网、外网和DMZ 　　　　　B. 外网、DMZ和内网
  　　C. DMZ、内网和外网 　　　　　D. 内网、DMZ和外网

  ■ **试题分析** 内网是防火墙的重点保护区域,包含单位网络内部的所有网络设备和主机。外网是防火墙重点防范的对象,针对单位外部访问用户、服务器和终端。**DMZ又称为周边网络**,DMZ是一个逻辑区,受保护程度介于外网与内网之间。

  ■ **参考答案** (3) B

- 以下关于防火墙功能特性的叙述中,不正确的是 ___(4)___ 。

  (4) A. 控制进出网络的数据包和数据流向 　　B. 提供流量信息的日志和审计
  　　C. 隐藏内部IP以及网络结构细节 　　　　D. 提供漏洞扫描功能

  ■ **试题分析** 防火墙最基本的功能是控制数据流、提供流量日志和审计、隐藏内部IP以及网络结构细节等。漏洞扫描设备提供漏洞扫描功能,而不是防火墙。

  ■ **参考答案** (4) D

- ___(5)___ 不属于入侵检测技术。

  (5) A. 专家系统　　　　B. 模型检测　　　　C. 简单匹配　　　　D. 漏洞扫描

  ■ **试题分析**　入侵检测是从系统运行过程中产生的或系统所处理的各种数据中查找出威胁系统安全的因素，并可对威胁做出相应的处理。漏洞扫描不属于入侵检测技术。

  ■ **参考答案**　(5) D

- 访问控制是对信息系统资源进行保护的重要措施，适当的访问控制能够阻止未经授权的用户有意或无意地获取资源。计算机系统中，访问控制的任务不包括___(6)___。

  (6) A. 审计　　　　　　　　　　　　　B. 授权

  　　C. 确定访问权限　　　　　　　　　D. 实施存取权限

  ■ **试题分析**　访问控制主要任务有：

  1) 授权：确定哪些主体有权访问哪些客体。

  2) 确定访问权限：权限包含读、写、执行、删除、追加等方式及组合。

  3) 实施存取权限：严格按设定的权限进行存取控制。

  ■ **参考答案**　(6) A

- 以下可以有效防治计算机病毒的策略是___(7)___。

  (7) A. 部署防火墙　　　　　　　　　　B. 部署入侵检测系统

  　　C. 安装并及时升级防病毒软件　　　D. 定期备份数据文件

  ■ **试题分析**　安装并及时升级防病毒软件属于最直接、有效的防治计算机病毒的策略。

  ■ **参考答案**　(7) C

11.4　常见网络安全威胁

本节知识点包含网络监听、口令破解、拒绝服务攻击、漏洞攻击、僵尸网络、网络钓鱼、网络欺骗、社会工程等。

- 攻击者通过发送一个目的主机已经接收过的报文来达到攻击目的，这种攻击方式属于___(1)___攻击。

  (1) A. 重放　　　　B. 拒绝服务　　　　C. 数据截获　　　　D. 数据流分析

  ■ **试题分析**　重放攻击就是把窃取到的、接收方接收过的数据，原封不动地再次发送给接收方，以达到欺骗接收方的目的。

  ■ **参考答案**　(1) A

- 下列攻击类型中，___(2)___是以被攻击对象不能继续提供服务为首要目标。

  (2) A. 跨站脚本　　　B. 拒绝服务　　　C. 信息篡改　　　D. 口令猜测

  ■ **试题分析**　拒绝服务的知识点在软设考试中常考。

  拒绝服务攻击是指攻击者向攻击对象发送大量请求，使得攻击对象不能继续提供服务。

  ■ **参考答案**　(2) B

- SQL 是一种数据库结构化查询语言，SQL 注入攻击的首要目标是___(3)___。

  (3) A．破坏 Web 服务　　　　　　　　B．窃取用户口令等机密信息

  　　C．攻击用户浏览器，以获得访问权限　D．获得数据库的权限

  ■ 试题分析　SQL 注入就是把 SQL 命令插入到 Web 表单提交、域名输入栏、页面请求的查询字符串中，最终欺骗服务器执行设计好的恶意 SQL 命令。SQL 注入目标是为了获得数据库的权限，从而非法获得数据。

  ■ 参考答案　(3) D

- 为了攻击远程主机，通常利用___(4)___技术检测远程主机状态。

  (4) A．病毒查杀　　　　　　　　　　　B．端口扫描

  　　C．QQ 聊天　　　　　　　　　　　D．身份认证

  ■ 试题分析　攻击者利用端口扫描，了解目的主机打开了哪些端口，就能知道目的主机提供什么服务。

  ■ 参考答案　(4) B

- 在网络设计和实施过程中要采取多种安全措施，其中___(5)___是针对系统安全需求的措施。

  (5) A．设备防雷击　　　　　　　　　　B．入侵检测

  　　C．漏洞发现与补丁管理　　　　　　D．流量控制

  ■ 试题分析　在网络设计和实施过程中，漏洞发现与补丁管理属于针对系统安全需求的措施。

  ■ 参考答案　(5) C

- 下列攻击行为中，属于典型被动攻击的是___(6)___。

  (6) A．拒绝服务　　　　　　　　　　　B．会话拦截

  　　C．系统干涉　　　　　　　　　　　D．修改数据命令

  ■ 试题分析　主动攻击和被动攻击的分类在软设考试中常考。

  攻击还可分为两类：

  1）主动攻击：主动向被攻击对象实施破坏，涉及修改或创建数据，它包括重放、假冒、篡改与拒绝服务等。本题中，拒绝服务、会话拦截、修改数据命令属于主动攻击。

  2）被动攻击：只是窥探、窃取、分析数据，但不影响网络、服务器的正常工作。系统干涉属于被动攻击。

  ■ 参考答案　(6) C

- ___(7)___不属于主动攻击。

  (7) A．流量分析　　　　　　　　　　　B．重放

  　　C．IP 地址欺骗　　　　　　　　　　D．拒绝服务

  ■ 试题分析　流量分析攻击是通过检测网络流量变化或者变化趋势，获得网络状况信息。流量分析属于被动攻击，重放、IP 地址欺骗、拒绝服务属于主动攻击。

  ■ 参考答案　(7) A

11.5 恶意代码

本节知识点包含恶意代码命名规则、计算机病毒、蠕虫、木马等。

- 计算机病毒的特征不包括___(1)___。
  (1) A. 传染性　　　　B. 触发性　　　　C. 隐蔽性　　　　D. 自毁性
  ■ **试题分析** 计算机病毒的特征包括隐蔽性、传染性、潜伏性、触发性和破坏性等。
  ■ **参考答案** (1) D

- 震网（Stuxnet）病毒是一种破坏工业基础设施的恶意代码，其利用系统漏洞攻击工业控制系统，是一种危害性极大的___(2)___。
  (2) A. 引导区病毒　　B. 宏病毒　　　　C. 木马病毒　　　　D. 蠕虫病毒
  ■ **试题分析** 震网病毒是一种蠕虫病毒。
  ■ **参考答案** (2) D

11.6 网络安全协议

本节知识点包含 HTTPS 与 S-HTTP、S/MIME 等。

- 下述协议中与安全电子邮箱服务无关的是___(1)___。
  (1) A. SSL　　　　　B. HTTPS　　　　C. MIME　　　　　D. PGP
  ■ **试题分析** MIME 的知识在软设考试中常考。
  多用途互联网邮件扩展（Multipurpose Internet Mail Extensions，MIME），描述信息内容类型（与安全无关）的因特网标准。MIME 消息可包含文本、图像、音频、视频以及其他应用程序专用的数据。
  ■ **参考答案** (1) C

- 在发送电子邮件附加多媒体数据时需采用___(2)___协议来支持邮件传输。
  (2) A. MIME　　　　B. SMTP　　　　C. POP3　　　　　D. IMAP4
  ■ **试题分析** MIME 消息能包含文本、图像、音频、视频等多媒体数据。
  ■ **参考答案** (2) A

- 下列协议中，属于安全远程登录协议的是___(3)___。
  (3) A. TLS　　　　　B. TCP　　　　　C. SSH　　　　　D. TFTP
  ■ **试题分析** SSH 的知识在软设考试中常考。
  安全外壳协议（Secure Shell，SSH）是一个较为可靠的、为远程登录会话及其他网络服务提供安全性的协议。SSH 可以加密、认证并压缩传输的数据。
  ■ **参考答案** (3) C

- 通常使用___(4)___为 IP 数据报文进行加密。

  (4) A．IPSec B．PPTP C．HTTPS D．TLS

  ■ 试题分析 Internet 协议安全性（Internet Protocol Security，IPSec）是通过对 IP 协议的分组进行加密和认证来保护 IP 协议的网络传输协议簇。

  ■ 参考答案 (4) A

- 与 HTTP 相比，HTTPS 协议对传输的内容进行加密，更加安全。HTTPS 基于___(5)___安全协议，其默认端口是___(6)___。

  (5) A．RSA B．DES C．SSL D．SSH
  (6) A．1023 B．443 C．80 D．8080

  ■ 试题分析 HTTPS 的知识在软设考试中常考。

  超文本传输协议（Hyper Text Transfer Protocol over Secure Socket Layer，HTTPS），是以安全为目标的 HTTP 通道，简单讲是 HTTP 的安全版。**它使用 SSL 来对信息内容进行加密，使用 TCP 的 443 端口发送和接收报文**。其使用语法与 HTTP 类似，使用 "HTTPS:// + URL" 形式。

  ■ 参考答案 (5) C (6) B

11.7 加密算法与信息摘要

本节知识点包含密码体制、对称加密算法、非对称加密算法、信息完整性验证算法、数字签名等。

- AES 是一种___(1)___算法。

  (1) A．公钥加密 B．流密码 C．分组加密 D．消息摘要

  ■ 试题分析 高级加密标准（Advanced Encryption Standard，AES）是一种分组（对称）加密算法。流密码使用一个伪随机数序列作为密钥，明文与密钥逐比特进行异或运算加密成密文；密文与同样的密钥逐比特进行异或运算还原成明文。

  ■ 参考答案 (1) C

- DES 是___(2)___算法。

  (2) A．公开密钥加密 B．共享密钥加密 C．数字签名 D．认证

  ■ 试题分析 类似的题在软设考试中常考。

  共享密钥加密算法又称对称加密算法，即用同一个密钥去加密和解密数据。常见的共享密钥加密算法有 DES、3DES、IDEA、AES、RC5 等。

  ■ 参考答案 (2) B

- 下列算法中，不属于公开密钥加密算法的是___(3)___。

  (3) A．ECC B．DSA C．RSA D．DES

  ■ 试题分析 类似的题在软设考试中常考。

  非对称加密算法也称为公开密钥加密算法，是指加密密钥和解密密钥不同，其中一个为公钥，

另一个为私钥。常见的公开密钥加密算法有ECC、DSA、RSA。

■ **参考答案** (3) D

● 以下加密算法中适合对大量的明文消息进行加密传输的是___(4)___。
 (4) A. RSA　　　　B. SHA-1　　　　C. MD5　　　　D. RC5

■ **试题分析** 对称加密算法适合对大量的明文消息进行加密,RC5属于对称加密算法。

■ **参考答案** (4) D

● MD5是___(5)___算法,对任意长度的输入计算得到的结果长度为___(6)___位。
 (5) A. 路由选择　　B. 摘要　　　　C. 共享密钥　　D. 公开密钥
 (6) A. 64　　　　　B. 128　　　　　C. 140　　　　　D. 160

■ **试题分析** 常见的摘要算法有:MD5、SHA等。
消息摘要算法5(MD5),把信息分为512比特的分组,并且创建一个128比特的摘要。

■ **参考答案** (5) B　(6) B

● 可用于数字签名的算法是___(7)___。
 (7) A. RSA　　　　B. IDEA　　　　C. RC4　　　　D. MD5

■ **试题分析** RSA算法属于非对称加密算法,可用于数字签名和验签。

■ **参考答案** (7) A

● 以下关于认证和加密的叙述中,错误的是___(8)___。
 (8) A. 加密用以确保数据的保密性
　　　B. 认证用以确保报文发送者和接收者的真实性
　　　C. 认证和加密都可以阻止对手进行被动攻击
　　　D. 身份认证的目的在于识别用户的合法性,阻止非法用户访问系统

■ **试题分析** 认证可以识别用户的合法性,阻止非法用户访问系统。

■ **参考答案** (8) C

● ___(9)___不是数字签名的作用。
 (9) A. 接收方可验证消息来源的真实性　　B. 发送方无法否认发送过该消息
　　　C. 接收方无法伪造或篡改消息　　　　D. 可验证接收方合法性

■ **试题分析** 数字签名的作用:
1) 接收方验证消息来源于发送方。
2) 发送方不能否认发送过的消息。
3) 接收方无法伪造或篡改发送方发送的消息。
数据签名无法验证接收方的身份合法性。

■ **参考答案** (9) D

● 在安全通信中,S将所发送的信息使用___(10)___进行数字签名,T收到该消息后可利用___(11)___验证该消息的真实性。
 (10) A. S的公钥　　B. S的私钥　　C. T的公钥　　D. T的私钥

（11）A．S 的公钥　　　　B．S 的私钥　　　C．T 的公钥　　　　D．T 的私钥

■ **试题分析**　类似的题在软设考试中常考。

数字签名发送方 S 使用 S 的私钥对发送的消息进行数字签名；接收方 T 收到该消息后可利用 S 的公钥解密，验证该消息的真实性。

■ **参考答案**　（10）B　（11）A

● 用户 A 和 B 要进行安全通信，通信过程需确认双方身份和消息不可否认，A 和 B 通信时可使用 ___(12)___ 来对用户的身份进行认证；使用 ___(13)___ 确保消息不可否认。

（12）A．数字证书　　　B．消息加密　　　C．用户私钥　　　D．数字签名
（13）A．数字证书　　　B．消息加密　　　C．用户私钥　　　D．数字签名

■ **试题分析**　类似的题在软设考试中常考。

数字证书是一串表明用户身份信息的数字，是一种验证用户身份的方式。

数字签名使用加密技术使别人无法伪造签名，确保了发送者身份的不可否认性。

■ **参考答案**　（12）A　（13）D

● 某电子商务网站向 CA 申请了数字证书，用户可以通过使用 ___(14)___ 验证 ___(15)___ 的真伪来确定该网站的合法性。

（14）A．CA 的公钥　　　B．CA 的签名　　　C．网站的公钥　　　D．网站的私钥
（15）A．CA 的公钥　　　B．CA 的签名　　　C．网站的公钥　　　D．网站的私钥

■ **试题分析**　用户通过验证数字证书进而验证网站的合法性，可以使用 CA 的公钥，对该证书上的 CA 签名进行验证。

■ **参考答案**　（14）A　（15）B

● 假定用户 A、B 分别在 I1 和 I2 两个 CA 处取得了各自的证书，下面 ___(16)___ 是 A、B 互信的必要条件。

（16）A．A、B 互换私钥　　　　　　　　B．A、B 互换公钥
　　　C．I1、I2 互换私钥　　　　　　　D．I1、I2 互换公钥

■ **试题分析**　A、B 互信的前提是 I1 和 I2 两个 CA 交换公钥确定合法性。

■ **参考答案**　（16）D

● Kerberos 系统中可通过在报文中加入 ___(17)___ 来防止重放攻击。

（17）A．会话密钥　　　B．时间戳　　　C．用户 ID　　　D．私有密钥

■ **试题分析**　时间戳可以防止重放攻击。

■ **参考答案**　（17）B

第12章 信息化基础

软设中的信息化基础部分考点涉及信息与信息化、电子政务、企业信息化、电子商务、新一代信息技术。每次考试考查的分值为0~1分，属于零星考点。

本章考点知识结构图如图12-0-1所示。

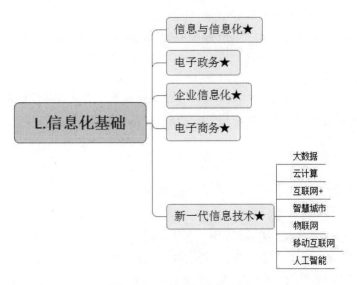

图12-0-1 考点知识结构图

12.1 信息与信息化

本部分包含信息的定义、信息化的定义等知识。

- 天气预报、市场信息都会随时间的推移而变化，这体现了信息的__(1)__。
  (1) A．载体依附性　　　B．共享性　　　C．时效性　　　D．持久性
  ■ 试题分析　信息的时效性指的是信息的价值会随着时间的变化而变化。
  ■ 参考答案　(1) C

12.2　电子政务

本节知识点包含电子政务的表现形态等。

- 企业按政府要求在某政府网站上填报的各种统计信息和报表，这种方式属于__(1)__电子政务模式。
  (1) A．B2B　　　B．B2C　　　C．G2E　　　D．B2G
  ■ 试题分析　企业对政府，即 B2G。
  ■ 参考答案　(1) D

12.3　企业信息化

本节知识点包含企业战略规划、企业信息化流程等。

- __(1)__不属于客户关系管理（Customer Relationship Management，CRM）系统的基本功能。
  (1) A．自动化销售　　　　　　　　B．自动化项目管理
  　　C．自动化市场营销　　　　　　D．自动化客户服务
  ■ 试题分析　客户关系管理（CRM）系统是以客户为中心设计的一套集成化信息管理系统。其基本功能包括自动化销售、客户服务和市场营销，但不包含项目管理。
  ■ 参考答案　(1) B

12.4　电子商务

本节知识点包含电子商务的表现形式等。

- 加快发展电子商务，是企业降低成本、提高效率、拓展市场和创新经营模式的有效手段，电子商务与线下实体店有机结合向消费者提供商品和服务，称为__(1)__模式。
  (1) A．B2B　　　B．B2C　　　C．O2O　　　D．C2C
  ■ 试题分析　电子商务与线下实体店有机结合向消费者提供商品和服务，称为 O2O 模式。
  按照交易对象，电子商务模式包括：企业与企业之间的电子商务（B2B）、商业企业与消费者之间的电子商务（B2C）、消费者与消费者之间的电子商务（C2C）。
  ■ 参考答案　(1) C

12.5 新一代信息技术

本节知识点包含大数据、云计算、互联网+、智慧城市等。
- 云计算支持用户在任意位置、使用各种终端获取应用服务,所请求的资源来自云中不固定的提供者,应用运行的位置对用户透明。云计算的这种特性就是___(1)___。
 (1)A．虚拟化　　　　　B．可扩展性　　　C．通用性　　　　D．按需服务
 ■ **试题分析**　云计算的虚拟化就是用软件的方法重新定义划分IT资源,实现各类资源、服务的动态分配、灵活调度。用户可以在任意位置、使用各种终端获取应用服务、资源,而不用关心资源的具体位置,提供者是谁。
 ■ **参考答案**　(1)A

第13章 知识产权相关法规

软设中的知识产权部分考点涉及《中华人民共和国著作权法》《中华人民共和国专利法》《中华人民共和国商标法》等法律的重要条款。其中，重点考查《中华人民共和国著作权法》《中华人民共和国商标法》两部法律法规。每次考试考查的分值为0～2分，属于零星考点。

本章考点知识结构图如图13-0-1所示。

图13-0-1 考点知识结构图

13.1 著作权法

本部分包含《中华人民共和国著作权法》《计算机软件保护条例》相关知识。
- 著作权中，___(1)___的保护期不受限制。

  (1) A. 发表权　　　　B. 发行权　　　　C. 署名权　　　　D. 展览权

  ■ **试题分析** 类似知识点在软设考试中常考。

  《中华人民共和国著作权法》第二十二条 作者的署名权、修改权、保护作品完整权的保护期不受限制。

  ■ **参考答案** (1) C

- 某软件程序员接受一家公司（软件著作权人）委托开发完成一个软件，三个月后又接受另一家公司委托开发功能类似的软件，此程序员仅将受第一家公司委托开发的软件略作修改即提交给第二家公司，此种行为___(2)___。

(2) A. 属于开发者的特权　　　　　　B. 属于正常使用著作权
　　 C. 不构成侵权　　　　　　　　　D. 构成侵权

■ **试题分析**　软件著作权人属于第一家软件公司，不属于某软件程序员。所以，再把软件略作修改提交给第二家公司，构成侵权行为。

■ **参考答案**　(2) D

● 某软件公司项目组的程序员在程序编写完成后均按公司规定撰写文档，并上交公司存档。此情形下，该软件文档著作权应由___(3)___享有。

(3) A. 程序员　　　　　　　　　　　B. 公司与项目组共同
　　 C. 公司　　　　　　　　　　　　D. 项目组全体人员

■ **试题分析**　类似考题在软设考试中常考。

程序员在程序编写完成后均按公司规定撰写文档，并上交公司存档。这种文档属于职务作品，著作权归公司所有。

■ **参考答案**　(3) C

● 甲公司购买了一款工具软件，并使用该工具软件开发了新的名为"恒友"的软件。甲公司在销售新软件的同时，向客户提供工具软件的复制品，则该行为___(4)___，甲公司未对"恒友"软件注册商标就开始推向市场，并获得用户的好评。三个月后，乙公司也推出名为"恒友"的类似软件，并对之进行了商标注册，则其行为___(5)___。

(4) A. 侵犯了著作权　　　　　　　　B. 不构成侵权行为
　　 C. 侵犯了专利权　　　　　　　　D. 属于不正当竞争
(5) A. 侵犯了著作权　　　　　　　　B. 不构成侵权行为
　　 C. 侵犯了商标权　　　　　　　　D. 属于不正当竞争

■ **试题分析**　甲公司为了商业利益向用户提供工具软件的复制品的行为，侵犯了工具软件公司的著作权。

未注册过的商标不受保护，所以乙公司不构成侵权行为。

■ **参考答案**　(4) A　(5) B

● 李某受非任职单位委托，利用该单位实验室实验材料和技术资料开发了一项软件产品，对该软件的权利归属，表达正确的是___(6)___。

(6) A. 该软件属于委托单位
　　 B. 若该单位与李某对软件的归属有特别的约定，则遵从约定；若无约定原则上归属于李某
　　 C. 取决于该软件是否属于单位分派给李某的工作
　　 D. 无论李某与该单位有无特别约定，该软件属于李某

■ **试题分析**　《中华人民共和国著作权法》第十九条　受委托创作的作品，著作权的归属由委托人和受托人通过合同约定。合同未作明确约定或者没有订立合同的，著作权属于受托人。

■ **参考答案** （6）B

- X公司接受Y公司的委托开发了一款应用软件，双方没有订立任何书面合同。在此情形下，___（7）___享有该软件的著作权。

    （7）A．X、Y公司共同　　　　　　　B．X公司
    　　 C．Y公司　　　　　　　　　　　D．X、Y公司均不

　■ **试题分析** 类似的题在软设考试中常考。

《计算机软件保护条例》第十一条 接受他人委托开发的软件，其著作权的归属由委托人与受托人签订书面合同约定；无书面合同或者合同未作明确约定的，其著作权由受托人享有。

■ **参考答案** （7）B

- 王某是某公司的软件设计师，完成某项软件开发后按公司规定进行软件归档。以下有关该软件的著作权的叙述中，正确的是___（8）___。

    （8）A．著作权应由公司和王某共同享有
    　　 B．著作权应由公司享有
    　　 C．著作权应由王某享有
    　　 D．除署名权以外，著作权的其他权利由王某享有

　■ **试题分析** 类似的题在软设考试中常考。

《计算机软件保护条例》第十三条 自然人在法人或者其他组织中任职期间所开发的软件有下列情形之一的，该软件著作权由该法人或者其他组织享有，该法人或者其他组织可以对开发软件的自然人进行奖励：

（一）针对本职工作中明确指定的开发目标所开发的软件；

（二）开发的软件是从事本职工作活动所预见的结果或者自然的结果；

（三）主要使用了法人或者其他组织的资金、专用设备、未公开的专门信息等物质技术条件所开发并由法人或者其他组织承担责任的软件。

所以著作权应由公司享有。

■ **参考答案** （8）B

- ___（9）___是构成我国保护计算机软件著作权的两个基本法律文件。

    （9）A．《软件法》和《计算机软件保护条例》
    　　 B．《中华人民共和国著作权法》和《计算机软件保护条例》
    　　 C．《软件法》和《中华人民共和国著作权法》
    　　 D．《中华人民共和国版权法》和《计算机软件保护条例》

　■ **试题分析** 类似的题在软设考试中常考。

《中华人民共和国著作权法》和《计算机软件保护条例》是构成我国保护计算机软件著作权的两个基本法律文件。

■ **参考答案** （9）B

- 根据《计算机软件保护条例》的规定，对软件著作权的保护不包括___(10)___。

  (10) A．目标程序　　　　　　　　　　B．软件文档

  　　 C．源程序　　　　　　　　　　　D．开发软件所用的操作方法

  ■ 试题分析　《计算机软件保护条例》第六条　本条例对软件著作权的保护不延及开发软件所用的思想、处理过程、操作方法或者数学概念等。

  ■ 参考答案　(10) D

- 某软件公司参与开发管理系统软件的程序员张某，辞职到另一公司任职，于是该项目负责人将该管理系统软件上开发者的署名更改为李某（接张某工作）。该项目负责人的行为___(11)___。

  (11) A．侵犯了张某开发者的身份权（署名权）

  　　 B．不构成侵权，因为程序员张某不是软件著作权人

  　　 C．只是行使管理者的权利，不构成侵权

  　　 D．不构成侵权，因为程序员张某现已不是项目组成员

  ■ 试题分析　依据《计算机软件保护条例》第二十三条第四款，在他人软件上署名或者更改他人软件上的署名的属于侵权行为。

  ■ 参考答案　(11) A

13.2　专利法

本部分知识包含《中华人民共和国专利法》等。

- 甲、乙两人在同一天就同样的发明创造提交了专利申请，专利局将分别向各申请人通报有关情况，并提出多种可能采用的解决办法。下列说法中，不可能采用___(1)___。

  (1) A．甲、乙作为共同申请人

  　　B．甲或乙一方放弃权利并从另一方得到适当的补偿

  　　C．甲、乙都不授予专利权

  　　D．甲、乙都授予专利权

  ■ 试题分析　根据"同一的发明创造只能被授予一项专利"的规定，不可能采用的解决办法是甲、乙都授予专利权。

  ■ 参考答案　(1) D

- 美国某公司与中国某企业谈技术合作，合同约定使用一项美国专利（获得批准并在有效期内），该项技术未在中国和其他国家申请专利。依照该专利生产的产品___(2)___需要向美国公司支付这件美国专利的许可使用费。

  (2) A．在中国销售，中国企业

  　　B．如果返销美国，中国企业不

  　　C．在其他国家销售，中国企业

  　　D．在中国销售，中国企业不

■ 试题分析 未在中国和其他国家申请专利，则在中国和其他国家销售无需支付专利费。美国专利产品返销美国，则需要向美国公司支付专利的许可使用费。

■ 参考答案 （2）D

● 甲公司软件设计师完成了一项涉及计算机程序的发明。之后，乙公司软件设计师也完成了与甲公司软件设计师相同的涉及计算机程序的发明。甲、乙公司于同一天向专利局申请发明专利。此情形下，___（3）___是专利权申请人。

（3）A．甲公司 　　　　　　　　　　B．甲、乙两公司
　　 C．乙公司 　　　　　　　　　　 D．由甲、乙公司协商确定的公司

■ 试题分析 类似的题在软设考试中常考。

《中华人民共和国专利法实施细则》第四十一条 两个以上的申请人同日（指申请日；有优先权的，指优先权日）分别就同样的发明创造申请专利的，应当在收到国务院专利行政部门的通知后自行协商确定申请人。

■ 参考答案 （3）D

● 刘某完全利用任职单位的实验材料、实验室和不对外公开的技术资料完成了一项发明。以下关于该发明的权利归属的叙述中，正确的是___（4）___。

（4）A．无论刘某与单位有无特别约定，该项成果都属于单位
　　 B．原则上应归单位所有，但若单位与刘某对成果的归属有特别约定时遵从约定
　　 C．取决于该发明是否是单位分派给刘某的
　　 D．无论刘某与单位有无特别约定，该项成果都属于刘某

■ 试题分析 《中华人民共和国专利法》第六条 执行本单位的任务或者主要是利用本单位的物质技术条件所完成的发明创造为职务发明创造。职务发明创造申请专利的权利属于该单位；申请被批准后，该单位为专利权人。

非职务发明创造，申请专利的权利属于发明人或者设计人；申请被批准后，该发明人或者设计人为专利权人。

利用本单位的物质技术条件所完成的发明创造，单位与发明人或者设计人订有合同，对申请专利的权利和专利权的归属作出约定的，从其约定。

■ 参考答案 （4）B

13.3　商标法

本部分知识包含《中华人民共和国商标法》等。

● 我国商标法规定了申请注册的商标不得使用的文字和图形，其中包括县级以上行政区的地名（文字）。以下商标注册申请，经审查，能获准注册的商标是___（1）___。

（1）A．青岛（市） 　　　　　　　　 B．黄山（市）
　　 C．海口（市）　　　　　　　　　 D．长沙（市）

■ **试题分析** 《中华人民共和国商标法》第十条 县级以上行政区划的地名或者公众知晓的外国地名，不得作为商标。但是，地名具有其他含义或者作为集体商标、证明商标组成部分的除外；已经注册的使用地名的商标继续有效。

■ **参考答案** （1）B

- 李某购买了一张有注册商标的应用软件光盘，则李某享有___（2）___。

  （2）A．注册商标专用权　　　　　B．该光盘的所有权
  　　C．该软件的著作权　　　　　D．该软件的所有权

■ **试题分析** 李某购买了一张有注册商标的应用软件光盘，则李某享有该光盘的所有权。

■ **参考答案** （2）B

- 根据我国商标法，下列商品中必须使用注册商标的是___（3）___。

  （3）A．医疗仪器　　　　　　　　B．墙壁涂料
  　　C．无糖食品　　　　　　　　D．烟草制品

■ **试题分析** 《中华人民共和国烟草专卖法》第二十条 卷烟、雪茄烟和有包装的烟丝必须申请商标注册，未经核准注册的，不得生产、销售。禁止生产、销售假冒他人注册商标的烟草制品。

■ **参考答案** （3）D

- 甲、乙两厂生产的产品类似，且产品都使用"B"商标。两厂于同一天向商标局申请商标注册，且申请注册前两厂均未使用"B"商标。此情形下，___（4）___能核准注册。

  （4）A．甲厂　　　　　　　　　　B．由甲、乙厂抽签确定的厂
  　　C．乙厂　　　　　　　　　　D．甲、乙两厂

■ **试题分析** 《中华人民共和国商标法实施条例》第十九条 两个或者两个以上的申请人，在同一种商品或者类似商品上，分别以相同或者近似的商标在同一天申请注册的，各申请人应当自收到商标局通知之日起30日内提交其申请注册前在先使用该商标的证据。同日使用或者均未使用的，各申请人可以自收到商标局通知之日起30日内自行协商，并将书面协议报送商标局；不愿协商或者协商不成的，商标局通知各申请人以抽签的方式确定一个申请人，驳回其他人的注册申请。商标局已经通知但申请人未参加抽签的，视为放弃申请，商标局应当书面通知未参加抽签的申请人。

■ **参考答案** （4）B

- ___（5）___的保护期限是可以延长的。

  （5）A．专利权　　　　　　　　　B．商标权
  　　C．著作权　　　　　　　　　D．商业秘密权

■ **试题分析** 《中华人民共和国商标法》第三十九条 注册商标的有效期为十年，自核准注册之日起计算。

第四十条 注册商标有效期满，需要继续使用的，商标注册人应当在期满前十二个月内按照规定办理续展手续；在此期间未能办理的，可以给予六个月的宽展期。每次续展注册的有效期为十年，自该商标上一届有效期满次日起计算。期满未办理续展手续的，注销其注册商标。

商标权的保护期限是可以延长的。

■ **参考答案** （5）B

● 甲、乙两个申请人分别就相同内容的计算机软件发明创造，向专利行政部门提出专利申请，甲先于乙一日提出，则＿＿(6)＿＿。

(6) A．甲获得该项专利申请权　　　　　B．乙获得该项专利申请权
　　 C．甲和乙都获得该项专利申请权　　D．甲和乙都不能获得该项专利申请权

■ **试题分析**　相同内容的计算机软件发明创造，向专利行政部门提出专利申请，专利权授予最先申请的人。

■ **参考答案**　（6）A

第14章 标准化

标准化部分涉及的知识点有标准化概述、标准化分类、标准的代号和名称、ISO 9000、ISO 15504等。软设考试近几年几乎没有考查过这部分的知识,属于零星考点。

本章考点知识结构图如图14-0-1所示。

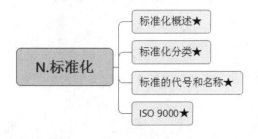

图14-0-1 考点知识结构图

- _____(1)_____ 为推荐性地方标准的代号。
  (1) A. SJ/T　　　　B. Q/T11　　　　C. GB/T　　　　D. DB11/T

  ■ **试题分析** 我国国家标准代号:强制性标准代号为GB、推荐性标准代号为GB/T、指导性标准代号为GB/Z、实物标准代号为GSB。

  行业标准代号:由汉语拼音大写字母组成(如电力行业为DL)。

  地方标准代号:由DB加上省级行政区划分代码的前两位。

  企业标准代号:由Q加上企业代号组成。

  本题中,A选项是电子行业标准代号,B选项是企业标准代号,C选项是国家推荐性标准代号。

  ■ **参考答案** (1) D

第15章
经典案例分析

按照软考命题的模式,软件设计师下午案例题一般有 6 道大题(但只需要做 5 道题),每题 15 分,满分 75 分。题型主要是问答题和程序题。

本章根据典型的数据流图、E-R 图、UML、C 程序、Java 程序等方向的考题进行专题讲解。

15.1 数据流程图案例分析

数据流程图是每年的软件设计师下午题的第一题,从近些年的试题来看,形成了一个出题"四步"模式:

第 1 步:填入实体名称。
第 2 步:再填入存储名称或处理名称。
第 3 步:补充缺失的数据流及其起点和终点。
第 4 步:再根据具体问题进行回答。

前 3 步是相对固定的,最后一步则变化较大。那么,至少针对前 3 步,我们有了特定的解题思路和方法。

首先,需要认真读题,读题的时候用铅笔标出系统的使用者和涉及的用户,一般而言,这些"名词"(记住一定是名词)往往就是可能的解题候选答案。

第 2 步的"存储名称"或"处理名称",需要仔细看图,找到输入和输出的箭头,重点放在箭头上的文字,如果是"存储名称",则根据箭头提示的文字,将其"集合化",比如是考试信息,那么可以给"存储名称"命名"考试信息表"或"考试信息"。如果是"处理名称",需要根据该处理的输入和输出适当起名。

第 3 步的"补充缺失的数据流及其起点和终点",首先需要认真核对上下文数据流图(顶层的数据流程图),然后对比 0 层数据流图(下一层的数据流程图),确认在层层展开时,上一层的信息是否在下一层得以保留（或分化）。如果下一层的数据流和上一层对应不上，那么就说明有缺失。此处可采用画范围线的方法，按照上一层的范围，在本层画出对应范围圈。若范围、数据流等对应没有问题（数据流守恒），那么需要把重点放在本层的存储和实体上。一般而言，存储应该是既有"输入"，又有"输出"的。此外，严格对照题目中的信息，进行对比，看题目中的信息是否存在"遗漏"，若存在遗漏，则说明存在缺失数据流，对照题目信息补上，即可完成解答。

第 4 步的问题一般出题模式各不相同，需要具体情况具体分析。但是，解题时依旧需要认真读题、仔细看图，抓住关键词句下手。

15.1.1 大学考试系统

阅读下列说明和图，回答问题 1 至问题 4。

【说明】某大学为进一步推进无纸化考试，欲开发一考试系统。系统管理员能够创建包括专业方向、课程编号、任课教师等相关考试基础信息，教师和学生进行考试相关的工作。系统与考试有关的主要功能如下。

（1）考试设置。教师制订试题（题目和答案）、考试说明、考试时间和提醒时间等考试信息，录入参加考试的学生信息，并分别进行存储。

（2）显示并接收解答。根据教师设定的考试信息，在考试有效时间内向学生显示考试说明和题目，根据设定的考试提醒时间进行提醒，并接收学生的解答。

（3）处理解答。根据答案对接收到的解答数据进行处理，然后将解答结果进行存储。

（4）生成成绩报告。根据解答结果生成学生个人成绩报告，供学生查看。

（5）生成成绩单。对解答结果进行核算后生成课程成绩单供教师查看。

（6）发送通知。根据成绩报告数据，创建通知数据并将通知发送给学生；根据成绩单数据，创建通知数据并将通知发送给教师。

现采用结构化方法对考试系统进行分析与设计，获得如图 15-1-1 所示的上下文数据流图和图 15-1-2 所示的 0 层数据流图。

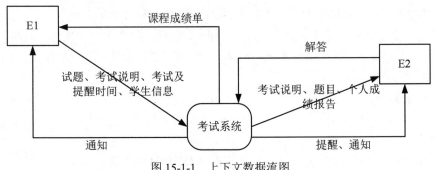

图 15-1-1　上下文数据流图

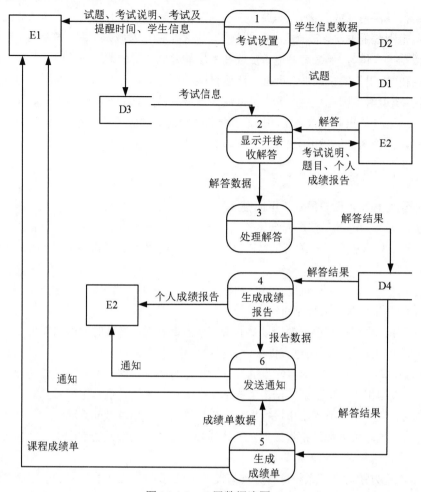

图 15-1-2　0 层数据流图

【问题 1】

使用说明中的术语，给出图 15-1-1 中的实体 E1～E2 的名称。

【试题分析】读题目，题目中给出了系统管理员、教师、学生 3 个"实体"名词，再看数据流，试题肯定是教师出题后发给考试系统，而学生则解答试题、看到个人成绩报告。所以 E1 应该是教师，而 E2 则是学生。

【参考答案】

E1：教师　　E2：学生

【问题 2】

使用说明中的术语，给出图 15-1-2 中的数据存储 D1～D4 的名称。

【试题分析】根据箭头提示的文字，D1 的箭头是试题（包括答案和题目），D2 是学生信息数据（类化为学生信息），D3 是考试信息，D4 是解答结果，那么很容易得到答案。

【参考答案】

D1：试题（表）或题目和答案（表）　　D2：学生信息（表）

D3：考试信息（表）　　　　　　　　　D4：解答结果（表）

【问题 3】

根据说明和图中术语，补充图 15-1-2 中缺失的数据流及其起点和终点。

【试题分析】首先对照审查"上下文数据流图"和"0 层数据流图"，发现有没有数据流不守恒问题。核查"存储"，发现 D1 只有输入没有输出。很显然 2 处需要试题（题目）才能让学生进行解答，3 处需要试题的答案才能进行处理得出学生成绩，同时不要忘了在数据流上标明文字。故缺失的数据流有起点为 D1，终点为 2 的数据流，名称为题目；起点为 D1，终点为 2 的数据流，名称为答案。

【参考答案】

数据流	起点	终点
题目	D1 或试题（表）或题目和答案（表）	2 或显示并接收解答
答案	D1 或试题（表）或题目和答案（表）	3 或处理解答

【问题 4】

图 15-1-2 所示的数据流图中，功能"6 发送通知"包含创建通知并发送给学生或老师。请分解图 15-1-2 中的加工"6"，将分解出的加工和数据流填入答题纸的对应栏内（注：数据流的起点和终点须使用加工的名称描述）。

【试题分析】题目中给出了"包含创建通知并发送给学生或老师"，动词为"创建""发送"，对象是"学生""老师"，针对学生，自然是生成成绩单，而针对老师显然则是生成成绩报告。所以创建通知要针对学生和老师分开。

【参考答案】

分解为：创建通知；发送通知。

数据流	起点	终点
报告数据	生成成绩报告	创建通知
成绩单数据	生成成绩单	创建通知
通知数据	创建通知	发送通知

15.1.2　医疗采购系统

阅读下列说明和图，回答问题 1 至问题 4。

【说明】某医疗器械公司作为复杂医疗产品的集成商，必须保持高质量部件的及时供应。为了实现这一目标，该公司欲开发一采购系统。系统的主要功能如下：

（1）检查库存水平。采购部门每天检查部件库存量，当特定部件的库存量降至其订货点时，返回低存量部件及库存量。

（2）下达采购订单。采购部门针对低存量部件及库存量提交采购请求，向其供应商（通过供应商文件访问供应商数据）下达采购订单，并存储于采购订单文件中。

（3）交运部件。当供应商提交提单并交运部件时，运输和接收（S/R）部门通过执行以下 3 步过程接收货物：

1）验证装运部件。通过访问采购订单并将其与提单进行比较来验证装运的部件，并将提单信息发给 S/R 职员。如果收货部件项目出现在采购订单和提单上，则已验证的提单和收货部件项目将被送去检验。否则，将 S/R 职员提交的装运错误信息生成装运错误通知发送给供应商。

2）检验部件质量。通过访问质量标准来检查装运部件的质量，并将已验证的提单发给检验员。如果部件满足所有质量标准，则将其添加到接受的部件列表用于更新部件库存；如果部件未通过检查，则将检验员创建的缺陷装运信息生成缺陷装运通知发送给供应商。

3）更新部件库存。库管员根据收到的接受的部件列表添加本次采购数量，与原有库存量累加来更新库存部件中的库存量。标记订单采购完成。

现采用结构化方法对该采购系统进行分析与设计，获得如图 15-1-3 所示的上下文数据流图和图 15-1-4 所示的 0 层数据流图。

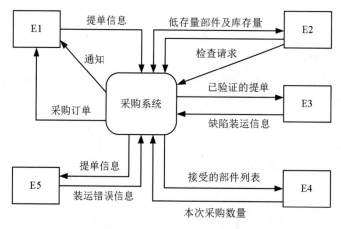

图 15-1-3　上下文数据流图

【问题 1】

使用说明中的术语，给出图 15-1-3 中的实体 E1～E5。

【试题分析】读题目，题目中给出了采购部门、供应商、运输和接收（S/R）部门、S/R 职员、检验员、库管员等实体名词，采购订单是发送给供应商的，显然 E1 是供应商。只有采购部门才会向系统提出采购请求，因此 E2 是采购部门。再查文中的文字"并将已验证的提单发给检验员"，可见 E3 是检验员。再读文中文字，"库管员根据收到的接受的部件列表"，E4 是库管员。"将检验员创建的缺陷装运信息生成缺陷装运通知发送"说明 E5 是 S/R 职员。

【参考答案】

E1：供应商　E2：采购部门　E3：检验员　E4：库管员　E5：S/R 职员

【问题 2】

使用说明中的术语，给出图 15-1-4 中的数据存储 D1～D4 的名称。

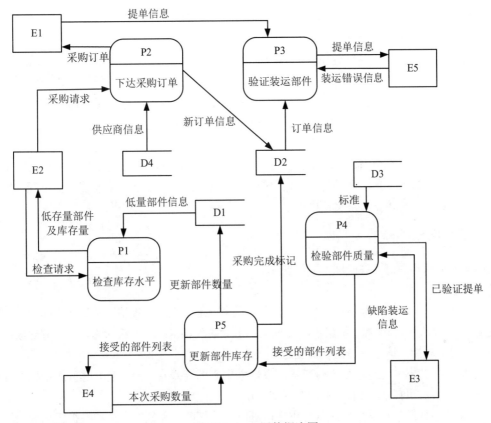

图 15-1-4　0 层数据流图

【试题分析】根据箭头提示的文字，D1 的箭头是部件信息，加之处理均含有"库存"二字，因此 D1 是库存表。D2 是订单数据，可以写采购订单表（订单表），D3 的输出是标准信息，结合文字描述，起名质量标准（信息）表比较合适，D4 的输出流为供应商信息，那么很容易得到 D4 为供应商表或供应商信息表。

【参考答案】

D1：库存表　D2：采购订单表　D3：质量标准表　D4：供应商表

【问题 3】

根据说明和图中术语，补充图 15-1-4 中缺失的数据流及其起点和终点。

【试题分析】缺失的数据流需要根据数据流程图上下层分解守恒以及从文字说明进行比对。

本题显然需要从题目的文字中进行摘取，题目中已经说了"采购部门每天检查部件库存量"，只看到返回数据流而没有看到输入数据流，因此说明有缺失。同理，产品送检、装运错误通知、缺陷装运通知在题目中也都给出了相应的文字（需要提炼文字），但在图中没有画出来。

【参考答案】

检查库存信息：P1（检查库存水平）→D1（部件库存表）

产品送检：　　P3（验证装运部件）→P4（检验部件质量）

装运错误通知：P3（验证装运部件）→E1（供应商）

缺陷装运通知：P4（检验部件质量）→E1（供应商）

【问题 4】

用 200 字以内的文字，说明建模图 15-1-3 和图 15-1-4 如何保持数据流图平衡。

【试题分析】自顶向下、逐步分解、数据流守恒（黑盒出口处）。

【参考答案】

父图中某个加工的输入/输出数据流必须与其子图的输入/输出数据流在数量上和内容上保持一致。父图的一个输入（或输出）数据流对应子图中几个输入（或输出）数据流，而子图中组成的这些数据流的数据项全体正好是父图中的这一个数据流。

15.1.3　学生跟踪系统

阅读下列说明和图，回答问题 1 至问题 4。

【说明】

学校欲开发一个学生跟踪系统，以更自动化、更全面地对学生在校情况（到课情况和健康状态等相关信息）进行管理和追踪，使家长能及时了解子女的到课情况和健康状态，并在有健康问题时及时与医护机构对接。该系统的主要功能是：

1．采集学生状态。通过学生卡传感器，采集学生心率、体温（摄氏度）等健康指标及其所在位置等信息并记录。每张学生卡有唯一的标识（ID）与一个学生对应。

2．健康状态告警。在学生健康状态出现问题时，系统向班主任、家长和医护机构健康服务系统发出健康状态警告，由医护机构健康服务系统通知相关医生进行处理。

3．到课检查。综合比对学生状态、课表以及所处校园场所之间的信息对学生到课情况进行判定。对于旷课学生，向其家长和班主任发送旷课警告。

4．汇总在校情况。定期汇总在校情况，并将报告发送给家长和班主任。

5．家长注册。家长注册使用该系统，指定自己子女，经学校管理人员审核后，向家长发送注册结果。

6．基础信息管理。学校管理人员对学生及其所用学生卡和班主任、课表（班级、上课时间及场所等）、校园场所（名称和所在位置区域）等基础信息进行管理，对家长注册申请进行审核，将家长 ID 加入学生信息记录中使家长与其子女进行关联，向家长发送注册结果。一个学生至少有一个家长，可以有多个家长。课表信息包括班级、班主任、时间和位置等。

现采用结构化方法对学生跟踪系统进行分析与设计，获得如图 15-1-5 所示的上下文数据流图和图 15-1-6 所示的 0 层数据流图。

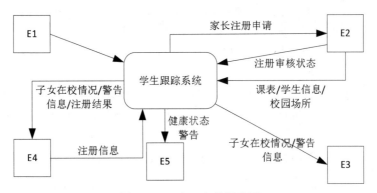

图 15-1-5　上下文数据流图

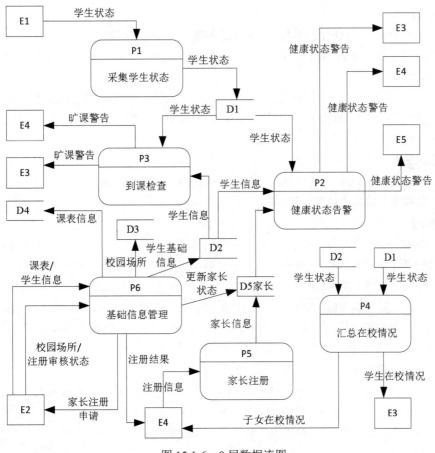

图 15-1-6　0 层数据流图

【问题 1】
使用说明中的词语，给出图 15-1-5 中的实体 E1～E5 的名称。

【试题分析】依据图 15-1-5，结合说明中"1．采集学生状态"的条件可以知道，能给出"学生状态"的实体是"学生卡"。所以 E1 为学生。

结合"6．基础信息管理"的条件可以知道，能审核"家长注册申请"的实体是"学校管理人员"。所以 E2 为学校管理人员。

结合"2．健康状态告警"的条件可以知道，健康状态警告分别发往"班主任、家长和医护机构健康服务系统"，所以实体 E3、E4、E5 应该属于其中的一个。而"向家长发送注册结果"，可知 E4 为"家长"。

由于图 15-1-5 中，发送到 E5 的只有健康报告，所以 E5 为"医护机构健康服务系统"。剩下的 E3 一定是班主任。

【参考答案】
E1：学生　　E2：学校管理人员　　E3：班主任　　E4：家长　　E5：医护机构健康服务系统

【问题 2】
使用说明中的词语，给出图 15-1-6 中的数据存储 D1～D4 的名称。

【试题分析】结合"1．采集学生状态"，且由图 15-1-6 可知流入 D1 数据是"学生状态"，可以知道 D1 为"学生状态"。

由图 15-1-6 可以知道，流入 D2 数据是"学生基础信息"，流出 D2 数据是"学生信息"。所以 D2 为"学生信息"；流入 D3 数据是"校园场所"，所以 D3 为"校园场所"；流入 D4 数据是"课表信息"，所以 D4 为"课表信息"。

【参考答案】
D1：学生状态　　D2：学生信息　　D3：校园场所　　D4：课表信息

（注：名称后可以加"信息"等词）

【问题 3】
根据说明和图中术语，补充图 15-1-6 中缺失的数据流及其起点和终点（三条即可）。

【试题分析】由条件"3．到课检查。综合比对学生状态、课表以及所处校园场所之间的信息对学生到课情况进行判定。对于旷课学生，向其家长和班主任发送旷课警告。"可知：

1）加工 P3 还需要课表信息、校园场所等输入信息。所以缺失的数据流为 D4（课表信息）→P3（到课检查），数据流名称为"课表信息"；D3（校园场所）→P3（到课检查），数据流名称为"校园场所"；D5（家长）→P3（到课检查），数据流名称为"家长信息"。

2）加工 P4 还需要课表信息、校园场所等输入信息。

3）由条件"6．基础信息管理……将家长 ID 加入学生信息记录中使家长与其子女进行关联"可知：缺少的数据流为 P6（基础信息管理）→D2（学生信息），数据流名称为"家长信息"；P5（家长注册）→P6（基础信息管理），数据流名称为"家长注册申请"。

【参考答案】

序号	起点	终点	数据流名称
1	课表信息或 D4	到课检查或 P3	课表信息
2	校园场所或 D3	到课检查或 P3	校园场所
3	家长或 D5	到课检查或 P3	家长信息
4	课表信息或 D4	汇总在校情况或 P4	课表信息
5	校园场所或 D3	汇总在校情况或 P4	校园场所
6	家长或 D5	汇总在校情况或 P4	家长信息
7	学生信息或 D2	基础信息管理或 P6	家长信息
8	家长注册或 P5	基础信息管理或 P6	家长注册申请

注：写 3 条即可；考试中建议只写 D1、P1 这类代号。

【问题 4】

根据说明中的术语，说明图 15-1-5 中数据流"学生状态"和"学生信息"的组成。

【试题分析】依据说明中"1. 采集学生状态。通过学生卡传感器，采集学生**心率**、**体温**（摄氏度）等健康指标及其所在**位置**等信息并记录。每张**学生卡**有唯一的标识（**ID**）与一个学生对应。"可得到学生状态包含学生卡 ID、心率、体温、位置等字段。

依据"6. 基础信息管理。学校管理人员对**学生**及其所用**学生卡和班主任**、课表（班级、上课时间及场所等）、校园场所（名称和所在位置区域）等基础信息进行管理，对家长注册申请进行审核，将家长 ID 加入学生信息记录中使**家长与其子女进行关联**，向家长发送注册结果。**一个学生至少有一个家长，可以有多个家长**。课表信息包括班级、班主任、时间和位置等。"得到学生信息包含学生 ID、学生卡 ID、家长 ID（可以多名）、班主任 ID 等。

【参考答案】

学生状态=学生卡 ID+心率+体温+位置。

学生信息=学生 ID+学生卡 ID+{家长 ID}*+班主任 ID

注："+"表示多属性；"( )"表示可选属性；"{}*"表示属性出现多次。

15.1.4 房屋中介系统

阅读下列说明和图，回答问题 1 至问题 4。

【说明】

某房产中介连锁企业欲开发一个基于 Web 的房屋中介信息系统，以有效管理房源和客户，提高成交率。该系统的主要功能是：

1. 房源采集与管理。系统自动采集外部网站的潜在房源信息，保存为潜在房源。由经纪人联系确认的潜在房源变为房源，并添加出售/出租房源的客户。由经纪人或客户登记的出售/出租房源，系统将其保存为房源。房源信息包括基本情况、配套设施、交易类型、委托方式、业主等。经纪人可以对房源进行更新等管理操作。

2. 客户管理。求租/求购客户进行注册、更新，推送客户需求给经纪人，或由经纪人对求租/求购客户进行登记、更新。客户信息包括身份证号、姓名、手机号、需求情况、委托方式等。

3. 房源推荐。根据客户的需求情况（求购/求租需求情况以及出售/出租房源信息），向已登录的客户推荐房源。

4. 交易管理。经纪人对租售客户双方进行交易信息管理，包括订单提交和取消，设置收取中介费比例。财务人员收取中介费之后，表示该订单已完成，系统更新订单状态和房源状态，向客户和经纪人发送交易反馈。

5. 信息查询。客户根据自身查询需求查询房屋供需信息。

现采用结构化方法对房屋中介信息系统进行分析与设计，获得如图 15-1-7 所示的上下文数据流图和图 15-1-8 所示的 0 层数据流图。

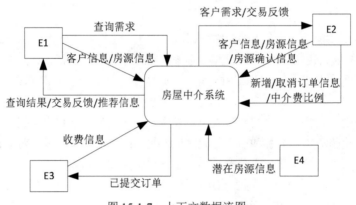

图 15-1-7　上下文数据流图

【问题 1】

使用说明中的词语，给出图 15-1-7 中的实体 E1～E4 的名称。

【试题分析】外部实体就是软件系统之外的人员或组织。因此分析题干找名词，系统可能的外部实体有：外部网站、经纪人、客户、财务人员。

依据"4. 交易管理。……向**客户**和**经纪人**发送交易反馈。"结合上下文数据流图，可得 E1 为客户，E2 为经纪人。

依据"4. 交易管理。……财务人员收取中介费之后，表示该订单已完成，系统更新订单状态和房源状态，向客户和经纪人发送交易反馈。"可得 E3 为财务人员。

依据"1. 房源采集与管理。系统自动采集外部网站的潜在房源信息，保存为潜在房源。"可得 E4 为外部网站。

【参考答案】

E1：客户　　E2：经纪人　　E3：财务人员　　E4：外部网站

经典案例分析 第15章

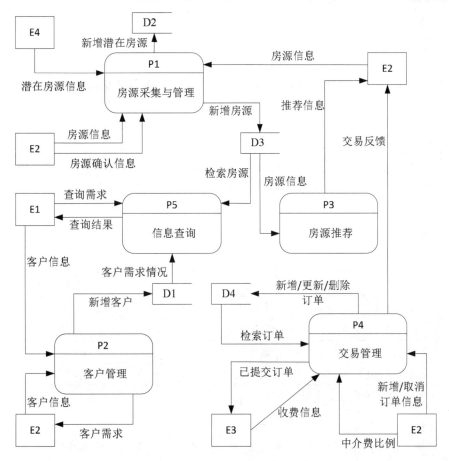

图 15-1-8　0 层数据流图

【问题 2】

使用说明中的词语，给出图 15-1-8 中的数据存储 D1～D4 的名称。

【试题分析】

依据 "2. 客户管理。……给经纪人，或由经纪人对求租/求购**客户**进行登记、更新。" 并且 E2 确定为 "经纪人"，且流入和流出 D1 的数据流都有 "客户" 关键词，所以 D1 为 "客户"。

依据 "1. 房源采集与管理。系统自动采集外部网站的**潜在房源**信息，保存为潜在房源。" 并且指向 D2 数据流为**新增潜在房源**，所以 D2 为 "潜在房源"。

流入流出 D3 的信息流均有关键词 "房源"，所以 D3 为 "房源"。

流入流出 D4 的信息流均有关键词 "订单"，所以 D3 为 "订单"。

【参考答案】

D1：客户　　D2：潜在房源　　D3：房源　　D4：订单

注：名称后可以带 "表""文件" 等词。

【问题 3】

根据说明和图中术语，补充图 15-1-8 中缺失的数据流及其起点和终点。

【试题分析】

依据"1．房源采集与管理。……由经纪人联系确认的潜在房源变为房源……。"可以知道，缺失的数据流为 D2（潜在房源）→P1（房源采集与管理），数据流名称为"潜在房源"。

依据"3．**房源推荐**。根据**客户的需求情况**（……），向已登录的客户推荐房源。"可以知道，缺失的数据流为 D1（客户）→P3（房源推荐），数据流名称为"客户需求情况"。

依据"4．交易管理。……财务人员收取中介费之后，表示该订单已完成，系统**更新**订单状态和**房源状态**，向客户和**经纪人发送交易反馈**。"可以知道，缺失两条数据流分别如下：

1）P4（交易管理）→D3（房源），数据流名称为"房源状态"。

2）P4（交易管理）→E2（经纪人），数据流名称为"交易反馈"。

【参考答案】

序号	起点	终点	数据流名称
1	潜在房源或 D2	房源采集与管理或 P1	潜在房源
2	客户或 D1	房源推荐或 P3	客户需求情况
3	交易管理或 P4	房源或 D3	房源状态
4	交易管理或 P4	经纪人或 E2	交易反馈

注：写 3 条即可；考试中建议只写 D1、P1 这类代号。

【问题 4】

根据说明中术语，给出图 15-1-7 中数据流"客户信息""房源信息"的组成。

【试题分析】

依据"2．客户管理。……客户信息包括身份证号、姓名、手机号、需求情况、委托方式等。"可以得到客户信息组成。

依据"1．房源采集与管理。……房源信息包括基本情况、配套设施、交易类型、委托方式、业主等。"可以得到房源信息组成。

【参考答案】

客户信息=身份证号+姓名+手机号+需求情况+委托方式。

房源信息=基本情况+配套设施+交易类型+委托方式+业主。

注："+"表示多属性；"( )"表示可选属性；"{}*"表示属性出现多次。

15.1.5　共享单车系统

阅读下列说明和图，回答问题 1 至问题 4。

【说明】

某公司拟开发一个共享单车系统，采用北斗定位系统进行单车定位，提供针对用户的 App 以及微信小程序、基于 Web 的管理与监控系统。该共享单车系统的主要功能如下：

（1）用户注册登录。用户在 App 端输入手机号并获取验证码后进行注册，将用户信息进行存储。用户登录后显示用户所在位置周围的单车。

（2）使用单车。

① 扫码/手动开锁。通过扫描二维码或手动输入编码获取开锁密码，系统发送开锁指令进行开锁，系统修改单车状态，新建单车行程。

② 骑行单车。单车定时上传位置，更新行程。

③ 锁车结账。用户停止使用或手动锁车并结束行程后，系统根据已设置好的计费规则及使用时间自动结算，更新本次骑行的费用并显示给用户，用户确认支付后，记录行程的支付状态。系统还将重置单车的开锁密码和单车状态。

（3）辅助管理。

① 查询。用户可以查看行程列表和行程详细信息。

② 报修。用户上报所在位置或单车位置以及单车故障信息并进行记录。

（4）管理与监控。

① 单车管理及计费规则设置。商家对单车基础信息、状态等进行管理，对计费规则进行设置并存储。

② 单车监控。对单车、故障、行程等进行查询统计。

③ 用户管理。管理用户信用与状态信息，对用户进行查询统计。

现采用结构化方法对共享单车系统进行分析与设计，获得如图 15-1-9 所示的上下文数据流图和图 15-1-10 所示的 0 层数据流图。

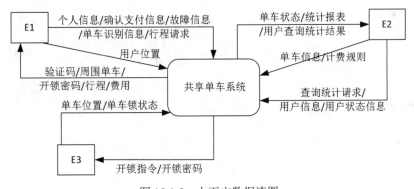

图 15-1-9　上下文数据流图

【问题 1】

使用说明中的词语，给出图 15-1-9 中的实体 E1～E3 的名称。

【试题分析】外部实体就是软件系统之外的人员或组织。因此分析题干找名词，系统可能的外部实体有：用户、单车、商家。

依据上下文数据流图，E1 有名称为"个人信息"的信息流流出，得到 E1 为"用户"；E3 有名为"单车位置"的信息流流出，得到 E3 为"单车"。

依据题意"（4）管理与监控。……商家……对计费规则进行设置并存储。"，可得 E2 为"商家"。

【参考答案】

E1：用户　　E2：商家　　E3：单车

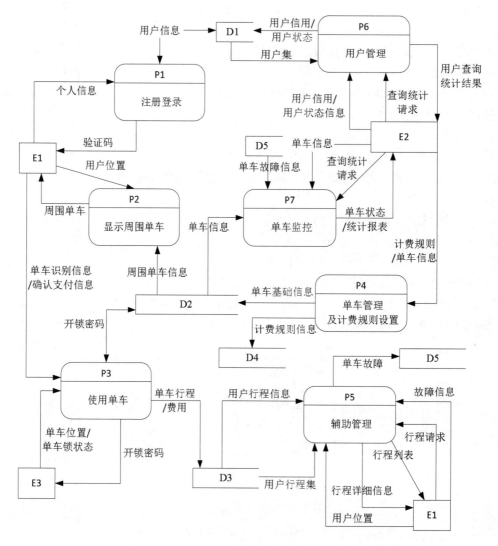

图 15-1-10　0 层数据流图

【问题 2】

使用说明中的词语，给出图 15-1-10 中的数据存储 D1～D5 的名称。

【试题分析】 分析 0 层数据流图，流入流出 D1 的信息流均有关键词"用户"，所以 D1 为"用户"。

流入流出 D2 的信息流均有关键词"单车",所以 D2 为"单车"。
流入流出 D3 的信息流均有关键词"行程",所以 D3 为"行程"。
流入流出 D4 的信息流有关键词"计费规则",所以 D4 为"计费规则"。
流入流出 D5 的信息流有关键词"单车故障",所以 D5 为"单车故障"。

【参考答案】

D1:用户　　D2:单车　　D3:行程　　D4:计费规则　　D5:单车故障

注:名称后可以带"信息""表""文件"等词。

【问题3】

根据说明和图中的术语及符号,补充图 15-1-10 中缺失的数据流及其起点和终点。

【试题分析】

由"(2)使用单车 ① 扫码/手动开锁。……系统发送开锁指令进行开锁……。"可以知道,缺失的数据流为 P3(使用单车)→E3(单车),数据流名称为"开锁指令"。

由"(2)使用单车① 扫码/手动开锁。……系统修改单车状态……。"可以知道,缺失的数据流为 P3(使用单车)→D2(单车),数据流名称为"单车状态"。

由"(2)使用单车③ 锁车结账。……系统根据已设置好的计费规则及使用时间自动结算,更新本次骑行的费用并显示给用户……。"可以知道,缺失的数据流为 D4(计费规则)→P3(使用单车),数据流名称为"计费规则"。

由"(4)管理与监控。② 单车监控。对单车、故障、行程等进行查询统计。"可以知道,缺失的数据流为 D3(行程)→P7(单车监控),数据流名称为"行程"。

另外,依据"上下文数据流图和 0 层数据流图中,同一实体的流入流出信息要一一对应"的原则。分析图 15-1-11 可知,0 层数据流图中,还缺少"开锁密码"和"费用"流入 E1 的信息流。

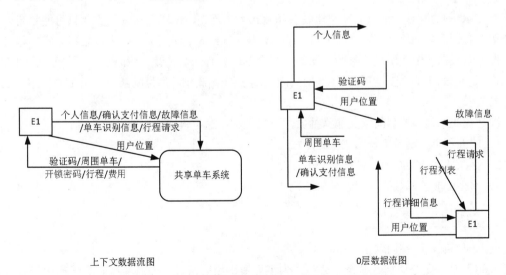

上下文数据流图　　　　　　　　　0层数据流图

图 15-1-11　上下文数据流图和 0 层数据流图对比

缺失的数据流具体为 P3（使用单车）→E1（用户），数据流名称为"开锁密码"；P3（使用单车）→E1（用户），数据流名称为"费用"。

【参考答案】

序号	起点	终点	数据流名称
1	使用单车或 P3	单车或 E3	开锁指令
2	使用单车或 P3	单车或 D2	单车状态
3	计费规则或 D4	使用单车或 P3	计费规则
4	行程或 D3	单车监控或 P7	行程
5	使用单车或 P3	用户或 E1	开锁密码
6	使用单车或 P3	用户或 E1	费用

注：写 5 条即可，考试中建议只写 D1、P1 这类代号。

【问题 4】
根据说明中的术语，说明"使用单车"可以分解为哪些子加工。

【试题分析】 根据题意"（2）使用单车"功能可以分为扫码/手动开锁、骑行单车、锁车结账三个子加工。

【参考答案】
扫码/手动开锁，骑行单车，锁车结账。

15.2　E-R 图案例分析

解答 E-R 图的题目，重点放在实体联系和范式上。首先，读题要仔细，实体只可能是名词，大多是实体名词而非抽象名词，比如公司、部门、角色（经理、员工）等，重点划线。实体和实体间的数量关系根据文中提示进行判断，比如"每个部门只有一名主管"，那说明部门和主管间的关系是 1:1。"每个部门有多名员工，每名员工只能隶属于一个部门。"那说明部门和员工的关系是 1:M 的一对多关系。

其次是范式，很多资料的定义非常抽象，难以理解。这里再次给出范式的判断：
（1）属性不可分割是第一范式（1NF）。
（2）存在传递依赖是第二范式（2NF）。
（3）不存在非主属性传递依赖是第三范式（3NF）。

15.2.1　公司员工关系

阅读下列说明，回答问题 1 至问题 4。

【说明】 某集团公司拥有多个分公司，为了方便集团公司对分公司各项业务活动进行有效管理，集团公司决定构造一个信息系统以满足公司的业务管理需求。

【需求分析】

（1）分公司关系需要记录的信息包括分公司编号、名称、经理、联系地址和电话。分公司编号唯一标识分公司信息中的每一个元组。每个分公司只有一名经理，负责该分公司的管理工作。每个分公司设立仅为本分公司服务的多个业务部门，如研发部、财务部、采购部、销售部等。

（2）部门关系需要记录的信息包括部门号、部门名称、主管号、电话和分公司编号。部门号唯一标识部门信息中的每一个元组。每个部门只有一名主管，负责部门的管理工作。每个部门有多名员工，每名员工只能隶属于一个部门。

（3）员工关系需要记录的信息包括员工号、姓名、隶属部门、岗位、电话和基本工资。其中，员工号唯一标识员工信息中的每一个元组。岗位包括：经理、主管、研发员、业务员等。

【概念模型设计】

根据需求阶段收集的信息，设计的实体联系图和关系模式（不完整）如图 15-2-1 所示。

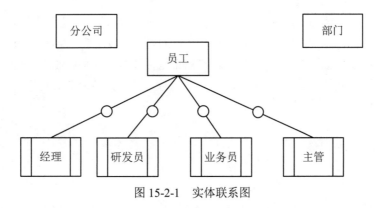

图 15-2-1　实体联系图

【关系模式设计】

分公司（分公司编号，名称，＿＿(a)＿＿，联系地址，电话）
部门（部门号，部门名称，＿＿(b)＿＿，电话）
员工（员工号，姓名，＿＿(c)＿＿，电话，基本工资）

【问题 1】

根据问题描述，补充 4 个联系，完善图 15-2-1 的实体联系图。联系名可用联系 1、联系 2、联系 3 和联系 4 代替，联系的类型为 1:1、1:n 和 m:n（或 1:1、1:*和*:*）。

【试题分析】详细读题和看图，"每个分公司设立仅为本分公司服务的多个业务部门"，说明分公司和部门存在的联系是一对多；"每个分公司只有一名经理"说明分公司和经理存在的联系是一对一；"每个部门有多名员工，每名员工只能隶属于一个部门"说明部门和员工存在的联系是一对多；"每个部门只有一名主管"说明部门和主管存在的联系是一对多。

【参考答案】

最终实体联系图如图 15-2-2 所示。

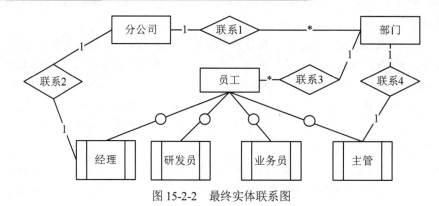

图 15-2-2　最终实体联系图

【问题2】

根据题意，将关系模式中的空（a）～（c）补充完整。

【试题分析】对照实体联系图，分公司表的每一条记录都是一个独立的分公司，显然记录中的属性也具有唯一性，即和分公司应该是一对一关系的属性，故而选"经理"比较合适，每个分公司需要有一个负责人，这也符合常识。同理，部门记录需要有主管号属性，通过员工表找到主管。此外，部门是隶属于分公司的，因此必须有分公司编号。员工则必须有隶属部门和岗位。

【参考答案】

（a）经理

（b）主管号，分公司编号

（c）隶属部门，岗位

【问题3】

给出"部门"和"员工"关系模式的主键和外键。

【试题分析】外键的定义：如果公共关键字在一个关系中是主关键字，那么这个公共关键字被称为另一个关系的外键。很显然，部门的主键是部门号，部门记录的分公司编号是分公司的主键，主管号（实际是员工号）是员工表记录的主键。所以部门中，分公司编号、主管号是外键。同理，员工信息中，员工的主键是员工号，外键是隶属部门（也就是部门号）。

【参考答案】

部门　主键：部门号

　　　外键：分公司编号，主管号

员工　主键：员工号

　　　外键：隶属部门

【问题4】

假设集团公司要求系统能记录部门历任主管的任职时间和任职年限，那么是否需要在数据库设计时增设一个实体？为什么？

【试题分析】任职时间和任职年限是担任主管的员工和部门间的关系，不是实体，因此不需要增设实体。

【参考答案】

不需要增加实体。

因为任职时间和任职年限可以直接归属到联系当中,将联系写成关系模式,所以不需要增加实体。

15.2.2 公司信息系统

阅读下列说明,回答问题 1 至问题 3。

【说明】 创业孵化基地管理若干孵化公司和创业公司,为规范管理创业项目投资业务,需要开发一个信息系统。请根据下述需求描述完成该系统的数据库设计。

【需求描述】

(1) 记录孵化公司和创业公司的信息。孵化公司信息包括公司代码、公司名称、法人代表名称、注册地址和一个电话。创业公司信息包括公司代码、公司名称和一个电话。

孵化公司和创业公司的公司代码编码不同。

(2) 统一管理孵化公司和创业公司的员工。员工信息包括工号、身份证号、姓名、性别、所属公司代码和一个手机号,工号唯一标识每位员工。

(3) 记录投资方信息,投资方信息包括投资方编号、投资方名称和一个电话。

(4) 投资方和创业公司之间依靠孵化公司牵线建立创业项目合作关系,具体实施是由孵化公司的一位员工负责协调投资方和创业公司的一个创业项目。一个创业项目只属于一个创业公司,但可以接受若干投资方的投资。创业项目信息包括项目编号、创业公司代码、投资方编号和孵化公司员工工号。

【概念模型设计】

根据需求阶段收集的信息,设计的实体联系图(不完整)如图 15-2-3 所示。

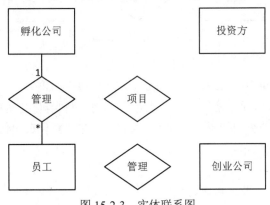

图 15-2-3 实体联系图

【逻辑结构设计】

根据概念模型设计阶段完成的实体联系图,得出如下关系模式(不完整):

孵化公司（<u>公司代码</u>，公司名称，法人代表名称，注册地址，电话）
创业公司（<u>公司代码</u>，公司名称，电话）
员工（<u>工号</u>，身份证号，姓名，性别，_____(a)_____，手机号）
投资方（<u>投资方编号</u>，投资方名称，电话）
项目（<u>项目编号</u>，创业公司代码，_____(b)_____，孵化公司员工工号）

【问题 1】

根据问题描述，补充图 15-2-3 的实体联系图。

【试题分析】解题思路就是咬文嚼字。依据题意"具体实施由孵化公司的**一位员工**负责协调**投资方**和**创业公司的一个创业项目**。**一个创业项目**只属于**一个创业公司**，但可以接受若干投资方的投资。"可得员工、创业公司、投资方关于项目的联系关系是 1:1:*。

依据题意"（2）统一管理孵化公司和创业公司的员工"，并参考已有的孵化公司和员工的 1:* 联系关系，可得员工和创业公司的联系关系也是 1:*。

【参考答案】

最终实体联系图如图 15-2-4 所示。

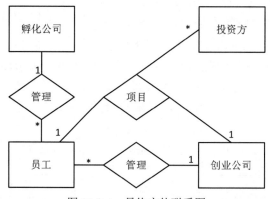

图 15-2-4 最终实体联系图

【问题 2】

补充逻辑结构设计结果中的（a）、（b）两处空白及完整性约束关系。

【试题分析】观看实体联系表，员工同时受到创业公司和孵化公司管理，即员工信息里应该有创业公司标识信息（创业公司代码）和孵化公司标识信息（孵化公司代码）。项目信息里应该有投资方标识信息（投资方编号）。

【参考答案】

（a）孵化公司代码，创业公司代码

（b）投资方编号

【问题 3】

若创业项目的信息还需要包括投资额和投资时间，那么：

（1）是否需要增加新的实体来存储投资额和投资时间？

（2）如果增加新的实体，请给出新实体的关系模式，并对图 15-2-3 进行补充，如果不需要增加新的实体，请将"投资额"和"投资时间"两个属性补充并连线到图 15-2-3 合适的对象上，并对变化的关系模式进行修改。

【试题分析】投资额和投资时间不是实体，只是联系上的属性而已，因此不需要增设实体。

【参考答案】

（1）不需要创建新实体。

（2）项目（项目编号，创业公司代码，投资方编号，孵化公司员工工号，投资额，投资时间）。具体补充的图形如图 15-2-5 所示。

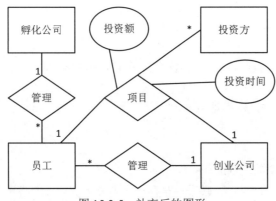

图 15-2-5　补充后的图形

15.2.3　技能培训管理系统

阅读下列说明，回答问题 1 至问题 4。

【说明】

公司拟开发一套新入职员工的技能培训管理系统，以便使新员工快速胜任新岗位。该系统的部分功能及初步需求分析的结果如下所述：

1．部门信息包括部门号、名称、部门负责人、电话等，其中部门号唯一标识部门关系中的每一个元组。一个部门有多个员工，但一名员工只属于一个部门；每个部门只有一名负责人，负责部门工作。

2．员工信息包括员工号、姓名、部门号、岗位、基本工资、电话、家庭住址等，其中员工号是唯一标识员工关系中的每一个元组。岗位有新入职员工、培训师、部门负责人等，不同岗位设置不同的基本工资。新入职员工要选择多门课程进行培训，并通过考试取得课程成绩。一名培训师可以讲授多门课程、一门课程可由多名培训师讲授。

3．课程信息包括课程号、课程名称、学时等；其中课程号唯一标识课程关系中的每一个元组。根据需求阶段收集的信息，设计的实体联系图如图 15-2-6 所示。

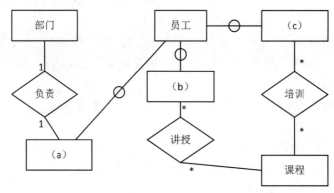

图 15-2-6 实体联系图

【关系模式设计】

部门(部门号,部门名,部门负责人,电话)
员工(员工号,姓名,部门号,___(d)___,电话,家庭住址)
课程(___(e)___,课程名称,学时)
讲授(课程号,培训师,培训地点)
培训(课程号,___(f)___)

【问题1】

(1) 补充图 15-2-6 中的空(a)~(c)。

(2) 图 15-2-6 中是否存在缺失联系,若存在,则说明所缺失的联系和联系类型。

【试题分析】依据题意,"1.部门信息包括:部门号、名称、**部门负责人**、电话等……;每个部门只有一名负责人,负责部门工作。"可知(a)为部门负责人。又由于"一个部门有多个员工,但一名员工只属于一个部门。"可知部门和员工缺少"所属"联系,部门和员工的联系类型为1:n。

依据题意"2.员工信息……。**新入职员工**要选择多门课程进行培训,并通过考试取得课程成绩。"可知(c)为新入职员工。

依据题意"2.员工信息……一名**培训师**可以讲授多门课程、一门课程可由多名培训师讲授。"结合关系模式"讲授(课程号,**培训师**,培训地点)"可知(b)为培训师。

【参考答案】

(1)(a) 部门负责人   (b) 培训师   (c) 新入职员工

(2) 部门和员工缺少"所属"联系,部门和员工的联系类型为1:n。

【问题2】

根据题意,将关系模式中的空(d)~(f)补充完整。

【试题分析】依据题意,"2.员工信息包括员工号、姓名、部门号、岗位、基本工资、电话、家庭住址等"可知(d)为"岗位,基本工资"。

依据题意"课程信息包括课程号,课程名称、学时等"可知(e)为"课程号"。

依据题意"**新入职员工**要选择多门课程进行培训,并通过考试取得课程**成绩**。"可知(f)为"员工号，成绩"。

【参考答案】

（d）岗位，基本工资　（e）课程号　（f）员工号，成绩

【问题 3】

员工关系模式的主键为___（g）___，外键为___（h）___，讲授关系模式的主键为___（i）___，外键为___（j）___。

【试题分析】

员工（员工号，姓名，部门号，岗位，基本工资，电话，家庭住址）关系模式中，"员工号"可以唯一标识元组，所以是主键；"部门号"是部门关系模式的主键，所以是员工关系模式的外键。

讲授（课程号，培训师，培训地点）关系模式中，"课程号，培训师"可以唯一标识元组，所以是主键；而课程号又是课程关系模式的主键，所以是讲授关系模式的外键。另外，培训师是用员工号表述的，所以也是该关系模式的外键。

【参考答案】

（g）员工号　　　　　　　（h）部门号
（i）（课程号，培训师）　（j）课程号、培训师

【问题 4】

员工关系是否存在传递依赖？用 100 字以内的文字说明理由。

【试题分析】

员工（员工号，姓名，部门号，岗位，基本工资，电话，家庭住址）关系中，由员工号→岗位，岗位→基本工资，可推导出员工号→基本工资。因此存在传递依赖。

【参考答案】

存在。

员工关系中，由员工号→岗位，岗位→基本工资，可以推导出员工号→基本工资。因此存在传递依赖。

15.2.4　代购管理系统

阅读下列说明，回答问题 1 至问题 3。

【说明】某海外代购公司为扩展公司业务，需要开发一个信息化管理系统。请根据公司现有业务及需求完成该系统的数据库设计。

【需求描述】

（1）记录公司员工信息。员工信息包括工号、身份证号、姓名、性别和一个手机号，工号唯一标识每位员工，员工分为代购员和配送员。

（2）记录采购的商品信息。商品信息包括商品名称、所在超市名称、采购价格、销售价格和商品介绍，系统内部用商品条码唯一标识每种商品。一种商品只在一家超市代购。

（3）记录顾客信息。顾客信息包括顾客真实姓名、身份证号（清关缴税用）、一个手机号和一

个收货地址,系统自动生成唯一的顾客编号。

(4) 记录托运公司信息。托运公司信息包括托运公司名称、电话和地址,系统自动生成唯一的托运公司编号。

(5) 顾客登录系统之后,可以下订单购买商品。订单支付成功后,系统记录唯一的支付凭证编号,顾客需要在订单里指定运送方式:空运或海运。

(6) 代购员根据顾客的订单在超市采购对应商品,一份订单所含的多个商品可能由多名代购员从不同超市采购。

(7) 采购完的商品交由配送员根据顾客订单组合装箱,然后交给托运公司运送。托运公司按顾客订单核对商品名称和数量,然后按顾客的地址进行运送。

【概念模型设计】

根据需求阶段收集的信息,设计的实体联系图(不完整)如图 15-2-7 所示。

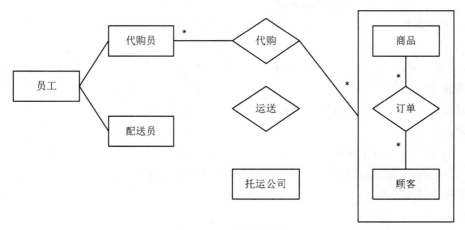

图 15-2-7 实体联系图

【逻辑结构设计】

根据概念模型设计阶段完成的实体联系图,得出如下关系模式(不完整):

员工(<u>工号</u>,身份证号,姓名,性别,手机号)

商品(<u>条码</u>,商品名称,所在超市名称,采购价格,销售价格,商品介绍)

顾客(<u>编号</u>,姓名,身份证号,手机号,收货地址)

托运公司(<u>托运公司编号</u>,托运公司名称,电话,地址)

订单(<u>订单 ID</u>,___(a)___,商品数量,运送方式,支付凭证编号)

代购(<u>代购 ID</u>,代购员工号,___(b)___)

运送(<u>运送 ID</u>,配送员工号,托运公司编号,订单 ID,发运时间)

【问题 1】

根据问题描述,补充图 15-2-7 的实体联系图。

【试题分析】分析题意"(7) 采购完的商品交由配送员根据顾客订单组合装箱,然后交给托运公司运送。托运公司按顾客订单核对商品名称和数量,然后按顾客的地址进行运送。"可得配送员、订单、托运公司实体的"运送"联系为*:*:*。

【参考答案】

修改后的实体联系图,如图15-2-8所示。

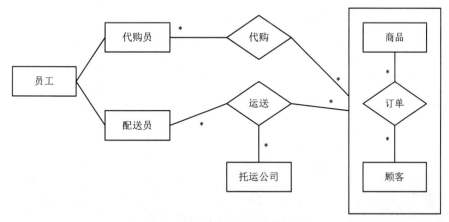

图 15-2-8　修改后的实体联系图

【问题 2】

补充逻辑结构设计结果中的(a)、(b)两处空缺。

【试题分析】订单关系中应该包含商品和顾客的信息。而题目原文"(2)……系统内部用商品条码唯一标识每种商品。……""(3)……系统自动生成唯一的顾客编号。"提示了用"顾客编号""商品条码"分别标识商品和顾客。所以,(a)为顾客编号、商品条码。

依据题意"(6) 代购员根据顾客的**订单**在超市采购对应**商品**",显然代购关系中应该包含"订单 ID""商品条码"。

【参考答案】

(a) 顾客编号、商品条码

(b) 订单 ID、商品条码

【问题 3】

为方便顾客,允许顾客在系统中保存多组收货地址。请根据此需求,增加"顾客地址"弱实体,对图 15-2-7 进行补充,并修改"运送"关系模式。

【试题分析】依据题目要求"允许顾客在系统中保存多组收货地址",所以增加顾客和顾客地址的"收货"联系,联系类型为 1:*。

新增"顾客地址"后,配送员、订单、托运公司实体、顾客地址的联系变为*:*:*:*。

【参考答案】

修改后的实体联系图,如图15-2-9所示。

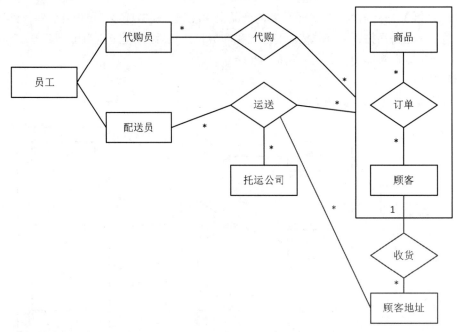

图 15-2-9　修改后的实体联系图

"运送"关系模式变为：运送（<u>运送 ID</u>，配送员工号，托运公司编号，订单 ID，发运时间，顾客地址）。

15.2.5　公寓管理系统

阅读下列说明，回答问题 1 至问题 3。

【说明】某房屋租赁公司拟开发一个管理系统用于管理其持有的房屋、租客及员工信息。请根据下述需求描述完成系统的数据库设计。

【需求描述】

1. 公司拥有多幢公寓楼，每幢公寓楼有唯一的楼编号和地址。每幢公寓楼中有多套公寓，每套公寓在楼内有唯一的编号（不同公寓楼内的公寓号可相同）。系统需记录每套公寓的卧室数和卫生间数。

2. 员工和租客在系统中有唯一的编号（员工编号和租客编号）。

3. 对于每个租客，系统需记录姓名、多个联系电话、一个银行账号（方便自动扣房租）、一个紧急联系人的姓名及联系电话。

4. 系统需记录每个员工的姓名、一个联系电话和月工资。员工类别可以是经理或维修工，也可兼任。每个经理可以管理多幢公寓楼。每幢公寓楼必须由一个经理管理。系统需记录每个维修工的业务技能，如：水暖维修、电工、木工等。

5. 租客租赁公寓必须和公司签订租赁合同。一份租赁合同通常由一个或多个租客（合租）与该公寓楼的经理签订,一个租客也可租赁多套公寓。合同内容应包含签订日期、开始时间、租期、押金和月租金。

【概念模型设计】

根据需求阶段收集的信息,设计的实体联系图(不完整)如图15-2-10所示。

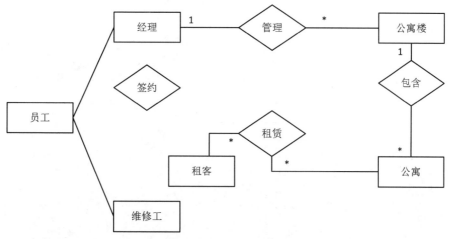

图15-2-10 实体联系图

【逻辑结构设计】

根据概念模型设计阶段完成的实体联系图,得出如下关系模式(不完整):

联系电话(电话号码,租客编号)

租客(租客编号,姓名,银行账号,联系人姓名,联系人电话)

员工(员工编号,姓名,联系电话,类别,月工资,___(a)___)

公寓楼(___(b)___,地址,经理编号)

公寓(楼编号,公寓号,卧室数,卫生间数)

合同(合同编号,租客编号,楼编号,公寓号,经理编号,签订日期,起始日期,租期,___(c)___,押金)

【问题1】

补充图15-2-10中的"签约"联系所关联的实体及联系类型。

【试题分析】依据题意"5. 租客租赁公寓必须和公司签订租赁合同。一份租赁合同通常由一个或多个租客(合租)与该公寓楼的经理签订,一个租客也可租赁多套公寓。"可知经理、租客、公寓可以建立"签约"联系,联系形式为1:*:*。

【参考答案】

修改后的实体联系图,如图15-2-11所示。

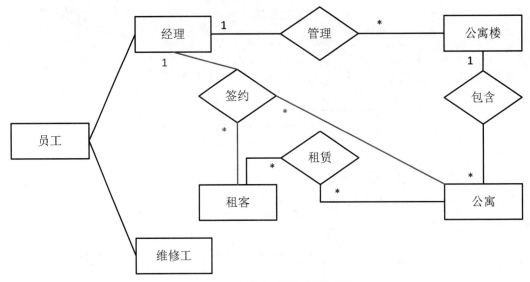

图 15-2-11 修改后的实体联系图

【问题2】
补充逻辑结构设计中的（a）、（b）、（c）三处空缺。

【试题分析】依据题意 "4. 系统需记录每个员工的姓名、一个联系电话和月工资。……。系统需记录每个维修工的**业务技能**，如：水暖维修、电工、木工等。" 可得（a）为业务技能。

依据题意 "1. 公司拥有多幢公寓楼，每幢公寓楼有唯一的**楼编号**和地址。……。" 可得（b）为楼编号。

依据题意 "5. 租客租赁公寓必须和公司签订租赁合同。……。合同内容应包含签订日期、开始时间、租期、押金和**月租金**。" 可得（c）为月租金。

【参考答案】
（a）业务技能　（b）楼编号　（c）月租金

【问题3】
在租期内，公寓内设施如出现问题，租客可在系统中进行故障登记，填写故障描述，每项故障由系统自动生成唯一的故障编号，由公司派维修工进行故障维修，系统需记录每次维修的维修日期和维修内容。请根据此需求，对图 15-2-10 进行补充，并将所补充的 E-R 图内容转换为一个关系模式，请给出该关系模式。

【试题分析】依据题意 "……**公寓**内设施如出现问题，**租客**可在系统中进行故障登记，填写故障描述，每项故障由系统自动生成唯一的故障编号，由公司派维修工进行**故障维修**，……。"，可以构造一个租客、维修工、公寓三个实体间的"故障维修"联系，联系形式为*:*:*。

【参考答案】
修改后的实体联系图，如图 15-2-12 所示。

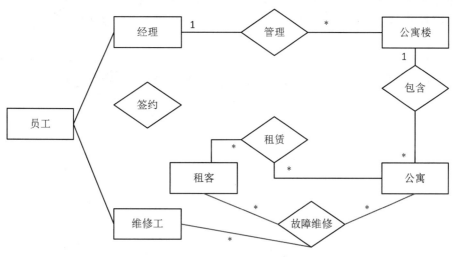

图 15-2-12　修改后的实体联系图

关系模式：故障维修（<u>故障编号</u>，员工编号，楼编号，公寓号，维修日期，维修内容，租客编号）。

15.3　UML 案例分析

　　UML 是一个比较庞大的建模技术体系，在分析 UML 案例之前，首先考生应该对 UML、设计模式有深入的学习。至于具体的案例，并没有固定的解题模式，但是"咬文嚼字、仔细观察"仍然可以作为解题的出发点。对题目中的"名词""动词"重点划线是非常有必要的。多数场合下，答案其实就在文中。比如考生最怕的设计模式，以 2018 年下半年题目为例，表格中给了 SNSObserver，很显然这就是观察者模式，因为设计模式里的类、对象的命名都是有严格规定的，一般要求见名知意。既然知道了是观察者模式，结合深入学习的内容，后续的问题就不难解答。所以说，在对付 UML 及设计模式相关案例时，一定要仔细认真读题，见招拆招，答案在题中。相对而言，UML 及设计模式题目的难度一般不难，关键还是对实际问题的理解和剖析。做到平时对 UML 及设计模式有一定的深入了解，考试时认真分析文中词句，就能很容易得到答案。

15.3.1　自动售货机

　　阅读下列说明，回答问题 1 至问题 3。

　　【说明】

　　某种出售罐装饮料的自动售货机（Vending Machine）的工作过程描述如下：

　　（1）顾客选择所需购买的饮料及数量。

　　（2）顾客从投币口向自动售货机中投入硬币（该自动售货机只接收硬币）。硬币器收集投入的硬币并计算其对应的价值。如果所投入的硬币足够购买所需数量的这种饮料且饮料数量足够，则推出饮料，计算找零，顾客取走饮料和找回的硬币；如果投入的硬币不够或者所选购的饮料数量不足，则提示用户继续投入硬币或重新选择饮料及数量。

（3）一次购买结束之后，将硬币器中的硬币移走（清空硬币器），等待下一次交易。自动售货机还设有一个退币按钮，用于退还顾客所投入的硬币。已经成功购买饮料的钱是不会被退回的。

现采用面向对象方法分析和设计该自动售货机的软件系统，得到如图 15-3-1 所示的用例图，其中，用例"购买饮料"的用例规约描述如下。

图 15-3-1 试题用例图

参与者：顾客。
主要事件流：
（1）顾客选择需要购买的饮料和数量，投入硬币。
（2）自动售货机检查顾客是否投入足够的硬币。
（3）自动售货机检查饮料储存仓中所选购的饮料是否足够。
（4）自动售货机推出饮料。
（5）自动售货机返回找零。

备选事件流：
（2a）若投入的硬币不足，则给出提示并退回到（1）。
（3a）若所选购的饮料数量不足，则给出提示并退回到（1）。

根据用例"购买饮料"得到自动售货机的 4 个状态："空闲"状态、"准备服务"状态、"可购买"状态以及"饮料出售"状态，对应的状态图如图 15-3-2 所示。

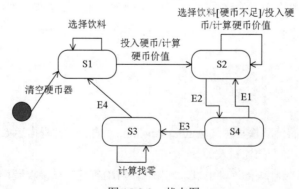

图 15-3-2 状态图

所设计的类图如图 15-3-3 所示。

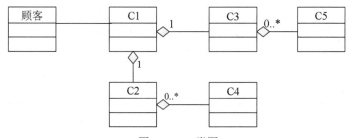

图 15-3-3　类图

【问题 1】

根据说明中的描述，使用说明中的术语，给出图 15-3-2 中的 S1～S4 所对应的状态名。

【试题分析】文中已经给出了 4 个状态的名称，那么接下来就是根据前置条件选对应的状态了。很显然，可以采用排除法。计算找零时，说明饮料正在被出售，故 S3 是饮料出售。清空硬币器是最初的操作，自动售货机应该是空闲，只有空闲了才可以准备服务。投入硬币时系统开启准备服务，然后系统会判断金额是否足额，故 S4 是可购买。

【参考答案】

S1：空闲　S2：准备服务　S3：饮料出售　S4：可购买

【问题 2】

根据说明中的描述，使用说明中的术语，给出图 15-3-2 中的 E1～E4 所对应的事件名。

【试题分析】咬文嚼字，对照状态图，S3 是计算找零，那么接下来的动作 E4 应该就是返回找零；系统判断足额后会推出饮料，故 E3 是推出饮料。E2 在 S4 饮料出售之前，显然只有投入足够的硬币才可能出现 S4 的状态，故 E2 是硬币数量足够。至于 E1 在最前面，显然只有饮料数量足够才不会出现这种情况，E1 应该是饮料数量不足。

【参考答案】

E1：饮料数量不足　E2：硬币数量足够　E3：推出饮料　E4：返回找零

【问题 3】

根据说明中的描述，使用说明中的术语，给出图 15-3-3 中 C1～C5 所对应的类名。

【试题分析】人直接和自动售货机发生交互行为，故 C1 是自动售货机。再看 C1 和 C2、C3 是聚合关系，即 C1 由 C2、C3 组成。很显然题目中给出了硬币器和饮料储存仓，分别存放硬币和饮料。故 C4 是硬币，C5 是饮料。

【参考答案】

C1：自动售货机　C2：硬币器　C3：饮料储存仓　C4：硬币　C5：饮料

15.3.2　社交网络平台

阅读下列说明，回答问题 1 至问题 3。

【说明】

社交网络平台（SNS）的主要功能之一是建立在线群组，群组中的成员之间可以互相分享或挖掘兴趣和活动。每个群组包含标题、管理员以及成员列表等信息。

社交网络平台的用户可以自行选择加入某个群组。每个群组拥有一个主页，群组内的所有成员都可以查看主页上的内容。如果在群组的主页上发布或更新了信息，群组中的成员会自动接收到发布或更新后的信息。

用户可以加入一个群组也可以退出这个群组。用户退出群组后，不会再接收到该群组发布或更新的任何信息。

现采用面向对象方法对上述需求进行分析与设计，得到表 15-3-1 所示的类列表和图 15-3-4 所示的类图。

表 15-3-1 类列表

类名	描述
SNSSubject	群组主页的内容
SNSGroup	社交网络平台的群组（在主页上发布信息）
SNSObserver	群组主页内容的关注者
SNSUser	社交网络平台用户/群组成员
SNSAdmin	群组的管理员

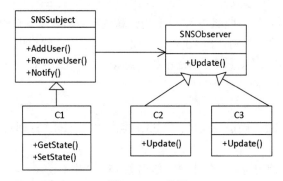

图 15-3-4 类图

【问题 1】

根据说明中的描述，给出图 15-3-4 中 C1～C3 所对应的类名。

【试题分析】 很显然，SNSGroup 对应的是群组的主页，故而 C1 是 SNSGroup。剩下的 SNSUser 和 SNSAdmin 自然是 SNSObserver 的继承者。

【参考答案】

C1=SNSGroup   C2=SNSUser   C3=SNSAdmin   （C2 和 C3 可以互换位置）

【问题 2】

图 15-3-4 中采用了哪一种设计模式？说明该模式的意图及其适用场合。

【试题分析】看到 Observer 的英文单词就应该想到观察者模式，看到 Factory 或 Product，就应该想到工厂模式。本题已经给出了 SNSObserver，那么大概率就是观察者模式。看到 SNSSubject 里面有通知函数，并且观察者里面也有 Update 的更新函数，再一次验证了图 15-3-4 采用的是观察者模式。

【参考答案】

采用了观察者模式。

该模式的意图是当被观察者发生改变的时候，会给观察者发送消息通知，让它们随之发生改变。

该模式一般适用于一个被观察者改变时观察者也随之改变的场合。

【问题 3】

现在对上述社交网络平台提出了新的需求：一个群体可以作为另外一个群体中的成员，例如群体 A 加入群体 B。那么，群体 A 中的所有成员就自动成为群体 B 中的成员。

若要实现这个新需求，需要对图 15-3-4 进行哪些修改？（以文字方式描述）

【试题分析】这是继承关系的文字表述，那么只需在 SNSSubject 增加一个被观察者对象，同时在 SNSObserver 中增加观察这个新对象的方法即可。

【参考答案】可以在 SNSSubject 下面增加一个被观察者对象，然后它可以在观察者对象这里增加一个加入另外群体的方法，以实现接收被观察者发送的通知。

15.3.3 房产信息管理系统

阅读下列说明和图，回答问题 1 至问题 3。

【说明】

某房产中介公司欲开发一个房产信息管理系统，其主要功能描述如下：

1. 公司销售的房产（Property）分为住宅（House）和公寓（Cando）两类。针对每套房产，系统存储房产证明、地址、建造年份、建筑面积、销售报价、房产照片以及销售状态（在售、售出、停售）等信息。对于住宅，还需存储楼层、公摊面积、是否有地下室等信息；对于公寓，还需存储是否有阳台等信息。

2. 公司雇用了多名房产经纪人（Agent）负责销售房产。系统中需存储房产经纪人的基本信息，包括：姓名、家庭住址、联系电话、受雇的起止时间等。一套房产同一时段仅由一名房产经纪人负责销售，系统中会记录房产经纪人负责每套房产的起始时间和终止时间。

3. 系统用户（User）包括房产经纪人和系统管理员（Manager）。用户需经过系统身份验证之后才能登录系统。房产经纪人登录系统之后，可以录入负责销售的房产信息，也可以查询所负责的房产信息。房产经纪人可以修改其负责的房产信息，但需要经过系统管理员的审批授权。

4. 系统管理员可以从系统中导出所有房产的信息报表。系统管理员定期将售出和停售的房产信息进行归档。若公司确定不再销售某套房产，系统管理员将该房产信息从系统中删除。

现采用面向对象方法开发该系统，得到如图 15-3-5 所示的用例图和图 15-3-6 所示的初始类图。

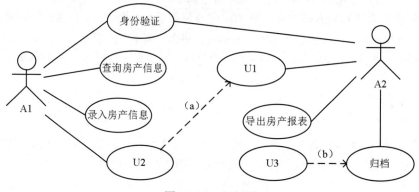

图 15-3-5　用例图

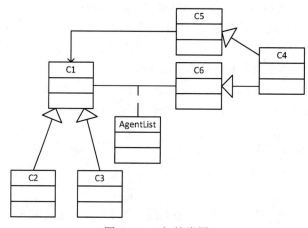

图 15-3-6　初始类图

【问题 1】

（1）根据说明中的描述，分别给出图 15-3-5 中 A1～A2 所对应的名称以及 U1～U3 所对应的用例名称。

（2）根据说明中的描述，分别给出图 15-3-5 中（a）和（b）用例之间的关系。

【试题分析】

（1）确定参与者。

分析题意，"3. 系统用户（User）包括房产经纪人和系统管理员（Manager）"，并结合题目的用例图，可知参与者 A1、A2 分别是**房产经纪人**和**系统管理员**。

（2）确定用例。

分析题意，"房产经纪人登录系统之后，可以录入负责销售的房产信息，也可以查询所负责的房产信息。房产经纪人可以修改其负责的房产信息，但需要经过系统管理员的审批授权。"可得到

房产经纪人的任务是**录入房产信息**、**查询房产信息**、**修改房产信息**。同时得到**系统管理员**的任务是**审批授权**。结合题目的用例图，可知用例 U2 是"修改房产信息"，用例 U1 是"审批授权"。

分析题意"4……系统管理员定期将售出和停售的房产信息进行归档。若公司确定不再销售某套房产，系统管理员将该房产信息从系统中删除。"可得到**系统管理员**的任务是**归档**、**删除房产信息**。结合题目的用例图，可知用例 U3 是"删除房产信息"。

（3）确定用例间关系。

由于必须先"审批授权（U1）"后，才能"修改房产信息（U2）"，所以 U1、U2 之间是包含关系。(a) 为 include。

由于"删除房产信息（U3）"是归档业务的独立、可选动作，所以 U3、归档之间是扩展关系。(b) 为 extend。

【参考答案】

A1：房产经纪人　　A2：系统管理员

U1：审批授权　　U2：修改房产信息　　U3：删除房产信息

（a）include　　（b）extend

【问题 2】

根据说明中的描述，分别给出图 15-3-6 中 C1～C6 所对应的类名称。

【试题分析】

分析题意，"1. 公司销售的房产（Property）分为住宅（House）和公寓（Cando）两类。"，结合类图，"住宅和公寓、房产"可对应"C2、C3 继承 C1"的继承结构。

分析题意，"3. 系统用户（User）包括房产经纪人和系统管理员（Manager）。"结合类图，"系统用户、房产经纪人和系统管理员"可对应"C4 继承 C5、C6"的继承结构。而类图中 AgentList 提示了 C6 是"房产经纪人"。

【参考答案】

C1：房产　　　　C2：住宅　　　　C3：公寓

（注：C2、C3 可以互换；可以用题目给出的英文表示。）

C4：系统用户　　C5：系统管理员　　C6：房产经纪人

（注：可以用题目给出的英文表示。）

【问题 3】

图 15-3-6 中 AgentList 是一个英文名称，用来进一步阐述 C1 和 C6 之间的关系，根据说明中的描述，绘出 AgentList 的主要属性。

【试题分析】依据类图可知 C1（房产）和 C6（房产经纪人）是关联关系。依据题意"一套房产同一时段仅由一名房产经纪人负责销售，系统中会记录房产经纪人负责每套房产的起始时间和终止时间。"，可得 AgentList 主要属性有房产经纪人负责该套房产的起始时间和终止时间。

【参考答案】

AgentList 主要属性有：起始时间和终止时间。

15.3.4　基于 Web 的书籍销售系统

阅读下列说明，回答问题 1 至问题 3。

【说明】

某图书公司欲开发一个基于 Web 的书籍销售系统，为顾客（Customer）提供在线购买书籍（Books）的功能，同时对公司书籍的库存及销售情况进行管理。系统的主要功能描述如下：

(1) 首次使用系统时，顾客需要在系统中注册（Register detail）。顾客填写注册信息表要求的信息，包括姓名（name）、收货地址（address）、电子邮箱（email）等，系统将为其生成一个注册码。

(2) 注册成功的顾客可以登录系统在线购买书籍（Buy books）。购买时可以浏览书籍信息，包括书名（title）、作者（author）、内容简介（introduction）等。如果某种书籍的库存量为 0，那么顾客无法查询到该书籍的信息。顾客选择所需购买的书籍及购买数量（quantities），若购买数量超过库存量，提示库存不足；若购买数量小于库存量，系统将显示验证界面，要求顾客输入注册码。注册码验证正确后，自动生成订单（Order），否则，提示验证错误。如果顾客需要，可以选择打印订单（Print order）。

(3) 派送人员（Dispatcher）每天早晨从系统中获取当日的派送列表信息（Produce picklist），按照收货地址派送顾客订购的书籍。

(4) 用于销售的书籍由公司的采购人员（Buyer）进行采购（Reorder books）。采购人员每天从系统中获取库存量低于再次订购量的书籍信息，对这些书籍进行再次购买，以保证充足的库存量。新书籍到货时，采购人员向在线销售目录（Catalog）中添加新的书籍信息（Add books）。

(5) 采购人员根据书籍的销售情况，对销量较低的书籍设置折扣或促销活动（Promote books）。

(6) 当新书籍到货时，仓库管理员（Warehouseman）接收书籍，更新库存（Update stock）。

现采用面向对象方法开发书籍销售系统，得到如图 15-3-7 所示的用例图和图 15-3-8 所示的初始类图（部分）。

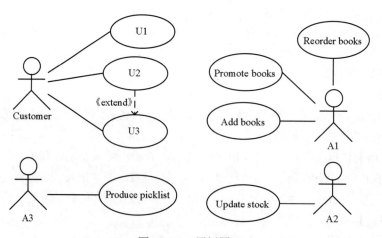

图 15-3-7　用例图

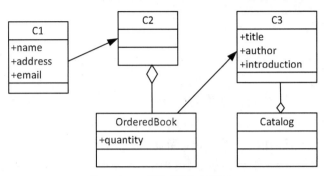

图 15-3-8 初始类图（部分）

【问题 1】

根据说明中的描述，给出图 15-3-7 中 A1～A3 所对应的参与者名称和 U1～U3 处所对应的用例名称。

【试题分析】

（1）确定参与者。

参与者是与系统交互的人、事物。分析题目可得系统的参与者有顾客、派送人员、采购人员、仓库管理员。

依据题意"（3）派送人员（Dispatcher）……获取当日的派送列表信息（Produce picklist）……。"结合题目的用例图，可知 A3 是派送人员。

依据题意"（4）……采购人员（Buyer）进行采购（Reorder books）。" 结合题目的用例图，可知 A1 是采购人员。

依据题意"（6）……仓库管理员（Warehouseman）接收书籍，更新库存（Update stock）。" 结合题目的用例图，可知 A2 是仓库管理员。

（2）确定用例。

依据题意"（1）首次使用系统时，顾客需要在系统中**注册**（Register detail）……""（2）注册成功的顾客可以登录系统在线**购买书籍**（Buy books）……如果顾客需要，可以选择**打印订单**（Print order）"得到顾客相关的用例（即 U1～U3）为"**注册、购买书籍、打印订单**"。

结合题目的用例图，可知 U3 和 U2 是扩展关系（《extend》），所以 U2 是 U3 的独立、可选动作。

所以，U1 是注册，U2 是打印订单，U3 是在线购买书籍。

【参考答案】

A1：采购人员　　A2：仓库管理员　　A3：派送人员
U1：注册　　　　U2：购买书籍　　　U3：打印订单
（注：可以用题目给出的英文表示。）

【问题 2】

根据说明中的描述，给出图 15-3-7 中用例 U3 的用例描述（用例描述中必须包括基本事件流和所有的备选事件流)。

【试题分析】

基本事件流是指描述该用例图的基本流程,是用例图中常规的操作路径;**备选事件流**是指描述该用例图的各种分支流程。

找出"(2)注册成功的顾客可以**登录系统**在线购买书籍(Buy books)。购买时可以**浏览书籍信息**,包括书名(title)、作者(author)、内容简介(introduction)等。如果某种书籍的库存量为 0,那么顾客无法查询到该书籍的信息。顾客**选择所需购买的书籍及购买数量**(quantities),若**购买数量超过库存量,提示库存不足**;若购买数量小于库存量,系统将**显示验证界面**,要求顾客**输入注册码**。注册码验证正确后,自动**生成订单**(Order),否则,**提示验证错误**。如果顾客需要,可以**选择打印订单**(Print order)。"中出现的系列动作,可以得到基本事件流和备选事件流。

【参考答案】

(1)基本事件流:

登录系统、浏览书籍信息、选择所需购买的书籍及购买数量、显示验证界面、输入注册码、生成订单。

(2)备选事件流:

购买数量超过库存量,提示库存不足。

提示验证错误。

选择打印订单。

【问题3】

根据说明中的描述,给出图 15-3-8 中 C1~C3 所对应的类名。

【试题分析】通过分析题目中的英文词汇,可得题目涉及了"顾客(Customer)""书籍(Books)""订单(Order)"等类。

由于 C1 拥有 name、address 等属性,所以推断 C1 是"顾客"类;由于 C3 拥有 title、author 等属性,所以推断 C3 是"书籍"类。

依据题目给出的初始类图,可知 C2 和 OrderBook 属于聚合关系,从而推导出 C2 是"订单"类。

【参考答案】

C1:顾客   C2:订单   C3:书籍

(注:可以用题目给出的英文表示。)

15.3.5　牙科诊所系统

阅读下列说明,回答问题 1 至问题 3。

【说明】

某牙科诊所拟开发一套信息系统,用于管理病人基本信息和就诊信息。诊所工作人员包括:医护人员(Dental Staff)、接待人员(Receptionist)和办公人员(Office Staff)等,系统主要功能需求描述如下:

1. 记录病人基本信息（Maintain Patient Info）。初次就诊的病人，由接待人员将病人基本信息录入系统。病人基本信息包括病人姓名、身份证号、出生日期、性别、首次就诊时间和最后一次就诊时间等。每位病人与其医保信息（Medical Insurance）关联。

2. 记录就诊信息（Record Office Visit Info）。病人在诊所的每一次就诊，由接待人员将就诊信息（Office Visit）录入系统。就诊信息包括就诊时间、就诊费用、支付代码、病人支付费用和医保支付费用等。

3. 记录治疗信息（Record Dental Procedure）。病人在就诊时，可能需要接受多项治疗，每项治疗（Procedure）可能由多位医护人员为其服务。治疗信息包括：治疗项目名称、治疗项目描述、治疗的牙齿和费用等。治疗信息由每位参与治疗的医护人员分别向系统中录入。

4. 打印发票（Print Invoices）。发票（Invoice）由办公人员打印。发票分为两种：给医保机构的发票（Insurance Invoice）和给病人的发票（Patient Invoice）。两种发票内容相同，只是支付的费用不同。当收到治疗费用后，办公人员在系统中更新支付状态（Enter Payment）。

5. 记录医护人员信息（Maintain Dental Staff Info）。办公人员将医护人员信息录入系统。医护人员信息包括姓名、职位、身份证号、家庭住址和联系电话等。

6. 医护人员可以查询并打印其参与的治疗项目相关信息（Search and Print Procedure Info）。

现采用面向对象方法开发该系统，得到如图15-3-9所示的用例图和图15-3-10所示的初始类图。

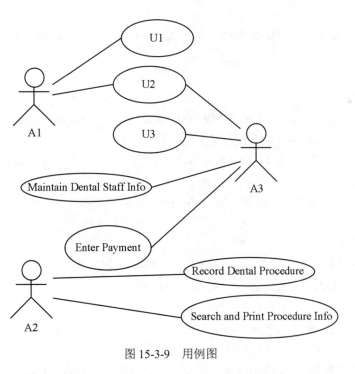

图15-3-9　用例图

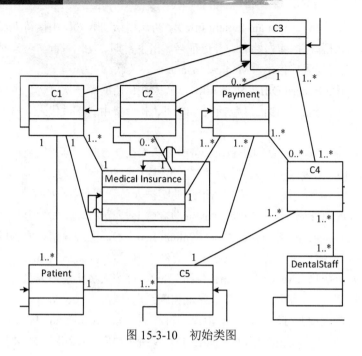

图 15-3-10 初始类图

【问题 1】

根据说明中的描述，给出图 15-3-9 中 A1～A3 所对应的参与者名称和 U1～U3 所对应的用例名称。

【试题分析】

（1）确定参与者。

结合原文"诊所工作人员包括：医护人员（Dental Staff）、接待员（Receptionist）和办公人员（Office Staff）等"，可得系统的参与者有"接待人员、医护人员、办公人员"。

由"6. 医护人员可以查询并打印其参与的治疗项目相关信息（Search and Print Procedure Info）。"可知，A2 为"医护人员"。

由"办公人员在系统中更新支付状态（Enter Payment）"可知，A3 为"办公人员"。

剩下的 A1 必为"接待人员"。

（2）确定用例。

依据"1. **记录病人基本信息**（Maintain Patient Info）。**初次就诊**的病人，由**接待人员**……每位病人与其医保信息（Medical Insurance）关联"，结合用例图可知，U2 和 A1、A3 关联，所以为"记录病人基本信息"。

依据"2. **记录就诊信息**（Record Office Visit Info）。病人在诊所的每一次就诊，由**接待人员**……"，结合用例图可知，U1 和 A1 关联，所以为"记录就诊信息"。

依据"4. **打印发票**（Print Invoices）。发票（Invoice）由**办公人员**打印。……。"可知，U3 为"打印发票"。

【参考答案】
A1：接待人员　　　A2：医护人员　　　A3：办公人员
U1：记录就诊信息　　　U2：记录病人基本信息　　　U3：打印发票
（注：可以用题目给出的英文表示。）

【问题2】
根据说明中的描述，给出图 15-3-10 中 C1～C5 所对应的类名。
【试题分析】 通过分析题目中的英文词汇，除去用例和参与者，可得题目涉及了"医保信息（Medical Insurance）、就诊信息（Office Visit）、治疗（Procedure）、发票（Invoice）、医保机构的发票（Insurance Invoice）、病人的发票（Patient Invoice）"等类。

依据"4. 打印发票（Print Invoices）。发票（Invoice）由办公人员打印。发票分为两种：给医保机构的发票（Insurance Invoice）和给病人的发票（Patient Invoice）。……"可知发票、医保机构的发票、病人的发票存在继承关系。结合类图，可知 C3 为"发票"，C1 为"病人的发票"，C2 为"医保机构的发票"。

依据类图的 1 对多关系，可知 C4、C5 分别是"治疗（Procedure）""就诊信息（Office Visit）"。

【参考答案】
C1：病人的发票　　　C2：医保机构的发票　　　C3：发票
C4：治疗　　　C5：就诊信息
（注：可以用题目给出的英文表示。）

【问题3】
根据说明中的描述，给出图 15-3-10 中类 C4、C5、Patient 和 Dental Staff 的必要属性。
【试题分析】
依据题意，"1. 记录病人基本信息（Maintain Patient Info）。……病人基本信息包括病人姓名、身份证号、出生日期、性别、首次就诊时间和最后一次就诊时间等。……"可得 Patient 的属性。

依据题意，"2. 记录就诊信息（Record Office Visit Info）。……就诊信息包括就诊时间、就诊费用、支付代码、病人支付费用和医保支付费用等。"可得 C5 的属性。

依据题意，"3. 记录治疗信息（Record Dental Procedure）。……治疗信息包括：治疗项目名称、治疗项目描述、治疗的牙齿和费用等。……"可得 C4 的属性。

依据题意，"5. 记录医护人员信息（Maintain Dental Staff Info）。……医护人员信息包括姓名、职位、身份证号、家庭住址和联系电话等。"可得 Dental Staff 的属性。

【参考答案】
C4 属性：治疗项目名称、治疗项目描述、治疗的牙齿、费用。
C5 属性：就诊时间、就诊费用、支付代码、病人支付费用、医保支付费用。
Patient 属性：病人姓名、身份证号、出生日期、性别、首次就诊时间、最后一次就诊时间。
Dental Staff 属性：姓名、职位、身份证号、家庭住址、联系电话。

15.4　C程序题案例分析

从历年的考试情况来看，涉及 C 语言的题目多为算法相关的题。这些算法往往是数据结构的算法，只不过换了一种表现形式来出题。碰到这样的题时，要注意以下几点。

（1）回忆数据结构中的相关知识和算法，看是否类似。

（2）如果一时想不起来，没关系。认真仔细阅读题目的要求，然后大致浏览一下整个程序的构造。继续咬文嚼字，找出题目文字所对应的程序语句，一句句地向下进行分析。

（3）根据文中的要求进行答题。

总而言之，C 程序题基于算法，有一定规律可循，但不存在万能或固定的模式。需要做的就是认真读题，分析、比对题目中的条件，转化为程序语句。相对而言，程序题的难度不是很大，一般在判断条件上或返回值上出题较多，这需要认真阅读题目，找到对应的条件或返回结果。

15.4.1　假币问题

阅读下列说明和 C 代码，回答问题 1 至问题 3。

【说明】假币问题：有 n 枚硬币，其中有一枚是假币，已知假币的质量较轻。现只有一个天平，要求用尽量少的比较次数找出这枚假币。

【分析问题】将 n 枚硬币分成相等的两部分：

（1）当 n 为偶数时，将前后两部分，即 $1\cdots n/2$ 和 $n/2+1\cdots 0$，放在天平的两端，较轻的一端里有假币，继续在较轻的这部分硬币中用同样的方法找出假币。

（2）当 n 为奇数时，将前后两部分，即 $1\cdots(n-1)/2$ 和 $(n+1)/2+1\cdots 0$，放在天平的两端，较轻的一端里有假币，继续在较轻的这部分硬币中用同样的方法找出假币；若两端重量相等，则中间的硬币，即第 $(n+1)/2$ 枚硬币是假币。

【C 代码】

下面是算法的 C 语言实现，其中：

```
coins[]：硬币数组
first,last：当前考虑的硬币数组中的第一个和最后一个下标

#include <stdio.h>

int getCounterfeitCoin(int coins[], int first,int last)
{
    int firstSum = 0，lastSum = 0;
    int i;
    if(first==last-1){ /*只剩两枚硬币*/
        if(coins[first] < coins[last])
            return first;
        return last;
```

```
        }
    if(last - first + 1) % 2 ==0){ /*偶数枚硬币*/
        for(i = first;i < ___(1)___;i++){
            firstSum+= coins[i];
        }
        for(i=first + (last-first) / 2 + 1;i < last +1;i++){
            lastSum += coins[i];
        }
        if___(2)___{
            return getCounterfeitCoin(coins,first,first+(last-first)/2;);
        }else{
            return getCounterfeitCoin(coins,first+(last-first)/2+1,last;);
        }
    }
    else{ /*奇数枚硬币*/
        for(i=first;i<first+(last-first)/2;i++){
            firstSum+=coins[i];
        }
        for(i=first+(last-first)/2+1;i<last+1;i++){
            lastSum+=coins[i];
        }
        if(firstSum<lastSum){
            return getCounterfeitCoin(coins,first,first+(last-first)/2-1);
        }else if(firstSum>lastSum){
            return getCounterfeitCoin(coins,first+(last-first)/2-1,last);
        }else{
            return ___(3)___
            }
        }
    }
}
```

【问题 1】

根据题干说明，填充 C 代码中的空（1）～（3）。

【试题分析】

（1）空的作用是选定遍历的数据元素，从 first 到中间的元素，故填入 first+(last-first)/2 或 (first+last)/2。

（2）空则是选择前一段还是后一段的条件，由题意知道，一定是判断两段的质量，故而为：firstSum<lastSum。

（3）空说明 firstSum=lastSum，那么只有多出来的这个中间货币是假币，故填入中间货币位置 first+(last-first)/2 或(first+last)/2。

【参考答案】

（1） first+(last−first)/2 或(first+last)/2

（2） firstSum<lastSum

（3）first+(last-first)/2 或(first+last)/2

【问题 2】

根据题干说明和 C 代码，算法采用了___(4)___设计策略。

函数 getCounterfeitCoin 的时间复杂度为___(5)___（用 O 表示）。

【试题分析】分治算法的基本思想是将一个规模为 N 的问题分解为 K 个规模较小的子问题，这些子问题之间相互独立，与原问题性质相同。然后通过求出子问题的解，得到原问题的解，是一种分目标完成程序算法。其中二分法是分治法的特例。很显然，本题是分治的思路。分治算法的复杂度是 $O(\lg n)$。

【参考答案】(4) 分治法　(5) $O(\lg n)$

【问题 3】

若输入的硬币数为 30，则最少的比较次数为___(6)___，最多的比较次数为___(7)___。

【试题分析】第 1 次肯定是 15 枚对 15 枚。第 2 次在轻的 15 枚里分别取 7 枚、7 枚、1 枚出来。如果 7 枚和 7 枚相等，说明单列的 1 枚正好是假币，所以最少的比较次数应该是 2 次。如果不是，则轻的 7 枚再分为 3 枚、3 枚、1 枚（第 3 次），如果不能识别继续将轻的 3 枚分为 1 枚、1 枚、1 枚（第 4 次），第 4 次无论何种结果，都能判断出假币，所以最多的比较次数为 4 次。

【参考答案】(6) 2　(7) 4

15.4.2　钢条切割问题

阅读下列说明和 C 代码，回答问题 1 和问题 2。

【说明】某公司购买长钢条，将其切割后进行出售。切割钢条的成本可以忽略不计，钢条的长度为整英寸。已知价格表 P，其中 P_i（$i=1,2,\cdots,m$）表示长度为 i 英寸的钢条的价格。现要求解使销售收益最大的切割方案。

求解此切割方案的算法基本思想如下：

假设长钢条的长度为 n 英寸，最佳切割方案的最左边切割段长度为 i 英寸，则继续求解剩余长度为 n-i 英寸钢条的最佳切割方案。考虑所有可能的 i，得到的最大收益 rn 对应的切割方案即为最佳切割方案。rn 的递归定义如下：

$$r_n = \max_{1 \leq i \leq n}(p_i + r_{n-i})$$

对此递归式，给出自顶向下和自底向上两种实现方式。

【C 代码】

```
/*常量和变量说明
    n：长钢条的长度
    P[]：价格数组
*/
#define LEN 100

int Top_Down_ Cut_Rod(int P[],int n){/*自顶向下*/
    int r=0;
```

```
        int i;
        if(n==0){
            return 0;
        }
        for(i=1;    (1)    ;i++){
            int tmp=p[i]+Top_Down_ Cut_Rod(p,n-i);
            r=(r>=tmp)?r:tmp;
        }
        return r;
}

int Bottom_Up_Cut_Rod(int p[],int n){ /*自底向上*/
        int r[LEN]={0};
        int temp=0;
        int i,j;
        for(j=1;j<=n;j++){
            temp=0;
            for(i=1;   (2)    ;i++){
                temp=    (3)    ;
            }
                (4)    ;
        }
        return r[n];
}
```

【问题 1】

根据说明，填充 C 代码中的空（1）～（4）。

【试题分析】钢条切割问题，是一道经典的动态规划题，在很多算法导论类书中都有出现。遇到这类题目首先想到的解法就是将长度为 n 的钢条的切割方案全部罗列，然后取出其中一个收益最大的方案返回。然而随着 n 不断增大，方案数目趋于指数级增大，故不采用列举法。

本题中的方法采用的是用空间换取时间的一种方法，是动态规划的方法，它通过先求解子问题，最终解决问题。

仔细读题干，本题的意思是从左边切割下长度为 i 的一段，对右边剩下的长度为 n-i 的一段进行继续切割，对左边一段则不再进行切割。

从算法角度理解收益的表述是：

将长度为 n 的钢条分解为左边割下一段，以及剩余部分继续分解的结果，并将其收益加和，成为整个切割方案的收益（不做任何切割的方案则可以表示为：第 1 段长度为 n，收益为 P_n，剩余部分长度为 0，对应收益为 R=0），整个方案公式表述如下：

$$R_n = \max(P_i + R_{n-i}) \text{ 其中} 1 \leqslant i \leqslant n$$

也就是说，原问题的最优解只包含右端剩余部分的解。

编写算法的两种方法如下。

（1）自顶向下法：此方法仍然按照自然的递归形式编写算法，但过程会保存每个子问题的解

（保存在数组中）。当算法需要一个子问题的解时，必须首先检查是否已经保存过此解，如果是，则直接返回保存的值，从而节省了计算时间。

（2）自底向上法：从最小、最初的解开始，按照次序不断求解保存，并调用前面保存的结果，滚雪球式地完成求解。

需要填入的程序代码：

（1）比较简单，就是从 1 到 n 推算一遍，故而应该填入 i<=n。

（2）为循环中的循环，内循环使用外循环的当前值作为循环上限，填入 i<=j。

（3）对结果判断，比较当前的最优解 temp 和当前 i 对应的 p[i]+r[j-i]哪个更大，如果 temp 小，则更新当前最优解对应的值。

这里可以使用 C 语言的 "?、:" 三目运算，其中 "?" 用于判断条件真假，":" 用于判断结果决定取值。例如(a<b)?a:b"的含义是，如果 a<b 为真，则表达式取值为 a，否则取值为 b。

（4）把当前解存入最优数组返回。

【参考答案】

（1）i<=n

（2）i<=j

（3）temp>=p[i]+r[j-i]?temp:p[i]+r[j-i]

（4）r[j]=temp

【问题 2】

根据说明和 C 代码，算法采用的设计策略为___（5）___。

求解 R_n 时，自顶向下方法的时间复杂度为___（6）___；自底向上方法的时间复杂度为___（7）___。

【试题分析】本题是动态规划，自顶向下的方法中可以看到其采取的是递归方式，故而时间复杂度是 2^n 级别（1+2+4+…+(n-1)）。而自底向上的方法是内、外嵌套循环（双 n 线性），因此时间复杂度是 n^2 级别。

【参考答案】

（5）动态规划

（6）$O(2^n)$

（7）$O(n^2)$

15.4.3 希尔排序

阅读下列说明，回答问题 1 至问题 3，将解答填入对应栏内。

【说明】

希尔排序算法又称最小增量排序算法，其基本思想是：

步骤 1：构造一个步长序列 $delta_1$、$delta_2$、…、$delta_k$，其中 $delta_1=n/2$，后面的每个 delta 是前一个的 1/2，$delta_k=1$；

步骤 2：根据步长序列、进行 k 趟排序；

步骤 3：对第 i 趟排序，根据对应的步长 $delta_i$，将等步长位置元素分组，对同一组内元素在原位置上进行直接插入排序。

【C 代码】

下面是算法的 C 语言实现。

（1）常量和变量说明。

data：待排序数组 data，长度为 n，待排序数据记录在 data[0]、data[1]、…、data[n-1]中。

n：数组 a 中的元素个数。

delta：步长数组。

（2）C 程序。

```
#include <stdio.h>

void shellsort (int data[], int   n){
    int *delta, k, i, t, dk, j;
    k=n;
    delta=(int*) malloc (sizeof(int) * (n/2));

    i=0
    do{
         ____(1)____;
        delta[i++]=k;
    }while____(2)____;

    i=0;
    while((dk=delta[i])>0){
        for(k=delta[i];k<n;++k) {
            if(____(3)____){
                t=data[k];
                for(j=k-dk; j>=0&&t<data[j]; j-=dk){
                    data[j+dk]=data[j];
                }/*for*/
                ____(4)____;
            }/*if*/
        }
        ++i;
    }
}
```

【问题 1】

根据说明和 C 代码，填充 C 代码中的空（1）～（4）。

【试题分析】希尔排序是直接插入排序的一种改进，其本质是一种分组插入排序。希尔排序采取了分组排序的方式，化整为零。做法是把待排序的数据元素序列按一定间隔（步长）进行分组，然后对每个分组进行直接插入排序。随着间隔（步长）的减小，一直到1，从而使整个序列变得有序。

具体的希尔排序过程如图 15-4-1 所示。

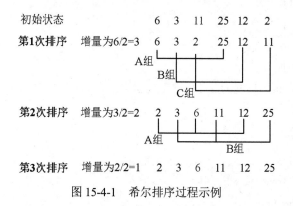

图 15-4-1　希尔排序过程示例

C 代码中的"do{}…while()循环体",目的是完成步骤 1,"构造一个步长序列 $delta_1$、$delta_2$、…、$delta_k$,其中 $delta_1=n/2$,后面的每个 delta 是前一个的 1/2,$delta_k=1$"。

由于 k 初始值为 n,所以空(1)为 k=k/2,用于完成步骤 1 要求的"$delta_1=n/2$"的功能;空(2)为 k>1,用于判断是否终止 do…while 循环。

C 代码中的 while 循环体,用于完成整个希尔排序。当步长 delta[i]>0 不成立时,循环结束。

while 循环体中的 for 循环体,是完成步长固定时的每一趟希尔排序,即完成一次直接插入排序。while 循环体各语句含义如下:

```
while((dk=delta[i])>0){
    for(k=delta[i];k<n;++k) {
        if(data[k]<data[k-dk]){         /*将元素 data[k]插入到有序增量序列中*/
            t=data[k];                   /*备份待插入的元素,空出一个元素位置*/
            for(j=k-dk; j>=0&&t<data[j]; j-=dk){
                data[j+dk]=data[j];      /*寻找插入位置的同时,后移元素,后移 dk 位*/
            }
            data[j+dk]=t;                /*找到插入位置,插入元素*/
        }/*if*/
    }
    ++i;                                 /*取下一个增量值*/
}
```

【参考答案】

(1) k=k/2

(2) k>1

(3) data[k]<data[k-dk]

(4) data[j+dk]=t

【问题 2】

根据说明和 C 代码,该算法的时间复杂度___(5)___(小于、等于或大于)$O(n^2)$。该算法是否稳定___（6）___（是或否）。

【试题分析】希尔排序是一种不稳定的排序方法；该算法的时间复杂度为 $O(n^{1.3})$。

【参考答案】（5）小于　（6）否

【问题 3】

对数组（15、9、7、8、20、-1、4）用希尔排序方法进行排序，经过第一趟排序后得到的数组为___（7）___。

【试题分析】数组（15、9、7、8、20、-1、4）有 7 个元素，第一次排序步长 delta=7/2≈3，该数组可以分为三个小组。将三个小组内部进行直接插入排序，得到结果。

具体排序过程如图 15-4-2 所示。

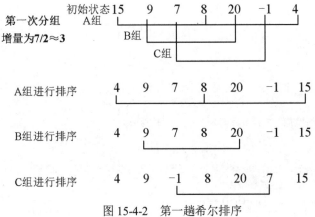

图 15-4-2　第一趟希尔排序

【参考答案】（7）（4、9、-1、8、20、7、15）

15.4.4　n 皇后问题

阅读下列说明和 C 代码，回答问题 1 至问题 3。

【说明】

n 皇后问题描述为：在一个 n×n 的棋盘上摆放 n 个皇后，要求任意两个皇后不能冲突，即任意两个皇后不在同一行、同一列或者同一斜线上。

算法的基本思想如下：

将第 i 个皇后摆放在第 i 行，i 从 1 开始，每个皇后都从第 1 列开始尝试。尝试时判断在该列摆放皇后是否与前面的皇后有冲突，如果没有冲突，则在该列摆放皇后，并考虑摆放下一个皇后；如果有冲突，则考虑下一列。如果该行没有合适的位置，回溯到上一个皇后，考虑在原来位置的下一个位置上继续尝试摆放皇后，以此类推，直到找到所有的合理摆放方案。

【C 代码】

下面是算法的 C 语言实现。

（1）常量和变量说明。

n：皇后数，棋盘规模为n×n。

queen[]：皇后的摆放位置数组，queen[i]表示第 i 个皇后的位置，1≤queen[i]≤n。

（2）C 程序。

```
#include <stdio.h>
#define n 4
int queen[n+1];

void Show()   /*输出所有皇后摆放方案*/
{
    int i;
    printf("(");
    for(int i=1;i<=n;i++)
    {
        printf("%d",queen[i]);
    }
    printf(")\n");
}

int Place(int j)   /*检查当前列能否放置皇后，不能返回0，能返回1*/
{
    int i;
    for(i=1;i<j;i++)   /*检查与已摆放的皇后是否在同一列或同一斜线上*/
    {
        if(____(1)____ || abs(queen[i]-queen[j]) == (j-i))
        {
            return 0;
        }
    }
    return ____(2)____;
}

void Nqueen(int j)
{
    int i;
    for(i=1;i<=n;i++){
        queen[j]=i;
        if(____(3)____) {
            if(j==n) {/*如果所有皇后都摆放好,则输出当前摆放方案*/
                Show();
            } else {/*否则继续摆放下一个皇后*/
                ____(4)____;
            }
        }
    }
}
```

```
}
int main()
{
    Nqueen(1);
    return 0;
}
```

【问题 1】

根据题干说明，填充 C 代码中的空（1）～（4）。

【试题分析】 依据题意"将第 i 个皇后摆放在第 i 行""queen[i]表示第 i 个皇后的位置"可知 queen[i]的值表示第 i 行皇后所在列的值。

语句"（1）|| abs(queen[i]-queen[j]) == (j-i)"用于检查与已摆放的皇后是否在同一列或同一斜线上，所以（1）是检查与已摆放的皇后是否在同一列上，因此空（1）为 queen[i]==queen[j]。

分析函数 Place()的返回值可知，皇后在同一列或同一斜线上，函数 Place()返回 0；则皇后不在同一列，也不在同一斜线上时，函数 Place()返回 1。因此空（2）填 1。

语句"if (Place(j))"表示判断 j 行的皇后放在 i 列时，是否有冲突。因此，空（3）填 Place(j)。如果能放 j 行的皇后，且 j 不是最后一行，则应递归放置 j+1 行皇后。因此空（4）填 Nqueen(j+1)。

【参考答案】

（1）queen[i]==queen[j]或其他等价形式

（2）1

（3）Place(j)

（4）Nqueen(j+1)

【问题 2】

根据题干说明和 C 代码，算法采用的设计策略为＿＿（5）＿＿。

【试题分析】 当探索到某一步时，发现原先选择并不优或达不到目标，就退回一步重新选择，这种"走不通就退回再走"的技术为回溯法。

【参考答案】（5）回溯法

【问题 3】

当 n=4 时，有＿＿（6）＿＿种摆放方式，分别为＿＿（7）＿＿。

【试题分析】 以 4 皇后为例，可行的两种摆放方案如图 15-4-3 所示。

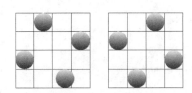

图 15-4-3 皇后摆放方案

【参考答案】（6）两种 （7）2413，3142

15.4.5 背包问题

阅读下列说明和 C 代码，回答问题 1 至问题 3。

【说明】

0-1 背包问题定义为：给定 i 个物品的价值 v[1…i]、重量 w[1…i]和背包容量 T，每个物品装到背包里或者不装到背包里，求最优的装包方案，使得所得到的价值最大。

0-1 背包问题具有最优子结构性质。定义 c[i][T]为最优装包方案所获得的最大价值，则可得到如下所示的递归式。

$$c[i][T] = \begin{cases} 0 & 若\,i = 0\,或\,T = 0 \\ c[i-1][t] & 若\,T < w[i] \\ \max(c[i-1][T-w[i]] + v[i], c[i-1][T]) & 若\,i < 0\,且\,T \geqslant w[i] \end{cases}$$

【C 代码】

下面是算法的 C 语言实现。

（1）常量和变量说明。

T：背包容量。

V[]：价值数组。

W[]：重量数组。

C[][]：c[i][j]表示前 i 个物品在背包容量为 j 的情况下最优装包方案所能获得的最大价值。

（2）C 程序。

```
#include <stdio.h>
#include <math.h>
#define N 6
#define maxT 1000
int c[N][maxT]={0};
int Memoized_knapsack(int v[N], int w[N], int T) {
    int i;
    int j;
        for(i=0;i<N;i++){
        for(j=0;j<=T;j++){
            c[i][j]= -1;
        }
    }
    return Calculate_Max_Value(v, w, N-l, T);
}

int Calculate_Max_Value(int v[N], int w[N], int i , int j){
    int temp =0;
    if(c[i][j] !=-1){
        return ___(1)___;
```

```
            if(i==0||j==0){
                c[i][j]=0;
            }else{
                c[i][j]= Calculate_Max_Value (v, w, i-1, j);
                if(____(2)____){
                    temp=____(3)____;
                    if(c[i][j]<temp) {
                        ____(4)____;
                    }
                }
            }
        }
        return c[i][j];
}
```

【问题1】

根据说明和 C 代码，填充 C 代码中的空（1）～（4）。

【试题分析】c[i][j]表示前 i 个物品在背包容量为 j 的情况下最优装包方案所能获得的最大价值。函数 Calculate_Max_Value 则是计算 c[i][j]的值。

1）当 c[i][j]=-1 时，表示还没有进行计算；

2）当 c[i][j]≠-1 时，说明已经计算，则应该返回该值。所以空（1）为 c[i][j]。

算法接下来，计算两种可能的情况：

1）不放物品 w[i]时，背包获得的最大价值。

该情况，由语句"c[i][j]= Calculate_Max_Value (v, w, i-1, j);"完成。表示求得前 i-1 个物品在背包容量为 j 的最大价值并赋值给 c[i][j]。

2）放物品 w[i]时，背包获得的最大价值。

该情况需要满足一个前提，即物品 w[i]比背包容量 j 小。所以空（2）为 w[i]<=j。

该情况，由语句"temp=Calculate_Max_Value (v, w, i-1, j- w[i])+v[i]"完成。变量 temp 存储了该情况的最大值。

比较两种情况下的值，将最大值赋值给 c[i][j]。

【参考答案】

（1）c[i][j]

（2）w[i]<=j

（3）Calculate_Max_Value (v, w, i-1, j- w[i])+v[i]

（4）c[i][j]=temp

【问题2】

根据说明和 C 代码，算法采用了____(5)____设计策略。在求解过程中，采用了____(6)____（自底向上或者自顶向下）的方式。

【试题分析】0-1 背包问题可以使用动态规划法解决。在求解过程中，采用了自顶向下的方式。

【参考答案】
（5）动态规划法
（6）自顶向下

【问题 3】
若 5 项物品的价值数组和重量数组分别为 v[]={0,1,6,18,22,28}和 w[]={0,1,2,5,6,7}，背包容量为 T=11，则获得的最大价值为___（7）___。

【试题分析】当取第 3、4 项物品时，总重量为 5+6=11，没有超出背包容量。此时，获得最大价值=18+22=40。

【参考答案】（7）40

15.5 Java 程序题案例分析

Java 程序题历来是软件设计师下午考试中比较容易解答的题。尽管 Java 程序题时常与 UML、设计模式一块联合出题，但是并不需要应试人员有高深的面向对象知识，所考的也是最基本的概念。因此在考试前，需要扎实地掌握 Java 面向对象的相关基础概念，当然，如果能深度掌握 Java 面向对象、UML 以及设计模式更佳。

在进行 Java 程序题的解题时，依旧秉承"认真读题、观察差异"的原则，结合 Java 基本的面向对象知识，对照上下文，尽可能地从题目中找出答案。

15.5.1 图像预览程序

阅读下列说明和 Java 代码，补充代码中的（1）～（5）处。

【说明】
某图像预览程序要求能够查看 BMP、JPEG 和 GIF 三种格式的文件，且能够在 Windows 和 Linux 两种操作系统上运行。程序需具有较好的扩展性以支持新的文件格式和操作系统。为满足上述需求并减少所需生成的子类数目，现采用桥接模式进行设计，得到如图 15-5-1 所示的类图。

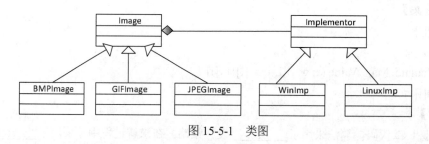

图 15-5-1 类图

【Java 代码】
```
Import java.util.*;
class Matrix{ //各种格式的文件最终都被转化为像素矩阵
```

```
        //此处代码省略
};
abstract class Implementor{
        Public    (1)    ;//显示像素矩阵 m
};
class WinImp extends Implementor{
        public void doPaint（Matrix m）{//调用 Windows 系统的绘制方法绘制像素矩阵
        }
};
class LinuxImp extends Implementor{
        public void doPaint（Matrix m）{//调用 Linux 系统的绘制方法绘制像素矩阵
        }
};
abstract class Image{
        public void setImp(Implementor imp){ this.imp= imp; }
        public abstract void parseFile(String fileName);
        protected Implementor imp;
};
class BMPImage extends Image{
        //此处代码省略
};
class GIFImage extends Image{
        public void parseFile（String fileName）{
            //此处解析 BMP 文件并获得一个像素矩阵对象 m
              (2)    ;//显示像素矩阵 m
        }
};
Class Main{
        Public static viod main(String[]args){
            //在 Linux 操作系统上查看 demo.gif 图像文件
            Image image=   (3)   ;
            Implementor imageImp=   (4)   ;
              (5)    ;
            Image.parseFile("demo.gif");
        }
}
```

【试题分析】 我们可以看到 WinImp 和 LinuxImp 继承了抽象类 Implementor，经观察 WinImp 和 LinuxImp 里均对 doPaint 进行了定义和实现，并且标明是系统调用的绘制方法绘制像素矩阵方法。在 Implementor 里也应该定义抽象 doPaint 方法。故（1）中应该填入抽象方法 abstract void doPaint(Matrix m)。

显示像素矩阵必然调用 doPaint，参数是 m。我们找到图片对象，在 abstract class Image 中找到了定义的图片对象 imp，显然（2）应该填入 imp.doPaint(m)。

在 Linux 系统下生成 Implementor 类的对象 imageImp，需要调用针对 Linux 系统的类对象构造语句，我们此处调用的是 new LinuxImp()方法来生成 imageImp 对象。

在进行 Image.parseFile 之前，需要设置图元对象，故调用 setImp 方法，即 image.setImp(imageImp)。

我们可以看到，在解答 Java 案例题时并不需要很深入地了解设计模式，但是对抽象类、抽象方法、继承等必须有深入的理解，在 Java 中抽象类表示的是一种继承关系，一个类只能继承一个抽象类，而一个类却可以实现多个接口。

【参考答案】

（1）abstract void doPaint(Matrix m)

（2）imp.doPaint(m)

（3）new GIFImage()

（4）new LinuxImp()

（5）image.setImp(imageImp)

15.5.2 汽车竞速类游戏

阅读下列说明和 Java 代码，补充代码中（1）～（5）处。

【说明】某软件公司欲开发一款汽车竞速类游戏，需要模拟长轮胎和短轮胎急刹车时在路面上留下的不同痕迹，并考虑后续能模拟更多种轮胎急刹车时的痕迹。现采用策略（Strategy）设计模式来实现该需求，所设计的类图如图 15-5-2 所示。

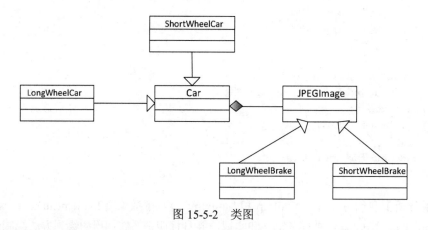

图 15-5-2　类图

【Java 代码】

```
import java.util.*;
interface BrakeBehavior{
    public    (1)   ;
    /*其余代码省略*/
}
```

```
class LongWheelBrake implements BrakeBehavior{
    public void stop(){System.out.println("模拟长轮胎刹车痕迹！");}
    /*其余代码省略*/
}

class ShortWheelBrake implements BrakeBehavior{
    public void stop(){System.out.println("模拟短轮胎刹车痕迹！");}
    /*其余代码省略*/
}

abstract class Car{
    protected    (2)    wheel;
    public void brake(){
        ___(3)___;
    }
    /*其余代码省略*/
}

class ShortWheelCar extends Car{
    public ShortWheelCar(BrakeBehavior brake)
    {
        ___(4)___;
    }
    /*其余代码省略*/
}

class StrategyTest{
    public static void main(String[] args){
        BrakeBehavior brake = new ShortWheelBrake();
        ShortWheelCar car1 = new ShortWheelCar();
        car1.___(5)___;
    }
}
```

【试题分析】 类 LongWheelBrake 和类 ShortWheelBrake 实现接口 BrakeBehavior，在 LongWheelBrake 和 ShortWheelBrake 中，stop()方法得以实现。由此可以判定，接口 BrakeBehavior 应该有 stop()方法的定义。故空（1）中应该填入 void stop()。

我们看到 Car 类与 BrakeBehavior 类是组合关系，即整体和部分关系。因此，Car 的定义中，应该包含 BrakeBehavior，结合 wheel 标识，空（2）中应该填入 BrakeBehavior。

brake()方法调用 wheel 对象的方法，从继承关系上看 wheel 对象的方法只有 stop 一个，故而空（3）应该填入 wheel.stop()。

空（4）是构造方法的实现片段，显然是将参数 behavior 赋值给 wheel，故空（4）中应该填入 wheel=behavior。

至于空（5）生成了 Car 的子类 ShortWheelCar 的实例，自然是调用 ShortWheelCar 的方法，看到 Car 有 brake()方法，那么填入 brake()即可。

可见，Java 的题目，即使考生不懂设计模式，但只要掌握 Java 里的基本思想、概念，结合题目，上下文仔细对照，还是比较容易得出答案的。

【参考答案】

（1）void stop()

（2）BrakeBehavior

（3）wheel.stop()

（4）wheel=behavior

（5）brake()

15.5.3 儿童模拟游戏

阅读下列说明和 Java 代码，补全程序中空格处的代码。

【说明】

某游戏公司现欲开发一款面向儿童的模拟游戏，该游戏主要模拟现实世界中各种鸭子的发声特征、飞行特征和外观特征。游戏需要模拟的鸭子种类及其特征见表 15-5-1。

表 15-5-1 习题用表

鸭子种类	发声特征	飞行特征	外观特征
灰鸭（MallardDuck）	发出"嘎嘎"声（Quack）	用翅膀飞行（FlyWithWings）	灰色羽毛
红头鸭（RedHeadDuck）	发出"嘎嘎"声（Quack）	用翅膀飞行（FlyWithWings）	灰色羽毛、头部红色
棉花鸭（CottonDuck）	不发声（QuackNoWay）	不能飞行（FlyNoWay）	白色
橡皮鸭（RubberDuck）	发出橡皮与空气摩擦的声音（Squeak）	不能飞行（FlyNoWay）	黑白橡皮颜色

为支持将来能够模拟更多种类鸭子的特征，采用策略设计模式（Strategy）设计的类图如图 15-5-3 所示。

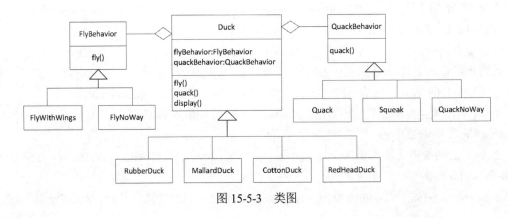

图 15-5-3 类图

其中，Duck 为抽象类，描述了抽象的鸭子，而类 RubberDuck、MallardDuck、CottonDuck 和 RedHeadDuck 分别描述具体的鸭子种类，方法 fly()、quack()和 display()分别表示不同种类的鸭子都具有飞行特征、发声特征和外观特征；接口 FlyBehavior 与 QuackBehavior 分别用于表示抽象的飞行行为与发声行为；类 FlyNoWay 与 FlyWithWings 分别描述不能飞行的行为和用翅膀飞行的行为；类 Quack、Squeak 与 QuackNoWay 分别描述发出"嘎嘎"声的行为、发出橡皮与空气摩擦声的行为和不发声的行为。请填补以下代码中的空缺。

【Java 代码】

```
interface   FlyBehavior{
    public void fly();
};
interface QuackBehavior{
    public void quack();
};
class FlyWithWings implements FlyBehavior{
    public void fly(){System.out.println("使用翅膀飞行!");}
};
class FlyNoWay implements FlyBehavior{
    public void fly(){System.out.println("不能飞行!");}
};
class Quack implements QuackBehavior{
    public void quack(){System.out.println("发出\'嘎嘎\'声!"); }
};
class Squeak implements QuackBehavior{
    public void quack(){System.out.println("发出橡皮与空气摩擦声!");
}
};
class QuackNoWay implements QuackBehavior{
    public void quack(){System.out.println("不能发声!");}
};
abstract class Duck{
    protected   FlyBehavior     (1)    ;
    protected   QuackBehavior     (2)    ;
    public void fly(){    (3)    ;};
    public void quack(){    (4)    ;};
    public abstract void display();
};
class RubberDuck extends Duck{
    public RubberDuck(){
      flyBehavior=new     (5)    ;
      quackBehavior=new Squeak();
    }
    public void display(){/*此处省略显示橡皮鸭的代码*/   }
};
//其他代码省略
```

【试题分析】

在 Java 中，可以创建一种类来作为父类，称为"抽象类"（Abstract Class）。抽象类的作用相当于"模板"，其目的是设计者可以依据抽象类的格式来修改并创建新的子类。但是，切记一点：**不能直接由抽象类创建对象，只能通过抽象类派生出新的子类，然后再由子类来创建对象。每一个子类只能继承一个抽象类。**

接口（Interface），在 Java 中是一个抽象类型，是抽象方法的集合，一个类通过继承接口的方式，从而继承接口提供的方法。**一个类可以继承多个接口。**接口并不是类，只是编写接口的方式和类相似，它们属于不同的概念，类描述对象的属性和方法，接口则包含被继承类要实现的方法。

解题方法：涉及 Java 类和对象实现的程序案例，考生首先要仔细通读案例提供的文字，确定有哪些类、接口和对象，弄清楚接口、类及对象之间的关系。如果案例中给出了类图（对象图），则重点可以观察类图（对象图）中接口、类（对象）间的关系，观察接口、类（对象）之间有什么相同和不同的属性、方法。这个往往是解题的关键，此外程序上下文的代码联系（如对象、定义、属性、方法等）要重点分析。最后，仿写甚至照搬代码即可得出答案。

案例思路：观察空（1）和（2），很显然，在抽象类 Duck 里给出了两个需要定义的属性，而且类图中已经把属性的名字给出，分别是 flyBehavior 和 quackBehavior，只管照搬到空（1）、（2）即可。记住：这两个属性都是对象属性，但只有当抽象类 Duck 的子类的对象被创建时，属性对象才会随子类对象的生成被创建。在抽象类 Duck 里只是定义，不实现。不少考生很容易被抽象类的定义绕糊涂，不敢下笔照搬。事实上，Java 语言里所有的属性都是对象，可以是最简单的 String、Integer 等类型，也可以是复杂的类实例（即对象）定义。

观察空（3），抽象类 Duck 的方法 fly 来自于接口 FlyBehavior，在抽象类 Duck 里，接口 FlyBehavior 由 Duck 的属性对象 flyBehavior 所继承，因此空（3）的答案就是 flyBehavior.fly()。

同理空（4），抽象类 Duck 的方法 quack 来自于接口 QuackBehavior，在抽象类 Duck 里接口 QuackBehavior 由 Duck 的属性对象 quackBehavior 所继承，因此空（4）的答案就是 quackBehavior.quack()。

至于空（5），很显然橡皮鸭 RubberDuck 类是对抽象类 Duck 的继承和实现，既然已经定义了 flyBehavior，看案例中给出的表，知道 RubberDuck 是不能飞的，对应的是 FlyNoWay 方法，即 FlyNoWay()。

应试技巧：在分析 Java 案例题时，结合英语单词缩写或单词合写，分析类、接口、对象定义、属性和方法定义，对照上下文，能够更为快速地确定答案，正所谓"答案文中找，英文来定位"。

Java 程序代码中，接口、类、对象、方法等定义都是讲编码规则的。因此利用首字母、缩写等命名规则，直接对应，可以迅速得出答案。例如本题中的 FlyBehavior 和 flyBehavior 对应，QuackBehavior 和 quackBehavior 对应。

【参考答案】

（1）flyBehavior

（2）quackBehavior

（3）flyBehavior.fly()
（4）quackBehavior.quack()
（5）FlyNoWay()

15.5.4　文件管理系统

阅读下列说明和 Java 代码，将应填入（n）处的语句写在答题纸对应栏内。

【说明】

某文件管理系统中定义了类 OfficeDoc 和 DocExplorer。当类 OfficeDoc 发生变化时，类 DocExplorer 的所有对象都要更新其自身的状态。现采用观察者（Observer）设计模式来实现该需求，所设计的类图如图 15-5-4 所示。

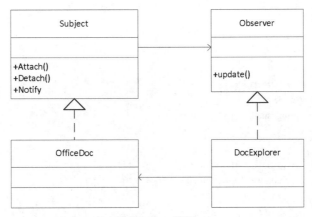

图 15-5-4　类图

【Java 代码】

```
import java.util.*;

interface Observer{
    public    (1)   ;
}

interface Subject{
    public void Attach(Observer obs);
    public void Detach(Observer obs);
    public void Notify();
    public void setStatus (int status);
    public int getStatus();
}

class OfficeDoc implements Subject{
    private List<   (2)   > myObs;
```

```
    private String mySubjectName;
    private int m_status;
    public OfficeDoc(String name){
            mySubjectName=name;
            this.myObs=new ArrayList<Observer>();
            m_status=0;}
    public void Attach(Observer obs){this.myObs.add(obs);}
    public void Detach(Observer obs){ this.myObs.remove(obs);}
    public void Notify();{
       for(Observer obs:this.myObs){    (3)    ;}
    }
    public void setStatus (int status){
        m_status=status;
        System.out.println("Setstatus subject["+mySubjectName+"]status:"+ status) ;
    }
    public int getStatus(){return m_ status;}
}

class DocExplorer implements Observer{
    private String myObsName;
    public DocExplorer(String name,    (4)    sub){
        myObsName=name;
        sub.  (5)  ;}
            public void update(){
                System.out.println("update observer["+myObsName+"]") ;
            }
    }
}

class ObserverTest{
    public static void main(String[] args){
        Subject subjectA=new OfficeDoc("subjectA");
        Observer oberverA=new DocExplorer("observer A", subjectA);
        subjectA.setStatus(1);
        subjectA.Notify();}
}
```

【试题分析】Java 提供了泛型方法，该方法在调用时可以接收不同类型的参数。并根据传递给泛型方法的参数类型，编译器适当地处理每一个方法调用。比如说，在排序函数中，传入的参数是字符，那么以字符的排序方法排序，如果是数字则以数字的排序方法进行排序。如果预先指定了参数类型，则编译时直接不会通过。

Java 中 List 后面加<>，即泛型，保证 List 传入类型跟 ArrayList 传入类型一致。

例如：List<String> list = new ArrayList<Integer>();（注：编译不通过）。

以上代码 List 指定类型是 String，而真正传入的 Integer 这样编译是不会通过的。如果 List 指定了泛型，那么编译就会检测，如果不定义泛型，编译通过，运行不合理值才会报错。

Java 中 this 的用途：

（1）调用本类中的属性，即类中的成员变量。

（2）调用本类中的其他方法。

（3）调用本类中的其他构造方法，调用时需要放在构造方法的首行。

解题方法：涉及 Java 类和对象实现的程序案例，学员首先要仔细通读案例提供的文字，确定有哪些类、接口和对象，弄清楚接口、类及对象之间的关系。如果案例中给出了类图（对象图），则重点可以观察类图（对象图）中接口、类（对象）间的关系，观察接口、类（对象）之间有什么相同和不同的属性、方法，这往往是解题的关键，此外程序上下文的代码联系（如对象、定义、属性、方法等）要重点分析。最后，仿写甚至照搬代码即可得出答案。

案例思路：观察给出的类图，接口 Observer 只有一个方法定义，即 update()，说明空（1）的答案应该是 update()。观察一下返回值类型，可以看到 class DocExplorer 对 update()进行了实现，类型定义是 public void。毫无疑问，空（1）的答案就是 void update()。

空（2）考查的是泛型方法，其实代码中的 class OfficeDoc 定义已经给出答案，在 public OfficeDoc 构造方法中已经明确指出 new ArrayList<Observer>，所以空（2）中填入 Observer。另外从 class OfficeDoc 的其他方法中也可以确定填写的是 Observer。另外，对象名 myObs 也实际暗示了属性的类型。

空（3）中，首先要确定参数类型是 Observer，采取的只能是 Observer 中的方法。观察类图和代码，接口 Observer 显然只有 update()方法，同时从字面上理解 update()和 Notify 也比较对应，故答案为 obs.update()。

空（4）显然是填参数类型，观察方法定义内部，发现有 sub.____，这说明 sub 是一个对象，继续在上下文找蛛丝马迹。在 main()函数中发现 DocExplorer 方法的参数是 SubjectA，而 SubjctA 的类型在前面的类型强制定义是 Subject。故空（4）填入 Subject。另外，对象名 sub 也实际暗示了属性的类型。

既然已经确定 sub 的类型是 Subject，接着到接口 Subject 及其在 class OfficeDoc 的实现代码里去找对应的方法及格式。从逻辑上推理，此处为观察模式，需要建立"联系"，在 Subject 用的是 Attach()方法，观察 Attach()方法的实现，即将给定的 Observer 添加到目标观察者列表中。因为加入的是当前对象，故空（5）应该填入 Attach(this)。

注：Attach(Observer)——将给定的 Observer 添加到目标观察者列表中。

Detach(Observer)——从目标 Observer 列表中删除给定的观察者对象。

应试技巧：利用首字母、缩写等命名规则，直接查找对象和类（接口）的对应命名，可以迅速得出答案。即使考生不熟悉设计模式中的观察者模式，也可以迅速从缩写、字母大小写对应中"蒙对"答案。本例子中的 sub 与接口 Subject 对应，obs 与接口 Observer 对应，Attach（添加）和 Detach（去除）都可以成为"蒙对"答案的技巧，利用的是 Java 程序语言的规范化命名。显然，考试一般都会按规范来命名，若不按规范，何以让考生在从事程序编写时自觉规范地写程序代码？

【参考答案】

（1）void update()

（2）Observer

（3）obs.update()

（4）Subject

（5）Attach(this)

15.5.3 层叠菜单

阅读下列说明和 Java 代码，将应填入（n）处的字句写在答题纸的对应栏内。

【说明】

层叠菜单是窗口风格的软件系统中经常采用的一种系统功能组织方式。层叠菜单（图 15-5-5）中包含的可能是一个菜单项（直接对应某个功能），也可能是一个子菜单，现在采用组合（composite）设计模式实现层叠菜单，得到如图 15-5-6 所示的类图。

图 15-5-5 层叠菜单示例

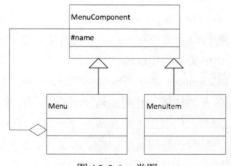

图 15-5-6 类图

【Java 代码】

```java
import java.util.*;

abstract class MenuComponent { // 构成层叠菜单的元素
    ___(1)___ String name;    // 菜单项或子菜单名称
    public void printName() { System.out.println(name); }
    public ___(2)___;
    public abstract boolean removeMenuElement(MenuComponent element);
    public ___(3)___;
}

class MenuItem extends MenuComponent {
    public MenuItem(String name) { this.name = name; }
    public boolean addMenuElement(MenuComponent element) { return false; }
    public boolean removeMenuElement(MenuComponent element) { return false; }
    public List<MenuComponent> getElement() { return null; }
}

class Menu extends MenuComponent {
    private ___(4)___;
    public Menu(String name) {
this.name = name;
this.elementList = new ArrayList<MenuComponent>();
}
public boolean addMenuElement(MenuComponent element){
    return elementList.add(element);
}
public boolean removeMenuElement(MenuComponent element){
    return elementList.remove(element);
}
public List<MenuComponent> getElement() { return elementList; }
}

class CompositeTest {
    public static void main(String[] args) {
        MenuComponent mainMenu = new Menu("Insert");
        MenuComponent subMenu = new Menu("Chart");
        MenuComponent element = new MenuItem("On This Sheet");
        ___(5)___;
        subMenu.addMenuElement(element);
        printMenus(mainMenu);
    }
    private static void printMenus(MenuComponent ifile) {
        ifile.printName();
        List<MenuComponent> children = ifile.getElement();
```

```
        if(children == null) return;
        for (MenuComponent element:children) {
            printMenus(element);
        }}
```

【试题分析】

知识点：

Java 修饰符。

Java 中，使用访问控制符来保护对类、变量、方法和构造方法的访问。

Java 支持 4 种不同的访问权限，见表 15-5-20。

（1）default：默认，什么也不写。访问权限：在同一包内可见，不使用任何修饰符。使用对象：类、接口、变量、方法。

（2）private：在同一类内可见。使用对象：变量、方法。注意：不能修饰类（外部类）。

（3）public：对所有类可见。使用对象：类、接口、变量、方法。

（4）protected：对同一包内的类和所有子类可见。使用对象：变量、方法。注意：不能修饰类（外部类）。

表 15-5-2　Java 支持的 4 种访问权限

修饰符	当前类	同一包内	子类（同一包）	子类（不同包）
default	Y	Y	Y	N
public	Y	Y	Y	Y
protected	Y	Y	Y	Y/N
private	Y	N	N	N

注：protected 分两种情况：

子类与基类在同一包中：被声明为 protected 的变量、方法和构造器能被同一个包中的任何其他类访问。

子类与基类不在同一包中：在子类中，子类实例可以访问其从基类继承而来的 protected 方法，而不能访问基类实例的 protected 方法。

解题方法：涉及 Java 类和对象实现的程序案例，首先要仔细通读案例提供的文字，弄清楚类（对象）之间的关系。如果文中给出了类图（对象图），则重点可以观察类图（对象图）中类（对象）间的关系，观察类（对象）之间有什么相同和不同的属性、方法，这个往往是解题的关键。此外程序上下文的代码联系（如对象、定义、属性、方法等）要重点分析。

案例思路：空（1）：从代码中可以看到 String name 在子类 class MenuItem 和 class Menu 中能被访问到，注定不是 private。考虑到上述子类均在一个包内，故参考上表的访问权限，采用 protected 更贴合题意。

空（2）（3）：阅读代码得知，MenuItem 和 Menu 均各自实现了抽象类 MenuComponent 的方法定义，显然抽象类 MenuComponent 里对应的方法应该是抽象方法，没有方法实现，即方法一定有修饰符 abstract，对照 MenuItem 类和 Menu 类的方法，知道少了 boolean addMenuElement(MenuComponent element)和 List<MenuComponent> getElement()。考虑到与 removeMenuElement 方法的次序，空（2）的答案是 abstract boolean addMenuElement(MenuComponent element)，空（3）的答案是 abstract List<MenuComponent> getElement()。

这里注意空（2）、（3）不要漏写代码语句换行的分号";"。

对于空（4），观察 class Menu 的实现代码，会发现对象 elementList 没有被定义，显然空（4）里应该填写 elementList 对象，看 Menu 的构造方法，会看到 elementList 的类型是 MenuComponent 的 ArrayList，生成语句是 new ArrayList<MenuComponent>。故空（4）中填写：ArrayList<MenuComponent> elementList。

对于空（5），可以看到，在 main 函数内，定义了 mainMenu，subMenu 和 element 三个 MenuComponent 对象。通过走查代码，看到 subMenu.addMenuElement(element);从字面意思理解，就是把 element 添加到子菜单 subMenu。那么，前面的 mainMenu 和 subMenu 也应该把子菜单 subMenu 添加到主菜单 mainMenu 才合适。只有这样才符合正常的次序逻辑。所以缺失的空（5）的语句功能是把子菜单 subMenu 添加到主菜单 mainMenu。因此，填入 mainMenu.addMenuElement(subMenu)。

应试技巧：对应试考生来说，掌握设计模式当然是对付软件设计师考试 Java 案例的不二之法宝。但是不熟悉设计模式或掌握有限的情况下，也一样可以通过观察代码，联系上下文来得出答案。这需要应试者掌握基本的 Java 语法知识，同时保持敏锐的文字捕捉能力和逻辑判断力，在题目中找到上下文关联点，尽量用给出的代码、类图（对象图），通过比对，找出答案，正是所谓的"答案就在题目中"。

【参考答案】

（1）protected

（2）abstract boolean addMenuElement(MenuComponent element)

（3）abstract List<MenuComponent> getElement()

（4）ArrayList<MenuComponent> elementList

（5）mainMenu.addMenuElement(subMenu)

模拟测试

软件设计师上午试卷

（考试时间 9:00～11:30 共150分钟）

请按下述要求正确填写答题卡

1. 在答题卡的指定位置上正确写入你的姓名和准考证号，并用正规2B铅笔在你写入的准考证号下填涂准考证号。
2. 本试卷的试题中共有75个空格，需要全部解答，每个空格1分，满分75分。
3. 每个空格对应一个序号，有A、B、C、D四个选项，请选择一个最恰当的选项作为解答，在答题卡相应序号下填涂该选项。
4. 解答前务必阅读例题和答题卡上的例题填涂样式及填涂注意事项。解答时用正规2B铅笔正确填涂选项，如需修改，请用橡皮擦干净，否则会导致不能正确评分。

例题

- 2019年下半年全国计算机技术与软件专业技术资格考试日期是___（88）___月___（89）___日。

  （88）A. 9　　　　B. 10　　　　C. 11　　　　D. 12
  （89）A. 9　　　　B. 10　　　　C. 11　　　　D. 12

  因为考试日期是"11月9日"，故（88）选C，（89）选A，应在答题卡序号88下对C填涂，在序号89下对A填涂。

机器字长为 n 位的二进制数补码表示的数值范围是___(1)___。
    （1）A. $-2^{n-1} \sim 2^{n-1}$ B. $-(2^{n-1}-1) \sim 2^{n-1}-1$
           C. $-(1-2^{-(n-1)}) \sim 1-2^{-(n-1)}$ D. $-1 \sim 1-2^{-(n-1)}$

- 浮点数能够表示的数的精度是由其___(2)___的位数决定的。
    （2）A. 尾数   B. 阶码   C. 数符   D. 阶符

- 已知数据信息为 32 位，最少应附加___(3)___位校验位，才能实现海明码纠错。
    （3）A. 3   B. 4   C. 5   D. 6

- ___(4)___传送控制信号、时序信号和状态信息等。每一根线功能确定，传输信息方向固定，所以该总线每一根线单向传输信息，整体是双向传递信息。
    （4）A. 数据总线   B. 地址总线   C. 控制总线   D. 内容总线

- 控制器控制 CPU 工作、确保程序正确执行、处理异常事件。组成控制器的部件中，___(5)___是所有 CPU 的共用的一个特殊寄存器，指向下一条指令的地址。
    （5）A. 程序计数器   B. 指令寄存器   C. 地址寄存器   D. 指令译码器

- Flynn 分类法基于信息流特征将计算机分成 4 类，其中___(6)___是单个的指令流作用于多于一个的数据流上。
    （6）A. SISD   B. MISD   C. SIMD   D. MIMD

- RISC 采用了 3 种流水线结构，其中，___(7)___通过增加流水线级数、细化流水、提高主频等方式，使得在相同时间内可执行更多的机器指令。实质就是"时间换空间"。
    （7）A. 超流水线技术   B. 超标量技术
           C. 指令级并行   D. 超长指令字

- 通常执行一条指令的过程分为取指令、分析和执行指令 3 步。若取指令时间为 $5\Delta t$，分析时间为 $4\Delta t$，执行时间为 $3\Delta t$，按顺序方式从头到尾执行完 100 条指令所需的时间为___(8)___Δt；若按照执行第 i 条，分析第 $i+1$ 条，读取第 $i+2$ 条重叠的流水线方式执行指令，则从头到尾执行完 100 条指令所需时间为___(9)___Δt。
    （8）A. 1200   B. 3000   C. 2000   D. 5400
    （9）A. 1200   B. 1505   C. 500   D. 505

- 总线宽度为 64bit，时钟频率为 100MHz，若总线上每 5 个时钟周期传送一个 64bit 的字，则该总线的带宽为___(10)___Mb/s。
    （10）A. 40   B. 80   C. 160   D. 200

- 某四级指令流水线分别完成取指、取数、运算、保存结果 4 步操作。若完成上述操作的时间依次为 11ns、10ns、12ns、30ns，则该流水线的操作周期应至少为___(11)___ns。
    （11）A. 11   B. 10   C. 12   D. 30

- 寻址方式（编址方式）就是指令按照何种方式寻找或访问到所需的操作数或信息。直接给出操作码地址的寻址方式称为___(12)___。
    （12）A. 间接寻址   B. 立即寻址   C. 变址寻址   D. 直接寻址

- CPU 访问存储器时，被访问数据一般聚集在一个较小的连续储存区域中。若被引用过的存储器位置很可能会被再次引用，该特性被称为___(13)___。

    (13) A. 时间局部性　　　　　　　　　B. 指令局部性
    　　　C. 空间局部性　　　　　　　　　D. 数据局限性

- 地址编号从 80000H 到 BFFFFH 且按字节编址的内存容量为___(14)___KB，若用 16K×4bit 的存储芯片构成该内存，共需___(15)___片。

    (14) A. 128　　　　B. 256　　　　C. 512　　　　D. 1024
    (15) A. 8　　　　　B. 16　　　　　C. 32　　　　　D. 64

- 以下关于高速缓冲存储器（Cache）的描述，不正确的是___(16)___。

    (16) A. Cache 的内容来自主存部分内容
    　　　B. Cache 使得主存的存储容量增加了
    　　　C. Cache 的容量增加，Cache 命中率并不一定线性增加
    　　　D. Cache 的位置是在主存与 CPU 之间

- 主存与 Cache 的地址映射方式中，___(17)___方式下主存的块只能存放在 Cache 的相同块中。
  主存与 Cache 的地址映射方式中，冲突次数排序为___(18)___。

    (17) A. 全相联　　　　　　　　　　　B. 直接映射
    　　　C. 组相联　　　　　　　　　　　D. 串并联
    (18) A. 全相联映射<组相联映射<直接映射
    　　　B. 全相联映射>组相联映射>直接映射
    　　　C. 全相联映射=组相联映射=直接映射
    　　　D. 不确定

- RAID 技术中，磁盘容量利用率最高的是___(19)___。

    (19) A. RAID0　　　B. RAID1　　　C. RAID3　　　D. RAID5

- 开放系统的数据存储有多种方式，属于网络化存储的是___(20)___。

    (20) A. 内置式存储和 DAS　　　　　　B. DAS 和 NAS
    　　　C. DAS 和 SAN　　　　　　　　 D. NAS 和 SAN

- 某计算机系统由下图所示的部件构成，假定每个部件的千小时可靠度都为 R，则该系统的千小时可靠度为___(21)___。

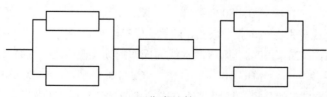

可靠度计算

    (21) A. $R+2R/4$　　B. $R+R^2/4$　　C. $R(1-(1-R)^2)$　　D. $R(1-(1-R)^2)^2$

- 中断向量可提供___(22)___。
  - (22) A. I/O 设备的端口地址　　　　B. 所传送数据的起始地址
  　　　C. 中断服务程序的入口地址　　D. 主程序的断点地址
- 计算机运行过程中，遇到突发事件，要求 CPU 进行中断处理，即暂时停止正在运行的程序，转去为突发事件服务，服务完毕，再自动返回原程序继续执行，其处理过程中保存现场的目的是___(23)___。
  - (23) A. 防止丢失数据　　　　　　B. 防止对其他部件造成影响
  　　　C. 返回去继续执行原程序　　D. 为中断处理程序提供数据
- DMA 工作方式下，在___(24)___之间建立了直接的数据通路。
  - (24) A. CPU 与外设　　　　B. CPU 与主存
  　　　C. 主存与外设　　　　D. 外设与外设
- 关键路径是指 AOE（Activity On Edge）网中___(25)___。
  - (25) A. 从源点到结束终点的最短路径
  　　　B. 从源点到结束终点的最长路径
  　　　C. 最短的回路
  　　　D. 最长的回路
- 以下序列中不符合堆定义的是___(26)___。
  - (26) A. (102, 87, 100, 79, 82, 62, 84, 42, 22, 12, 68)
  　　　B. (102, 100, 87, 84, 82, 79, 68, 62, 42, 22, 12)
  　　　C. (12, 22, 42, 62, 68, 79, 82, 84, 87, 100, 102)
  　　　D. (102, 87, 42, 79, 82, 62, 68, 100, 84, 12, 22)
- 一个具有 767 个节点的完全二叉树，其叶子节点个数为___(27)___。
  - (27) A. 386　　B. 385　　C. 384　　D. 383
- 若 G 是一个具有 36 条边的非连通无向图（不含自回路和多重边），则图 G 至少有___(28)___个顶点。
  - (28) A. 11　　B. 10　　C. 9　　D. 8
- 循环链表的主要优点是___(29)___。
  - (29) A. 不再需要头指针了
  　　　B. 已知某个节点的位置后，能很容易找到它的直接前驱节点
  　　　C. 在进行删除操作后，能保证链表不断开
  　　　D. 从表中任一节点出发都能遍历整个链表
- 若二叉树的先序遍历序列为 ABDECF，中序遍历序列为 DBEAFC，则其后序遍历序列为___(30)___。
  - (30) A. DEBAFC　　　　　　　　B. DEFBCA
  　　　C. DEBCFA　　　　　　　　D. DEBFCA

- 已知有一维数组 A[0,…,m*n–1]，若要对应为 m 行、n 列的矩阵，则下面的对应关系 ___（31）___ 可将元素 A[k]（0≤k＜m*n）表示成矩阵的第 i 行、第 j 列的元素（0≤i＜m，0≤j＜n）。

  (31) A．$i=k/n$，$j=k\%m$　　　　　　　　B．$i=k/m$，$j=k\%m$
  　　　C．$i=k/n$，$j=k\%n$　　　　　　　　D．$i=k/m$，$j=k\%n$

- 采用动态规划策略求解问题的显著特征是满足最优性原理，其含义是 ___（32）___ 。

  (32) A．当前所出的决策不会影响后面的决策
  　　　B．原问题的最优解包含其子问题的最优解
  　　　C．问题可以找到最优解，但利用贪心法不能找到最优解
  　　　D．每次决策必须当前看来是最优决策才可以找到最优解

- 在分支—界限算法设计策略中，通常采用 ___（33）___ 搜索问题的解空间。

  (33) A．深度优先　　　B．广度优先　　　C．自底向上　　　D．拓扑排序

- 利用逐点插入法建立序列（50，72，43，85，75，20，35，45，65，30）对应的二叉排序树以后，查找元素 30 要进行 ___（34）___ 次元素间的比较。

  (34) A．4　　　　　　B．5　　　　　　C．6　　　　　　D．7

- 在操作系统中，进程是一个具有一定独立功能的程序在某个数据集合上的一次 ___（35）___ 。进程是一个 ___（36）___ 的概念，而程序是一个 ___（37）___ 的概念。

  (35) A．并发活动　　　B．运行活动　　　C．单独操作　　　D．关联操作
  (36) A．组合态　　　　B．关联态　　　　C．静态　　　　　D．动态
  (37) A．组合态　　　　B．关联态　　　　C．静态　　　　　D．动态

- 在某超市里有一个收银员，且同时最多允许有 n 个顾客购物，我们可以将顾客和收银员看成是两类不同的进程，且工作流程如下图所示。为了利用 PV 操作正确地协调这两类进程之间的工作，设置了 3 个信号量 S1、S2 和 Sn，且初值分别为 0、0 和 n。这样，图中的 a 处应填写 ___（38）___ ，图中的 b1、b2 处应分别填写 ___（39）___ ，图中的 c1、c2 处应分别填写 ___（40）___ 。

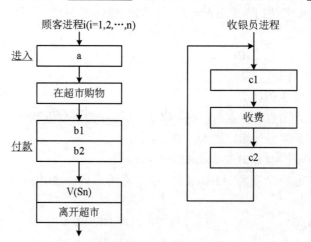

超市购物流程图

(38) A. P(S1)　　　　　　　　　　B. P(S2)
　　　C. P(Sn)　　　　　　　　　　D. P(Sn)、P(S1)
(39) A. P(Sn)、V(S2)　　　　　　B. P(Sn)、V(S1)
　　　C. P(S2)、V(S1)　　　　　　D. V(S1)、P(S2)
(40) A. P(S1)、V(S2)　　　　　　B. P(Sn)、V(S1)
　　　C. P(S2)、V(S1)　　　　　　D. V(S1)、P(S2)

- 关系数据库设计理论主要包括 3 个方面的内容，其中起核心作用的是＿＿(41)＿＿。
  (41) A. 范式　　　　　　　　　　B. 数据模式
  　　　C. 数据依赖　　　　　　　　D. 范式和数据依赖

- 给定关系模式 R(U,F)，U={A,B,C,D,E}，F={B→A,D→A,A→E,AC→B}，其属性 AD 的闭包为＿＿(42)＿＿，其候选码为＿＿(43)＿＿。
  (42) A. ADE　　　B. ABD　　　C. ABCD　　　D. ACD
  (43) A. ABD　　　B. ADE　　　C. ACD　　　D. CD

- 给定关系模式 W(T,S,R,C)，F={(T,S)->R,(T,R)->C}，则 W 最高为＿＿(44)＿＿。
  (44) A. 1NF　　　B. 2NF　　　C. 3NF　　　D. 4NF

- 某数据库中有供应商关系 S 和零件关系 P，其中，供应商关系模式 S（Sno，Sname，Szip，City）中的属性分别表示：供应商代码、供应商名、邮编、供应商所在城市；零件关系模式 P（Pno，Pname，Color，Weight，City）中的属性分别表示：零件号、零件名、颜色、重量、产地。要求一个供应商可以供应多种零件，而一种零件可由多个供应商供应。请将下面的 SQL 语句空缺部分补充完整。

  CREATE TABLE SP（Sno CHAR(5)，
  　　　　　　　　　Pno CHAR(6)，
  　　　　　　　　　Status CHAR(8)，
  　　　　　　　　　Qty NUMERIC(9)，
  ＿＿(45)＿＿(Sno，Pno)，
  ＿＿(46)＿＿(Sno)，
  ＿＿(47)＿＿(Pno))；

  (45) A. FOREIGN KEY
  　　　B. PRIMARY KEY
  　　　C. FOREIGN KEY(Sno)REFERENCES S
  　　　D. FOREIGN KEY(Pno)REFERENCES P
  (46) A. FOREIGN KEY
  　　　B. PRIMARY KEY
  　　　C. FOREIGN KEY(Sno)REFERENCES S
  　　　D. FOREIGN KEY(Pno)REFERENCES P

(47) A. FOREIGN KEY
    B. PRIMARY KEY
    C. FOREIGN KEY(Sno)REFERENCES S
    D. FOREIGN KEY(Pno)REFERENCES P

● 在异步通信中，每个字符包含1位起始位、7位数据位、1位奇偶校验位和1位终止位，每秒钟传送100个字符，则有效数据速率为___(48)___。
    (48) A. 500b/s   B. 600b/s   C. 700b/s   D. 800b/s

● UDP协议在IP层之上提供了___(49)___能力。
    (49) A. 连接管理   B. 差错校验和重传
         C. 流量控制   D. 端口寻址

● 下面___(50)___字段的信息出现在TCP头部，而不出现在UDP头部。
    (50) A. 目的端口号   B. 顺序号
         C. 源端口号   D. 校检和

● TCP协议使用___(51)___次握手机制建立连接。
    (51) A. 一   B. 二   C. 三   D. 四

● DNS服务器的默认端口号是___(52)___端口。域名系统是把主机域名解析为IP地址的系统，___(53)___不属于域名系统构成。
    (52) A. 50   B. 51   C. 52   D. 53
    (53) A. DNS名字空间   B. 域名服务器
         C. DNS客户机   D. 浏览器

● SMTP协议用于___(54)___电子邮件。
    (54) A. 接收   B. 发送   C. 丢弃   D. 阻挡

● 下列网络攻击行为中，属于DoS攻击的是___(55)___。
    (55) A. 特洛伊木马攻击   B. SYN Flooding攻击
         C. 端口欺骗攻击   D. IP欺骗攻击

● 下列算法中，不属于公开密钥加密算法的是___(56)___。
    (56) A. ECC   B. DSA   C. RSA   D. DES

● 显示深度、图像深度是图像显示的重要指标。当___(57)___时，颜色能较真实地反映图像文件的颜色效果。显示的颜色完全取决于图像的颜色。
    (57) A. 显示深度=图像深度   B. 显示深度>图像深度
         C. 显示深度≥256   D. 显示深度<图像深度

● 以下媒体中，___(58)___是传输媒体。
    (58) A. 音箱   B. 声音编码   C. 电缆   D. 声音

● 视觉上的颜色可用亮度、色调和饱和度3个特征来描述。其中色调是指颜色的___(59)___。
    (59) A. 外观   B. 纯度   C. 感觉   D. 种类

- 使用 300DPI 的扫描分辨率扫描一幅 3×4 英寸的彩色照片，得到原始的 24 位真彩色图像的数据量是___(60)___Byte。

    (60) A．3240000　　　B．90000　　　C．1620000　　　D．810000
- 软件开发工具不包括___(61)___工具。

    (61) A．逆向工程　　　B．需求分析　　　C．设计　　　D．编码
- 以下关于结构化开发方法的叙述中，不正确的是___(62)___。

    (62) A．结构化设计是将数据流图映射成软件的体系结构

    　　　B．一般情况下，数据流类型包括变换流型和事务流型

    　　　C．总的指导思想是自顶向下，逐层分解

    　　　D．与面向对象开发方法相比，更适合大规模、特别复杂的项目
- 软件开发模型用于指导软件的开发。螺旋模型综合了___(63)___的优点，并增加了___(64)___。

    (63) A．瀑布模型和演化模型　　　　B．瀑布模型和喷泉模型

    　　　C．演化模型和喷泉模型　　　　D．原型模型和喷泉模型

    (64) A．质量评价　　　B．进度控制　　　C．版本控制　　　D．风险分析
- 极限编程是一个轻量级、灵巧、严谨的软件开发方法。具有 4 大价值观、5 个原则、12 个最佳实践。以下选项中，___(65)___不属于极限编程的 5 个原则。

    (65) A．简单假设　　　B．快速反馈　　　C．版本控制　　　D．鼓励更改
- RUP 模型是一种过程方法，属于___(66)___的一种。

    (66) A．瀑布模型　　　B．V 模型　　　C．螺旋模型　　　D．迭代模型
- CMMI 的连续式表示法与阶段式表示法分别表示___(67)___。

    (67) A．项目的成熟度和组织的过程能力　　　B．组织的过程能力和组织的成熟度

    　　　C．项目的成熟度和项目的过程能力　　　D．项目的过程能力和组织的成熟度
- 下图是一个软件项目的活动图，其中顶点表示项目里程碑，边表示包含的活动，边上的权重表示活动的持续时间，则里程碑___(68)___在关键路径上。

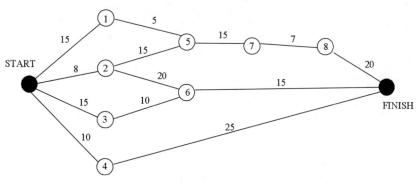

习题用图

(68) A．1　　　　B．2　　　　C．3　　　　D．4

- UML 中有 4 种关系：依赖、关联、泛化和实现。___（69）___是规定接口和实现接口的类或组件之间的关系。

    （69）A．依赖　　　　　B．关联　　　　　C．泛化　　　　　D．实现
- 程序使用了大量对象，开销很大，适合采用___（70）___模式进行对象共享。该模式复用内存中已存在的对象，降低系统创建对象实例的代价。

    （70）A．组合　　　　　B．享元　　　　　C．迭代器　　　　D．备忘
- MIMD systems can be classified into___（71）___oriented systems，high-availability systems and response-oriented systems.The goal of___（71）___oriented multiprocessing is to obtain high ___（71）___ ___（72）___ minimal computing cost.The techniques employed by multiprocessor operating systems to achieve this goal take advantage of an inherent processing versus input/output balance in the workload to produce ___（73）___ and ___（74）___ loading of system ___（75）___.

    （71）A．though　　　　B．through　　　　C．throughout　　　D．throughput
    （72）A．at　　　　　　B．of　　　　　　　C．on　　　　　　　D．to
    （73）A．balance　　　　B．balanced　　　　C．balances　　　　D．balancing
    （74）A．uniform　　　　B．unique　　　　　C．unit　　　　　　D．united
    （75）A．resource　　　　B．resources　　　　C．source　　　　　D．sources

软件设计师下午试卷

（考试时间　14:00～16:30　共 150 分钟）

请按下述要求正确填写答题纸

1. 本试卷共五道必答题，满分 75 分。
2. 在答题纸的指定位置填写你所在的省、自治区、直辖市、计划单列市的名称。
3. 在答题纸的指定位置填写准考证号、出生年月日和姓名。
4. 答题纸上除填写上述内容外只能写解答。
5. 解答时字迹务必清楚，字迹不清时，将不评分。

例题

2019 年上半年全国计算机技术与软件专业技术资格考试日期是＿＿(1)＿＿月＿＿(2)＿＿日。

因为正确的解答是"5 月 25 日"，故在答题纸的对应栏内写上"5"和"25"（参看下表）。

例题	解答栏
(1)	5
(2)	25

试题一（15分）

阅读下列说明和图，回答问题1至问题4，将解答填入答题纸的对应栏内。

【说明】

某学校开发图书管理系统，以记录馆藏图书及其借出和归还情况，提供给借阅者借阅图书功能，提供给图书馆管理员管理和定期更新图书表功能。主要功能的具体描述如下：

（1）处理借阅。借阅者要借阅图书时，系统必须对其身份（借阅者ID）进行检查。通过与教务处维护的学生数据库、人事处维护的职工数据库中的数据进行比对，以验证借阅者ID是否合法。若合法，则检查借阅者在逾期未还图书表中是否有逾期未还图书，以及罚金表中的罚金是否超过限额。如果没有逾期未还图书并且罚金未超过限额，则允许借阅图书，更新图书表，并将借阅的图书存入借出图书表，借阅者归还所借图书时，先由图书馆管理员检查图书是否缺失或损坏，若是，则对借阅者处以相应罚金并存入罚金表；然后，检查所还图书是否逾期，若是，执行"处理逾期"操作；最后，更新图书表，删除借出图书表中的相应记录。

（2）维护图书。图书馆管理员查询图书信息；在新进图书时录入图书信息，存入图书表；在图书丢失或损坏严重时，从图书表中删除该图书记录。

（3）处理逾期。系统在每周一统计逾期未还图书，逾期未还的图书按规则计算罚金，并记入罚金表，并给有逾期未还图书的借阅者发送提醒消息。借阅者在借阅和归还图书时，若罚金超过限额，管理员收取罚金，并更新罚金表中的罚金额度。

现采用结构化方法对该图书管理系统进行分析与设计，获得如图1所示的顶层数据流图和图2所示的0层数据流图。

【问题1】

使用说明中的术语，给出图1中的实体E1~E4的名称。

【问题2】

使用说明中的术语，给出图2中的数据存储D1~D4的名称。

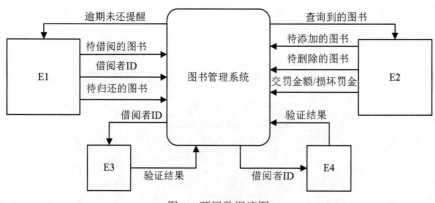

图1　顶层数据流图

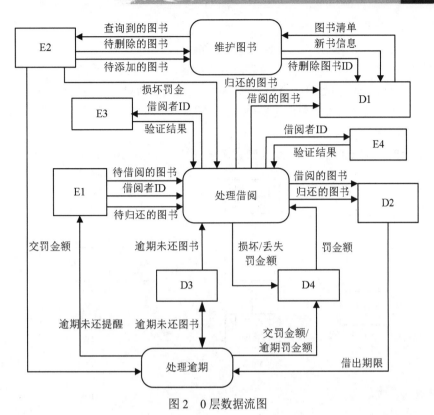

图 2 0 层数据流图

【问题 3】

在 DFD 建模时，需要对有些复杂加工（处理）进行进一步精化，绘制下层数据流图。针对图 2 中的加工"处理借阅"，在 1 层数据流图中应分解为哪些加工？（使用说明中的术语）

【问题 4】

说明［问题 3］中绘制 1 层数据流图时要注意的问题。

试题二（15 分）

阅读下列说明，回答问题 1 至问题 3，将解答填入答题纸的对应栏内。

【说明】

某集团公司在全国不同城市拥有多个大型超市，为了有效管理各个超市的业务工作，需要构造一个超市信息管理系统。

【需求分析结果】

（1）超市信息包括：超市名称、地址、经理和电话，其中超市名称唯一确定超市关系的每一个元组。每个超市只有一名经理。

（2）超市设有计划部、财务部、销售部等多个部门，每个部门只有一名部门经理，有多名员工，每个员工只属于一个部门。部门信息包括：超市名称、部门名称、部门经理和联系电话。超市名称、部门名称唯一确定部门关系的每一个元组。

（3）员工信息包括：员工号、姓名、超市名称、部门名称、职位、联系方式和工资。其中，职位信息包括：经理、部门经理、业务员等。员工号唯一确定员工关系的每一个元组。

（4）商品信息包括：商品号、商品名称、型号、单价和数量。商品号唯一确定商品关系的每一个元组。一名业务员可以负责超市内多种商品的配给，一种商品可以由多名业务员配给。

【概念模型设计】

根据需求分析阶段收集的信息，设计的实体联系图如图3所示，关系模式（不完整）如下。

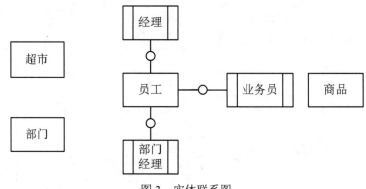

图 3　实体联系图

【关系模式设计】

超市（超市名称，经理，地址，电话）

部门（___(a)___，部门经理，联系电话）

员工（___(b)___，姓名，联系方式，职位，工资）

商品（商品号，商品名称，型号，单价，数量）

配给（___(c)___，配给时间，配给数量，业务员）

【问题1】

根据问题描述，补充4个联系，完善图3的实体联系图。联系名可用联系1、联系2、联系3和联系4代替，联系的类型分为1:1、1:n 和 m:n（或 1:1、1:*和*:*）。

【问题2】

（1）根据实体联系图，将关系模式中的空（a）～（c）补充完整。

（2）给出部门和配给关系模式的主键和外键。

【问题3】

（1）超市关系的地址可以进一步分为邮编、省、市、街道，那么该属性是属于简单属性还是复合属性？请用100字以内文字说明。

（2）假设超市需要增设一个经理的职位，那么超市与经理之间的联系类型应修改为___(d)___，超市关系应修改为___(e)___。

试题三（15分）

阅读下列说明，回答问题1至问题3，将解答填入答题纸的对应栏内。

【说明】

某网上药店允许顾客凭借医生开具的处方，通过网络在该药店购买处方上的药品。该网上药店的基本功能描述如下：

（1）注册。顾客在买药之前，必须先在网上药店注册。注册过程中需填写顾客资料以及付款方式（信用卡或者支付宝账户）。此外顾客必须与药店签订一份授权协议书，授权药店可以向其医生确认处方的真伪。

（2）登录。已经注册的顾客可以登录到网上药房购买药品。如果是没有注册的顾客，系统将拒绝其登录。

（3）录入及提交处方。登录成功后，顾客按照"处方录入界面"显示的信息，填写开具处方的医生的信息以及处方上的药品信息。填写完成后，提交该处方。

（4）验证处方。对于已经提交的处方（系统将其状态设置为"处方已提交"），验证过程为：

1）核实医生信息。如果医生信息不正确，该处方的状态被设置为"医生信息无效"，并取消这个处方的购买请求；如果医生信息是正确的，系统给该医生发送处方确认请求，并将处方状态修改为"审核中"。

2）如果医生回复处方无效，系统取消处方，并将处方状态设置为"无效处方"。如果医生没有在7天内给出确认答复，系统也会取消处方，并将处方状态设置为"无法审核"。

3）如果医生在7天内给出了确认答复，该处方的状态被修改为"准许付款"。系统取消所有未通过验证的处方，并自动发送一封电子邮件给顾客，通知顾客处方被取消以及取消的原因。

（5）对于通过验证的处方，系统自动计算药品的价格并邮寄药品给已经付款的顾客。该网上药店采用面向对象方法开发，使用 UML 进行建模。系统的类图如图4所示。

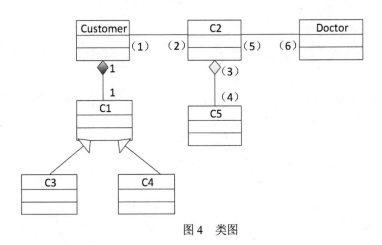

图4 类图

【问题 1】

根据说明中的描述,给出图 4 中缺少的 C1~C5 所对应的类名以及(1)~(6)处所对应的多重度。

【问题 2】

图 5 给出了"处方"的部分状态图。根据说明中的描述,给出图 5 中缺少的 S1~S4 所对应的状态名以及(7)~(10)处所对应的迁移(transition)名。

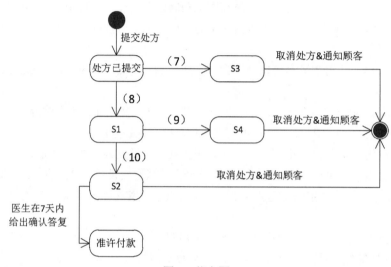

图 5 状态图

【问题 3】

图 4 中的符号 "◆" 和 "◇" 在 UML 中分别表示类和对象之间的哪两种关系?两者之间的区别是什么?

试题四(15 分)

阅读下列说明和 C 代码,回答问题 1 至问题 3,将解答写在答题纸的对应栏内。

【说明】

设有 m 台完全相同的机器运行 n 个独立的任务,运行任务 i 所需要的时间为 t_i,要求确定一个调度方案,使得完成所有任务所需要的时间最短。

假设任务已经按照其运行时间从大到小的顺序,算法基于最长运行时间作业优先的策略;按顺序先把每个任务分配到一台机器上,然后将剩余的任务依次放入空闲的机器。

【C 代码】

下面是算法的 C 语言实现。

(1)常量和变量说明。

m:机器数。

n：任务数。

t[]：输入数组，长度为 n，其中每个元素表示任务的运行时间，下标从 0 开始。

s[][]：二维数组，长度为 m*n，下标从 0 开始，其中元素 s[i][j]表示机器 i 运行的任务 j 的编号。

d[]：数组，长度为 m，其中元素 d[i]表示机器 i 的运行时间，下标从 0 开始。

count[]：数组，长度为 m，下标从 0 开始，其中元素 count[i]表示机器 i 的运行任务数。

i：循环变量。

j：循环变量。

k：临时变量。

max：完成所有任务的时间。

min：临时变量。

（2）函数 schedule。

```
void schedule(){
    int i,j,k,max=0
    for(i=0;i<m;i++){
        d[i]=0;
        for(j=0;j<n;j++){
            s[i][j]=0;
        }
    }
    for(i=0;i<m;i++){ // 分配前 m 个任务
        s[i][0]=j;
        ___(1)___;
        count[i]=1;
    }
    for(___(2)___;i<n;i++){ // 分配后 n-m 个任务
        int min=d[0];
        k=0;
        for(j=1;j<m;j++){ // 确定空闲机器
            if(min>d[j]){
                min=d[j];
                k=j; // 机器 K 空闲
            }
        }
        ___(3)___;
        count[k]=count[k]+1;
        d[k]=d[k]+t[i];
    }
    for(i=0;i<m;i++)} // 确定完成所有任务需要的时间
        if(___(4)___){
            max=d[i];
        }
    }
}
```

【问题1】
根据说明和C代码,填充C代码中的空(1)~(4)。

【问题2】
根据说明和 C 代码,该问题采用了___(5)___算法设计策略,时间复杂度为___(6)___(用 O 符号表示)。

【问题3】
考虑实例 m=3(编号 0~2),n=7(编号 0~6),各任务的运行时间为{16,14,6,5,4,3,2}。
则在机器 0、1 和 2 上运行的任务分别为___(7)___、___(8)___和___(9)___(给出任务编号)。从任务开始运行到完成所需要的时间为___(10)___。

试题五(15 分)

阅读下列说明和 Java 代码,将应填入(1)~(6)处的字句写在答题纸的对应栏内。

【说明】
某咖啡店在卖咖啡时,可以根据顾客的要求在其中加入各种配料,咖啡店会根据所加入的配料来计算费用。咖啡店所供应的咖啡及配料的种类和价格见下表。

咖啡	价格/杯	配料	价格/份
蒸馏咖啡(Espresso)	25	摩卡(Mocha)	10
深度烘焙咖啡(DarkRoast)	20	奶泡(Whip)	8

现采用装饰器(Decorator)模式来实现计算费用的功能,得到如图 6 所示的类图。

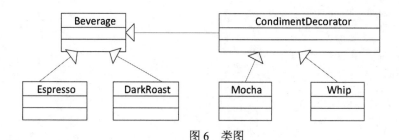

图 6 类图

【Java 代码】

```
import java.util.*;
    ___(1)___  class Beverage { //饮料
        String description = "Unknown Beverage";
        public ___(2)___ (){return description;}
        public ___(3)___ ;
    }
    abstract class CondimentDecorator extends Beverage { //配料
```

```
        ____(4)____ ;
}
class Espresso extends Beverage { //蒸馏咖啡
    private final int ESPRESSO_PRICE = 25;
    public Espresso() { description="Espresso"; }
    public int cost() { return ESPRESSO_PRICE; }
}
class DarkRoast extends Beverage { //深度烘焙咖啡
    private final int DARKROAST_PRICE = 20;
    public DarkRoast(){ description = "DarkRoast"; }
    public int cost(){ return DARKROAST_PRICE; }
}
class Mocha extends CondimentDecorator { //摩卡
    private final int MOCHA_PRICE = 10;
    public Mocha(Beverage beverage) {
        this.beverage = beverage;
    }
    public String getDescription() {
        return beverage.getDescription()+ ", Mocha";
    }
    public int cost() {
        return MOCHA_PRICE + beverage.cost();
    }
}
class Whip extends CondimentDecorator { //奶泡
    private final int WHIP_PRICE = 8;
    public Whip(Beverage beverage) { this.beverage = beverage; }
    public String getDescription() {
        return beverage.getDescription()+",Whip";
    }
    public int cost() { return WHIP_PRICE + beverage.cost(); }
}
public class Coffee {
    public static void main(String args[]) {
        Beverage beverage = new DarkRoast();
        beverage=new Mocha(___(5)___);
        beverage=new Whip(___(6)___);
        System.out.println(beverage.getDescription()+"￥" +beverage.cost());
    }
}
```

编译运行上述程序，其输出结果为：
DarkRoast,Mocha,Whip ￥38

软件设计师上午试卷解析与参考答案

试题（1）解析

n 位机器字长，各种码制表示的带一位符号位的数值范围，具体见下表。

n 位机器字长，各种码制表示的带一位符号位的数值范围

码制	定点整数	定点小数
原码	$-(2^{n-1}-1) \sim 2^{n-1}-1$	$-(1-2^{-(n-1)}) \sim 1-2^{-(n-1)}$
反码	$-(2^{n-1}-1) \sim 2^{n-1}-1$	$-(1-2^{-(n-1)}) \sim 1-2^{-(n-1)}$
补码	$-2^{n-1} \sim 2^{n-1}-1$	$-1 \sim 1-2^{-(n-1)}$
移码	$-2^{n-1} \sim 2^{n-1}-1$	$-1 \sim 1-2^{-(n-1)}$

【参考答案】（1）D

试题（2）解析

浮点数编码组成：阶码（为带符号定点整数，常用移码表示），尾数（定点纯小数，常用补码或原码表示）。浮点数的精度由尾数的位数决定，表示范围的大小则主要由阶码的位数决定。

【参考答案】（2）A

试题（3）解析

在海明码中，校验位为 k，信息位为 m，则它们之间的关系应满足 $m+k+1 \leq 2^k$。

本题信息位 $m=32$，则 $33+k \leq 2^k$，计算可以得知 k 最小值为 6。

【参考答案】（3）D

试题（4）解析

控制总线传送控制信号、时序信号和状态信息等。每一根线功能确定，传输信息方向固定，所以控制总线每一根线单向传输信息，整体是双向传递信息。

【参考答案】（4）C

试题（5）解析

控制器由程序计数器（PC）、指令寄存器（IR）、地址寄存器（AR）、数据寄存器（DR）、指令译码器等硬件组成。

程序计数器（Program Counter，PC）：所有 CPU 共用的一个特殊寄存器，指向下一条指令的地址。CPU 根据 PC 的内容去主存处取得指令，由于程序中的指令是按顺序执行的，所以 PC 必须有自动增加的功能。

【参考答案】(5) A

试题（6）解析

单指令流单数据流（Single Instruction Stream Single Datastream，SISD）：从存储在内存中的程序那里获得指令，并作用于单一的数据流。

单指令流多数据流（Single Instruction Stream Multiple Datastream，SIMD）：单个的指令流作用于多于一个的数据流上。

多指令流单数据流（Multiple Instruction Stream Single Datastream，MISD）：用多个指令作用于单个数据流，实际情况少见。

多指令流多数据流（Multiple Instruction Stream Multiple Datastream，MIMD）：类似于多个 SISD 系统。

【参考答案】(6) C

试题（7）解析

RISC 采用了 3 种流水线结构：

（1）超流水线技术：该技术通过增加流水线级数、细化流水、提高主频等方式，使得在相同时间内可执行更多的机器指令。实质就是"时间换空间"。

（2）超标量（Superscalar）技术：采用该技术的 CPU 中有一条以上的流水线。实质就是"空间换取时间"。

（3）超长指令字（Very Long Instruction Word，VLIW）：一种超长指令组合，VLIW 连接了多条指令，增加运算速度。常用的提高并行计算性能的技术有：超长指令字（VLIW）（属于指令级并行）、多内核（属于芯片级并行）、超线程（Hyper-Threading）（属于线程级并行）。

【参考答案】(7) A

试题（8）(9) 解析

按顺序方式需要执行完一条指令之后再执行下一条指令，执行 1 条指令所需的时间为 $5\Delta t+4\Delta t+3\Delta t=12\Delta t$，执行 100 条指令所需的时间为 $12\Delta t \times 100=1200\Delta t$。

若采用流水线方式，执行完 100 条指令所需要的时间为 $5\Delta t \times 100+2\Delta t+3\Delta t=505\Delta t$。

【参考答案】(8) A (9) D

试题（10）解析

总线带宽=总线宽度×总线频率=(64/8)×(100/5)=160Mb/s。

【参考答案】(10) C

试题（11）解析

流水线的周期为指令执行时间最长的一段。

【参考答案】(11) D

试题（12）解析

在机器指令的地址字段中，直接给出操作码地址的寻址方式称为直接寻址。

【参考答案】(12) D

试题（13）解析

局部性原理是指计算机在执行某个程序时，倾向于使用最近使用的数据。局部性原理有两种表现形式：

1）时间局部性：被引用过的存储器位置很可能会被再次引用。

2）空间局部性：被引用过的存储器位置附近的数据很可能将被引用。

【参考答案】（13）A

试题（14）（15）解析

内存容量=BFFFFH–80000H+1=40000H 转换为十进制值为 262144，除以 1024 化为 K，得到 256K。

因为，内存按字节编制，所以内存容量有 256K×8bit。因为存储芯片的容量是 16K×4bit，所以需要(256×8)/(16×4)=32 片才能实现。

【参考答案】（14）B （15）C

试题（16）解析

Cache 存储器用来存放主存的部分拷贝，是按照程序的局部性原理选取出来的最常使用或不久将来仍将使用的内容。

【参考答案】（16）A

试题（17）（18）解析

（1）直接映射。在直接映射方式中，主存的块只能存放在 Cache 的相同块中。这种方式，地址变换简单，但是灵活性和空间利用率较差。例如，当主存不同区的第 1 块不能同时调入 Cache 的第 1 块时，即使 Cache 的其他块空闲也不能被利用。

（2）全相联映射。在全相联映射方式中，主存任何一块数据可以调入 Cache 的任一块中。这种方式灵活，但地址转换比较复杂。

（3）组相联映射。结合了直接映射和全相联映射两种方式。在全相联映射方式中，Cache 和主存均进行了分组；组号采用直接映射方式，而块使用全相联映射方式。

根据映射特点可以知道，冲突次数排序为：全相联映射<组相联映射<直接映射。

【参考答案】（17）B　（18）A

试题（19）解析

由于 RAID0 没有校验功能，所以利用率最高。

【参考答案】（19）A

试题（20）解析

开放系统的数据存储有多种方式，属于网络化存储的是网络接入存储（Network Attached Storage，NAS）和存储区域网络（Storage Area Network，SAN）。

【参考答案】（20）D

试题（21）解析

依据题意系统可分为 3 部分，第 1 部分是并联系统，中间的部分为单一系统，第 3 部分也是并联系统。

其中第 1 部分和第 3 部分的并联系统的可靠度均为 $1-(1-R)(1-R)$。
第 1、2、3 部分综合来看是个串联系统,可靠度为=$[1-(1-R)(1-R)]*R*[1-(1-R)(1-R)]$。

【参考答案】(21) D

试题（22）解析

中断向量即中断源的识别标志,可用来存放中断服务程序的入口地址或跳转到中断服务程序的入口地址。

【参考答案】(22) C

试题（23）解析

程序中断是指计算机执行中,出现异常情况和特殊请求,CPU 暂时中止现行程序执行（保护现场）,而转去处理更紧迫的事件,处理完毕后,CPU 返回原来的程序继续执行（恢复现场）。

【参考答案】(23) C

试题（24）解析

DMA 在主存与外设之间建立了直接的数据通路。DMA 方式是指在传输数据时,CPU 只参与初始化工作,DMA 完成数据传输的具体操作而不需要 CPU 参与,数据传输完毕后再把信息反馈给 CPU,这样就极大地减轻了 CPU 的负担。

【参考答案】(24) C

试题（25）解析

用边表示活动的网络,简称 AOE 网络。根据定义,关键路径是从源点到结束终点的最长路径。

【参考答案】(25) B

试题（26）解析

符合堆条件的 n 个数字的序列 $\{k_1, k_2, \cdots, k_n\}$,需要满足以下两个条件之一:
1) $k_i \leq k_{2i}$ 且 $k_i \leq k_{2i+1}$, $1 \leq i \leq \lfloor n/2 \rfloor$。
2) $k_i \geq k_{2i}$ 且 $k_i \geq k_{2i+1}$, $1 \leq i \leq \lfloor n/2 \rfloor$。
当 $i=3$ 时,D 选项不满足条件。

【参考答案】(26) D

试题（27）解析

假设度数（叶子节点数）为 0 的节点分别为 n0、n1、n2,n 为完全二叉树总节点数。则依据完全二叉树节点关系可得:

$$n = n0 + n1 + n2 \quad (1)$$
$$n = n1 + 2n2 + 1 \quad (2)$$

结合（1）(2) 式,消元 n2 可得:

$$n = 2n0 + n1 - 1 \quad (3)$$

k 层的完全二叉树中,$k-1$ 层是满二叉树;只有倒数第二层,才可能有度为 1 的节点,并且度为 1 的节点只有 1 个或者 0 个。

又由于本题中,n=767=2n0+n1-1。所以,n1=0,767=2n0+0-1,得到 n0=384。

【参考答案】(27) C

试题（28）解析

n 个顶点的无向图至多有 n(n–1)/2 条边。当 n 至少为 9 时，才能保证有 36 条边。且由题目可知，G 是非连通无向图，所以还需要增加一个孤立点，因此图 G 至少有 10 个点。

【参考答案】(28) B

试题（29）解析

链表的最后一个节点的 next 域指向头节点，就产生了循环链表。由特性可知，循环链表的主要优点是从表中任一节点出发都能遍历整个链表。

【参考答案】(29) D

试题（30）解析

根据先序和中序来构造二叉树的流程如下：

（1）先序遍历序列的第一个节点是 A，由于先序遍历的顺序是"根、左、右"，则推导出 A 是根节点。

（2）中序遍历序列中 A 前面的节点是 DBE，后面的节点是 FC。则推导出 DBE 是 A 的左子树，FC 是 A 的右子树。

（3）细化 DBE 树。先序遍历序列中 B 排在最前，说明 B 是左子树的根；中序遍历序列中 D 在 B 前，所以 D 是 B 的左子树；E 在 B 后，所以 E 是 B 的右子树。

（4）同理，细化 CF 树。

最后，构造出二叉树，如下图所示。

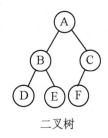

二叉树

后序遍历该二叉树，得到结果 DEBFCA。

【参考答案】(30) D

试题（31）解析

一维数组 $A[m \times n]$ 转化为二维数组 $B[m][n]$ 的方法是：

（1）数组 A 的 $1 \sim n$ 个元素放入数组 B 的第 1 行。

（2）数组 A 的 $n+1 \sim 2n$ 个元素放入数组 B 的第 2 行。

……

以此类推，直到最后 A 的元素全部放入数组 B。

显然：$A[k]$ 处于数组 B 的 k/n 行、$k\%n$ 列。

【参考答案】（31）C

试题（32）解析

动态规划属于运筹学的分支，理论基础是最优性原理。最优性原理特点是：任何一个完整的最优策略的子策略总是最优的。

动态规划算法的有效性依赖于两个重要性质：

1）最优子结构：一个问题的最优解包含了其子问题的最优解时，则该问题就具有最优子结构性质。

2）重叠子问题：解问题时，并不总是产生新的子问题，同一子问题可能会反复出现多次。换句话说，就是不同的决策序列，到达某个相同的阶段时，可能会产生重复的状态。

【参考答案】（32）B

试题（33）解析

分支界限算法常用于解决组合优化问题。该算法的设计策略中，通常采用广度优先搜索问题的解空间。

【参考答案】（33）B

试题（34）解析

首先，建立序列（50，72，43，85，75，20，35，45，65，30）对应的二叉排序树，具体如下图所示。

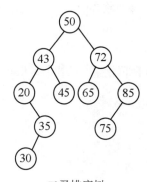

二叉排序树

接着，进行比较。

1）30 和 50 比较：进入节点 50 的左子树。
2）30 和 43 比较：进入节点 43 的左子树。
3）30 和 20 比较：进入节点 20 的右子树。
4）30 和 35 比较：进入节点 35 的右子树。
5）30 和 30 比较：找到值为 30 的节点，查找结束。

比较过程经过了 5 次。

【参考答案】（34）B

试题（35）～（37）解析

程序是一个在时间上按严格次序、顺序执行的操作序列，属于指令集合。程序是静态的概念。

进程是一个程序关于某个数据集的一次运行，是系统资源分配和调度的基本单位。进程是动态的概念。

【参考答案】（35）B　（36）D　（37）C

试题（38）～（40）解析

本题中，程序包含收银员进程和顾客进程。购物流程图的过程含义如下：

1）超市最多允许有 n 个顾客购物，属于顾客进程间的公有资源，所以设置公用信号量 Sn，初值为 n，保证该临界区访问的互斥性。

2）顾客购物后要去收银员处付款，则说明顾客进程与收银员进程之间需要协调工作，是同步关系。超市只有一个收银员收费，则只允许一个顾客付款。则设置 S1 和 S2 分别属于收银员和顾客付款进程的私用信号量。由于开始时，没有顾客付款，也没有收银员收费，因此，信号量 S1、S2 初值均为 0。

3）顾客进入超市：执行 P(Sn)，表示允许的购物顾客人数减 1。

4）顾客买完东西，执行 V(S1)，通知收银员进程有顾客付款；收银员进程执行 P(S1)操作，如果 S1≥0 则可以收费；如果 S1<0，该进程进入阻塞队列。

5）收费完，收银员进程执行 V(S2)，以通知顾客收费完毕，此时顾客执行 P(S2)离开收银台。

6）顾客离开超市：执行 V(Sn)，释放临界资源，表示允许的购物顾客人数加 1。

【参考答案】（38）C　（39）D　（40）A

试题（41）解析

关系数据库设计理论主要包括数据依赖、范式和关系模式规范化 3 个方面，其中，起核心作用的是数据依赖。

【参考答案】（41）C

试题（42）（43）解析

属性 AD 的闭包的推导过程如下。

设 X(0)=AD：

1）逐一扫描集合 F，找到左边是 A、D 或者 AD 的各种依赖。符合要求的有 D→A，A→E。则 X(1)=X(0)∪EA=ADE。

2）由于 X(0)≠X(1)，表示有新增，所以重新逐一扫描集合 F，找到左边是 ADE 的依赖。符合要求的仍然只有 D→A，A→E。则 X(2)=X(1)∪EA=ADE。

此时，X(2)=X(1)，没有变化。扫描完成，得到属性 AD 的闭包为 ADE。

候选码的定义是，唯一标识元组，而且**不含有多余属性**的属性集。

结合规则集 F，可以得到：D→A；D→A→E；CD→AC→B；CD→AC→B→A。

可以知道，CD 是候选码。

【参考答案】（42）A　（43）D

试题（44）解析

由 (T,S)->R 和(T,R)->C 可以推导出(T,S)->C，可知(T,S)可作主码。

1）每一个非主属性都完全函数依赖于码，因此 W 属于 2NF。

2）由于(T,S)->R、(T,R)->C、(T,S)->C 中出现了非主属性 C 传递函数依赖码(T,S)。因此关系模式 W 不属于 3NF。

【参考答案】（44）B

试题（45）～（47）解析

SP 是为满足题意"要求一个供应商可以供应多种零件，而一种零件可由多个供应商供应"而构造的关系模式。该关系主码为(Sno，Pno)，表示（供应商代码，零件号）。所以（45）空选 B 项，语句含义为"设置(Sno，Pno)为 SP 关系的主码"。

（46）选 C 项，语句含义为"设置 Sno 为 SP 关系对应 S 关系的外码"。

（47）选 D 项，语句含义为"设置 Pno 为 SP 关系对应 P 关系的外码"。

【参考答案】（45）B　（46）C　（47）D

试题（48）解析

题目给出每秒钟传送 100 个字符，因此每秒传输的位有 100×(1+7+1+1)=1000 位，而其中有 100×7 个数据位，因此数据速率为 700b/s。

【参考答案】（48）C

试题（49）解析

UDP 协议在 IP 层之上提供了端口寻址能力。由于用户数据报协议（User Datagram Protocol，UDP）是一种不可靠的、无连接的数据报服务，所以 UDP 不具备连接管理、差错校验和重传、流量控制等功能。

【参考答案】（49）D

试题（50）解析

传输控制协议（Transmission Control Protocol，TCP）是一种可靠的、面向连接的字节流服务。源主机在传送数据前，需要先和目的主机建立连接。然后，在此连接上，被编号的数据段按序收发。同时，要求对每个数据段进行确认，保证了可靠性。

UDP 是一种无连接的协议，不需要使用顺序号。

【参考答案】（50）B

试题（51）解析

TCP 协议是一种可靠的、面向连接的协议，通信双方使用三次握手机制来建立连接。

【参考答案】（51）C

试题（52）（53）解析

域名系统（Domain Name System，DNS）是把主机域名解析为 IP 地址的系统，解决了 IP 地址难记的问题。该系统是由解析器和域名服务器组成的。DNS 主要基于 UDP 协议，较少情况下使用 TCP 协议，端口号均为 53。域名系统由 3 部分构成：DNS 名字空间、域名服务器、DNS 客户机。

【参考答案】（52）D　（53）D

试题（54）解析

1）简单邮件传输协议（Simple Mail Transfer Protocol，SMTP）。SMTP 主要负责底层的邮件系统如何将邮件从一台机器发送至另外一台机器。该协议工作在 TCP 协议的 25 号端口。

2）邮局协议（Post Office Protocol，POP）。目前的版本为 POP3，POP3 是把邮件从邮件服务器中传输到本地计算机的协议。该协议工作在 TCP 协议的 110 号端口。

【参考答案】（54）B

试题（55）解析

拒绝服务（Denial of Service，DoS）：利用大量合法的请求占用大量网络资源，以达到瘫痪网络的目的。例如，驻留在多个网络设备上的程序在短时间内同时产生大量的请求消息冲击某 Web 服务器，导致该服务器不堪重负，无法正常响应其他合法用户的请求，这类形式的攻击就称为 DoS 攻击。又例如，TCP SYN Flooding 建立大量处于半连接状态的 TCP 连接就是一种使用 SYN 分组的 DoS 攻击。

【参考答案】（55）B

试题（56）解析

加密密钥和解密密钥相同的算法，称为对称加密算法，对称加密算法相对非对称加密算法加密的效率高，适合大量数据加密。常见的对称加密算法有 DES、3DES、RC5、IDEA。

加密密钥和解密密钥不相同的算法，称为非对称加密算法，这种方式又称为公钥密码体制，解决了对称密钥算法的密钥分配与发送的问题。在非对称加密算法中，私钥用于解密和签名，公钥用于加密和认证。典型的公钥密码体制有 RSA、DSA、ECC。

【参考答案】（56）D

试题（57）解析

1）显示深度大于图像深度：在这种情况下屏幕上的颜色能较真实地反映图像文件的颜色效果。显示的颜色完全取决于图像的颜色。

2）显示深度等于图像深度：这种情况下如果用真彩色显示模式来显示真彩色图像，或者显示调色板与图像调色板一致时，屏幕上的颜色能较真实地反映图像文件的颜色效果；反之，显示调色板与图像调色板不一致时，显示色彩会出现失真。

3）显示深度小于图像深度：此时显示的颜色会出现失真。

【参考答案】（57）B

试题（58）解析

媒体分为感觉媒体、表示媒体、表现媒体、存储媒体和传输媒体。具体分类见下表。

媒体分类

名称	特点	实例
感觉媒体 （Perception Medium）	直接作用于人的感觉器官，使人产生直接感觉的媒体	引起视觉反应的文本、图形和图像，引起听觉反应的声音等
表示媒体 （Representation Medium）	为加工、处理和传输感觉媒体而人工创造的一类媒体	文本编码、图像编码和声音编码等
表现媒体 （Presentation Medium）	进行信息输入和输出的媒体	输入媒体如：键盘、鼠标、话筒、扫描仪、摄像头等；输出媒体如：显示器、音箱、打印机等
存储媒体 （Storage Medium）	存储表示媒体的物理介质	硬盘、U盘、光盘、手册及播放设备等
传输媒体 （Transmission Medium）	传输表示媒体的物理介质	电缆、光缆、无线等

【参考答案】（58）C

试题（59）解析

色调是指颜色的外观，是视觉器官对颜色的感觉。色调用红、橙、黄、绿、青等来描述。

【参考答案】（59）A

试题（60）解析

DPI 表示"像素/英寸"，即指每英寸所包含的像素数。

图像数据量=图像水平分辨率×图像垂直分辨率×颜色深度(位数)/8

=(3×300)×(4×300)×24/8=3240000

【参考答案】（60）A

试题（61）解析

软件开发工具主要包含需求分析、设计、编码、测试等工具。

【参考答案】（61）A

试题（62）解析

结构化开发方法是一种面向数据流的开发方法，它以数据流为中心构造软件的分析模型和设计模型。其基本思想是用系统的思想和系统工程的方法，按照用户至上的原则结构化、模块化，自顶向下对系统进行分析与设计，但不适合特别大规模的软件开发。

结构化设计是将结构化分析的结构（数据流图）映射成软件的体系结构（模块结构）。根据信息流的特点，可将数据流图分为变换型数据流图和事务型数据流图。

【参考答案】（62）D

试题（63）（64）解析

螺旋模型综合了瀑布模型和原型模型中的演化模型的优点，还增加了风险分析，特别适用于庞大而复杂的、高风险的管理信息系统的开发。

【参考答案】(63) A   (64) D

试题（65）解析

极限编程的 5 个原则是简单假设、快速反馈、逐步修改、鼓励更改、优质工作。

【参考答案】(65) C

试题（66）解析

软件统一过程（Rational Unified Process，RUP）也是具有迭代特点的模型。迭代模型的软件生命周期分解为 4 个时间顺序阶段：**初始阶段**、**细化阶段**、**构造阶段**和**交付阶段**。在每个阶段结尾进行一次评估，评估通过则项目可进入下一个阶段。

【参考答案】(66) D

试题（67）解析

CMMI 采用统一的 24 个过程域，采用 CMM 的阶段表示法和 EIA/IS731 连续式表示法，前者侧重描述组织能力成熟度，后者侧重描述过程能力成熟度。

【参考答案】(67) B

试题（68）解析

从开始顶点到结束顶点的最长路径为关键路径（临界路径），关键路径上的活动为关键活动。

在本题中找出的最长路径是 START→2→5→7→8→FINISH，其长度为 8+15+15+7+20=65，而其他任何路径的长度都比这条路径小，因此可以知道里程碑 2 在关键路径上。

【参考答案】(68) B

试题（69）解析

实现是类之间的语义关系，其中的一个类指定了由另一个类保证执行的契约。是规定接口和实现接口的类或组件之间的关系。

【参考答案】(69) D

试题（70）解析

享元模式利用共享技术，复用大量的细粒度对象。其特点是：复用内存中已存在的对象，降低系统创建对象实例的代价。

【参考答案】(70) B

试题（71）～（75）解析

MIMD 系统可以细分成三类，分别是面向吞吐量、高可用和面向响应系统。面向吞吐量多处理系统的目标是用最小计算代价获取高吞吐量。多处理器操作系统为实现这一目标而采用了特定技术，即利用工作负载上固有的输入/输出平衡处理过程，加载平衡、均匀的系统资源。

【参考答案】(71) D   (72) A   (73) B   (74) A   (75) B

软件设计师下午试卷解析与参考答案

试题一

【解题思路】

【问题1】 抓住题目文字描述中的重点名词,我们能找到"借阅者""图书管理员""学生数据库""职工数据库""图书管理系统"。很显然,只有"借阅者"才会还书,故E1是"借阅者"。E2 能够处理添加和删除图书,显然是"图书管理员"。E3、E4 为学生数据库/职工数据库(E3 和 E4 不分顺序,但必须不同)。

【问题2】 观察 D1 的进出数据流全部为与图书信息相关,故 D1 为"图书表"。D2 只跟出借归还图书相关,故 D2 为"借出图书表"。D3 的数据流进出均为"逾期未还图书",D3 为"逾期未还图书表"。D4 只和"罚款"信息数据流相关,D4 为"罚金表(罚款表)"。

【问题3】 我们将"处理借阅"的外部数据流进行分类,主要涉及借阅者检验、逾期未归还图书、罚金信息、图书借阅信息和归还信息。故而"处理借阅"在加工分解时,应按数据流分类处理比较清晰、有条理。故而可以分解为"检查借阅者身份""检查逾期未还图书""检查罚金是否超过限额""借阅图书"和"归还图书"5 个处理。

【问题4】 自顶向下,逐步分解的核心是守恒(平衡)原则和黑盒原则。对于 DFD 就是数据流一致。

【参考答案】

【问题1】 E1:借阅者 E2:图书管理员 E3、E4:学生数据库/职工数据库(E3 和 E4 不分顺序,但必须不同)

【问题2】 D1:图书表 D2:借出图书表 D3:逾期未还图书表 D4:罚金表(罚款表)

【问题3】 检查借阅者身份、检查逾期未还图书、检查罚金是否超过限额、借阅图书和归还图书。

【问题4】 保持父图与子图平衡。父图中某加工的输入/输出数据流必须与它的子图的输入/输出数据流在数量和名字上相同。如果父图的一个输入(或输出)数据流对应于子图中几个输入(或输出)数据流,而子图中组成这些数据流的数据项全体正好是父图中的这一个数据流,那么它们仍然算是平衡的。

试题二

【解题思路】

【问题1】 仔细分析题目,可以得到以下信息:

（1）每个超市只有一名经理，那么超市对经理的关系是 1:1。

（2）超市设有计划部、财务部、销售部等多个部门，超市对部门关系显然就是 1:N（或者 1:*）。

（3）每个部门只有一名部门经理，部门对部门经理的关系是 1:1；有多名员工，部门对员工关系是 1:N；同时也就说明了一个部门管理多个部门员工，即 1:N 关系。

（4）一名业务员可以负责超市内多种商品的配给，一种商品可以由多名业务员配给。业务员对商品关系就是 M:N。

【问题 2】部门是属于特定超市的部门，因此部门关系模式中，应该有特定超市的标识（超市名称），同时部门应该有自己的标识，即部门名称。故（a）为超市名称、部门名称。这样可以保证部门的唯一性。

标识员工还需要知道超市名称、部门名称以及员工编号（考虑到存在重名的可能性）等信息，故（b）为超市名称、部门名称、员工编号。

配给只需要再增加商品号即可（存在同名不同厂家、规格的产品，必须靠商品号来唯一标识），不同的商品就能生成不同的配给信息。故（c）为商品号。

从上述分析中可以看出，"如何唯一标识一条记录"是解决补充关系模式的解题思路。

【问题 3】必须是复合属性，因为简单属性是原子的、不可再分的，而复合属性可以进一步细分为简单属性，例如，超市关系的地址可以进一步分为邮编、省、市、街道。

超市需要增设一个经理的职位，说明 1 个超市对应多个经理，其关系就是 1 对多的关系，（d）处填入 1:*（或 1:N），那么，超市关系改为（超市名称，地址，电话）。

【参考答案】

【问题 1】答案如下图所示。

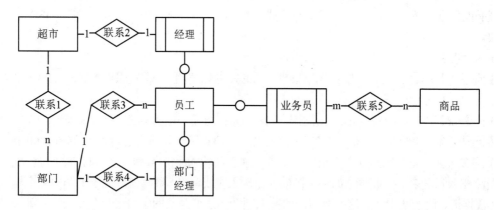

【问题 2】

（1）(a) 超市名称、部门名称　　(b) 超市名称、部门名称、员工编号　　(c) 商品号

（2）部门关系模式的主键：(超市名称、部门名称)，外键：超市名称、部门经理。

　　配给关系模式的主键：(业务员、商品号、配给时间)，外键：业务员、商品号。

【问题 3】
（1）属于复合属性；简单属性是原子的、不可再分的，而复合属性可以进一步细分为简单属性。
（2）（d）1:*(1:N)　（e）超市（超市名称，地址，电话）。

试题三

【解题思路】
【问题 1】顾客（Customer）和医生（Doctor）间通过处方发生联系。故 C2 应为处方。
文中写道"处方上的药品信息"，C2（整体）和 C5（部分）是聚集关系，显然 C5 是处方上的药品。
跟顾客相关的为顾客资料和付款方式，我们看到付款方式分为"信用卡或者支付宝账户"，顾客资料并未重点提及。且 C1 和 C3、C4 是一般类与特殊类的关系。显然，C1 应该是付款方式，C3、C4 分别为信用卡和支付宝账户。
多重度表示一个类的实例和多少个另一个类的实例存在关联关系。
题目中，1 个顾客有 0 到多个处方单（因为顾客平时也可以自己注册，并非要开单后注册）；既然是处方单，而且需要购药，那么至少有一种药会被列上，故 1 个处方单对应 1 到多个药品；医生对处方有核准权限，可视为允许医生废单，医生和处方单的关系就变为 1 对 0 到多个处方单的关系（0 时视为废单）。

【问题 2】顺着"验证处方"的过程进行梳理，就可以发现，验证处方过程有 5 种状态："医生信息无效""审核中""无效处方""无法审核""准许付款"。所以 S1～S4 的信息就应该从这 5 种状态中选择。
而（7）～（10）则从"验证处方"的过程中所有出现的条件语句"医生信息不正确""医生信息正确""医生回复处方无效""医生没有在7天内给出确认答复""医生在7天内给出了确认答复"中选取。
"验证处方"的过程 1）就是核实医生信息，所以（7）应该是"医生信息不正确"，（8）就是"医生信息正确"、S3 为"医生信息无效"、S1 为"审核中"。
"验证处方"的过程 2）第一步是判断医生回复处方是否无效，所以（9）显然是审核失败的途径，应该填入的是"医生回复处方无效"，对应的 S4 就是无效处方。如果医生没有在 7 天内给出确认答复，系统也会取消处方，并将处方状态设置为"无法审核"。显然对应（10）和 S2。

【问题 3】组合（Composition）关系表示整体和部分的关系比较强，"整体"离开"部分"将无法独立存在的关系。例如：车轮与车的关系，车离开车轮就无法开动了。
聚合（Aggregation）表示整体和部分的关系比较弱。例如：狼与狼群的关系。狼群可以脱离个体的狼。

【参考答案】
【问题 1】C1：付款方式　C2：处方　C3：信用卡　C4：支付宝账户（注意：C3 和 C4 可以互换）　C5：处方上的药品（或药品）

(1) 1　　　　(2) 0..*　　　　(3) 1
(4) 1..*　　　(5) 0..*　　　　(6) 1

【问题2】S1：审核中　S2：无法审核　S3：医生信息无效　S4：无效处方

(7) 医生信息不正确

(8) 医生信息正确

(9) 医生回复处方无效

(10) 医生没有在 7 天内给出确认答复

【问题3】符号"◆"和"◇"在 UML 中分别表示类和对象之间的组合、聚合关系。

组合（Composition）关系表示整体和部分的关系比较强，"整体"离开"部分"将无法独立存在，而聚合没有这样的要求。

试题四

【解题思路】

【问题1】每一次面临选择时，选择最优（短）的一项，所对应的算法就是贪心算法。贪心算法在对问题求解时，总是作出在当前看来是最好的选择。也就是说，不从整体最优上加以考虑，算法得到的是在某种意义上的局部最优解。

阅读代码，结合题目要求，"按顺序先把每个任务分配到一台机器上"，则可以知道，分配的第一步就是，m 台机器分配前 m 个任务。占用机器 i 的时间正好是 t[i]，故空（1）填入 d[i] = t[i]。

由于已经分配了前 m 个任务（0～m-1，这里数组下标从 0 开始），接下来分配后 n-m 个任务显然是从 m 开始算起，空（2）是循环因子 i 的取值范围定义，故填入 i=m。

空（3）的含义是在机器 k 的执行队列增加第 i 号任务，故而应填入的代码是：s[k][count[k]]=i。

空（4）分配完所有任务之后，判断耗时最多的机器，其判断式结合下文的赋值代码，应填入的代码是 max<d[i]。

【问题2】程序代码中，分配前 m 个任务，一层 for 循环，终止于 i<m，此处复杂度为 m。后面判断哪个机器任务耗时最小并分配任务，采用了两层 for 循环，外层循环终结于 i<m，内层循环为 i<n，因此此处时间复杂度为 mn。最后确定所有任务需要的时间，采用了一层 for 循环，终止于 i<m，这里复杂度为 m，所以总的复杂度也就是 2m+mn，故时间复杂度为 O(mn)。

【问题3】根据算法，首先将任务 0、1 和 2 分配到机器 0、1 和 2 上运行，运行时间分别为 16、14 和 6。

此时，开始判断哪台机器最先运行完任务，直到任务全部分配完毕：

第 1 轮判断：机器 2 运行任务 2，最先完成。所以分配任务 3，机器 2 的运行时间变为 6+5=11。

第 2 轮判断：由于机器 2 运行时间最短，所以分配任务 4，机器 2 的运行时间变为 11+4=15。

第 3 轮判断：此时机器 1 运行时间最短，所以分配任务 5，机器 1 的运行时间变为 14+3=17。

第 4 轮判断：此时机器 2 运行时间最短，所以分配任务 6，机器 2 的运行时间变为 15+2=17。

任务分配完毕。

得到机器 0、1 和 2 的任务分配及任务开始运行到完成所需要的时间为 17。
具体任务分配过程如下图所示。

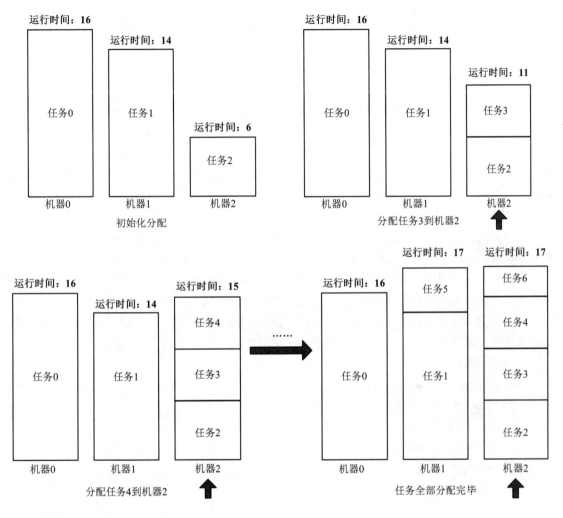

【参考答案】
【问题 1】
（1）d[i] = t[i]　（2）i=m　（3）s[k][count[k]] =i　（4）max<d[i]
【问题 2】
（5）贪心算法　（6）O(mn)
【问题 3】
（7）0　（8）1、5　（9）2、3、4、6　（10）17

试题五

【解题思路】

装饰器（Decorator）模式动态为对象增加或减少额外的一些职责，这个方面比继承更有扩展性和灵活性。

Java 的题目一般不难，只要掌握最基本的面向对象概念，对照上下文程序就能大体上得出正确答案。

看到 abstract class CondimentDecorator extends Beverage，很显然地会把 Beverage 作为母类，既然子类都是 abstract 类了，Beverage 也就是 abstract 类。所以空（1）填 abstract。

空（2）返回的是 String 类型结果，而且在 Mocha 类、Whip 类中均能看到语句"return beverage.getDescription()"。很显然，getDescription 是 Beverage 定义的方法。空（2）需要填入 String getDescription。同理，还看到 DarkRoast 类、Mocha 类、Whip 类还有 Espresso 类均有 int cost()的定义，故空（3）应该填入 abstract int cost()。

空（4）自然是应该定义 Beverage 的实例，观察 class Mocha 和 class Whip，均在内部调用了 Beverage beverage 实例，无法无中生有。故而空（4）处填入 Beverage beverage。

空（5）、（6）同理，它们的构造方法均有（Beverage beverage），而且在空（5）、（6）上面的程序已经生成了 Beverage 的实例 beverage，所以此两处应该填入 beverage。

总之，做软件设计师的 Java 题目，只需要对照给出的 UML 类图等，找到类之间的关联关系，上下文进行代码对照，求同存异，前后搭接，就能够快速、干净利索地解决问题。

【参考答案】

（1）abstract

（2）String getDescription

（3）abstract int cost()

（4）Beverage beverage

（5）beverage

（6）beverage

参考文献

[1] 张尧学，宋虹，张高. 计算机操作系统教程[M]. 4版. 北京：清华大学出版社，2013.
[2] 全国计算机专业技术资格考试办公室. 历次软件设计师考试试题.
[3] 严蔚敏，吴伟民. 数据结构（C语言版）[M]. 北京：清华大学出版社，2007.
[4] 褚华，霍秋艳. 软件设计师教程[M]. 5版. 北京：清华大学出版社，2018.
[5] 白中英，戴志涛. 计算机组成原理[M]. 6版. 北京：科学出版社，2019.
[6] 王珊，萨师煊. 数据库系统概论[M]. 5版. 北京：高等教育出版社，2014.
[7] 谢希仁. 计算机网络[M]. 7版. 北京：电子工业出版社，2017.
[8] Erich Gamma, Richard Helm, Ralph Johnson, et al. 设计模式：可复用面向对象软件的基础[M]. 李英军，马晓星，蔡敏，等译. 北京：机械工业出版社，2004.
[9] 王生原，董渊，张素琴，等. 编译原理[M]. 3版. 北京：清华大学出版社，2015.
[10] 施游，张华，邹月平. 软件设计师5天修炼[M]. 北京：中国水利水电出版社，2021.
[11] 计算机技术与软件专业技术资格考试研究部. 软件设计师2016至2020年试题分析与解答[M]. 北京：清华大学出版社，2022.